BIM
技术应用

主　编　聂宝磊　张青艳
副主编　李明娟　张　韩　相明钰

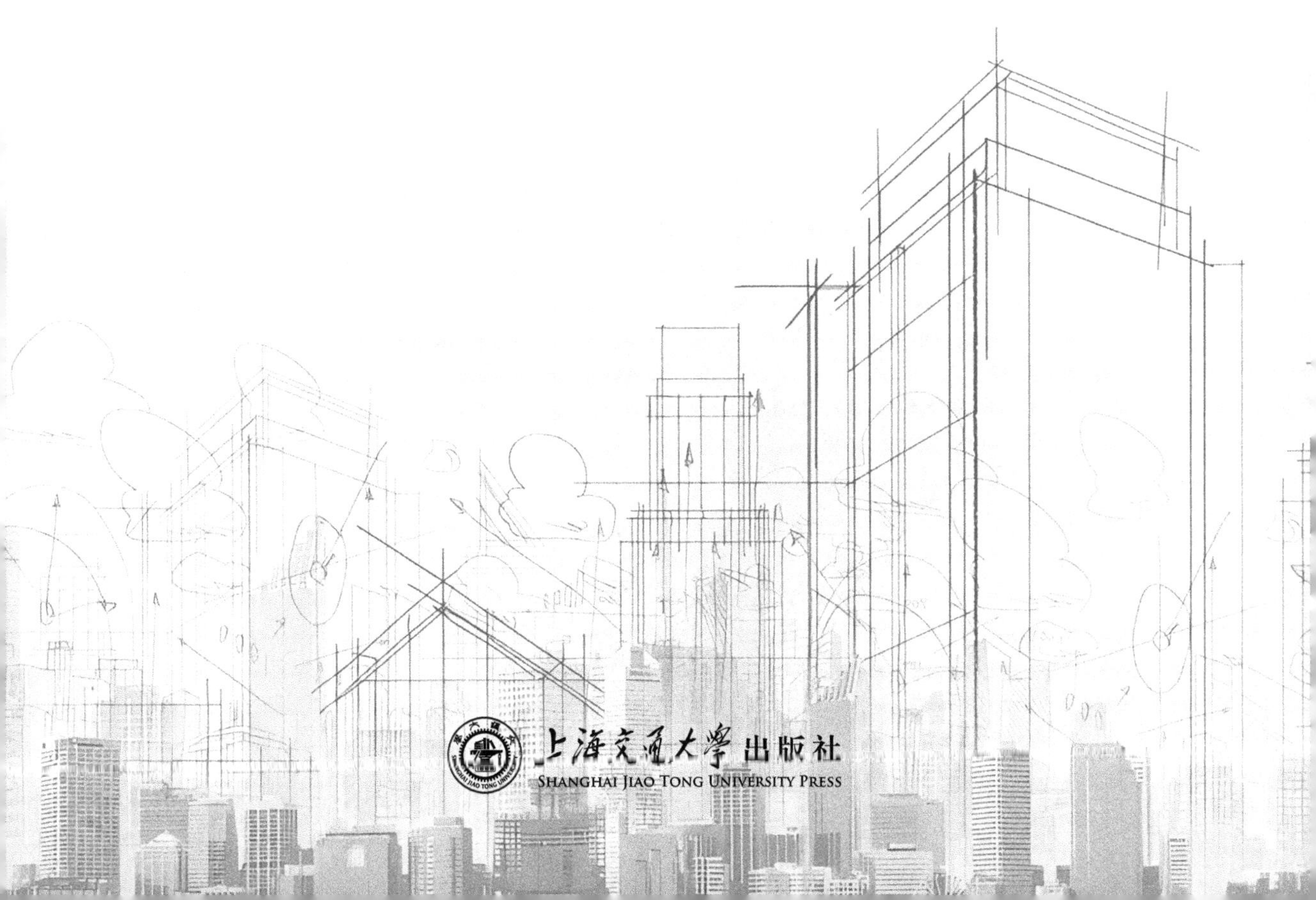

上海交通大學出版社
SHANGHAI JIAO TONG UNIVERSITY PRESS

内容提要

本书以一个实际项目的建筑模型为主线，全面讲解了其建模的整个过程。本书共分15章，主要内容包括：BIM技术概述，Revit 2021基础知识，Revit软件基本操作，创建标高和轴网，墙体的创建，门窗、楼板和幕墙的创建，屋顶的创建，楼梯等其他构件的创建，场地的创建，房间和面积，明细表，注释、布图与打印、渲染、漫游和族的使用等。本书为新形态教材，扫描书中二维码可获取相关数字资源。

本书可作为高职高专院校建筑工程技术等相关专业的教材，也适合建筑工程行业相关管理及技术人员自主学习BIM技术时使用。

图书在版编目（CIP）数据

BIM技术应用／聂宝磊，张青艳主编．-- 上海 ：上海交通大学出版社，2024.8 -- ISBN 978-7-313-31039-2

Ⅰ．TU201.4

中国国家版本馆CIP数据核字第202406P82N号

BIM技术应用

BIM JISHU YINGYONG

主　　编：聂宝磊　张青艳

出版发行：上海交通大学出版社　　地　　址：上海市番禺路951号

邮政编码：200030　　电　　话：021－64071208

印　　制：苏州市古得堡数码印刷有限公司　　经　　销：全国新华书店

开　　本：787 mm×1092 mm　1/16　　印　　张：12.5

字　　数：269千字

版　　次：2024年8月第1版　　印　　次：2024年8月第1次印刷

书　　号：ISBN 978－7－313－31039－2　　电子书号：ISBN 978－7－89424－787－2

定　　价：58.00元

前言
FOREWORD

BIM(building information modeling,建筑信息模型)技术是当今建筑行业中极具创新性和革命性的工具。它不仅改变了建筑设计、施工和管理的方式,还为建筑行业带来了更高效、更精确和可持续的发展。

本教材旨在为读者提供全面而深入的 BIM 技术建模知识,帮助读者掌握 BIM 技术建模的核心概念、建模方法和应用技巧。通过本教材的学习,读者将能够了解 BIM 技术在建筑项目全生命周期中的重要作用,学会利用 BIM 软件进行建筑模型的创建、分析和管理。

本教材内容丰富,涵盖了 BIM 技术的基础知识、建模流程、实际应用等方面。我们结合了实际案例和项目实践,让读者更好地理解和应用 BIM 技术。教材中的每一章都精心设计,配有丰富的图片、图表和实例,以帮助读者直观地理解和掌握相关内容。

我们希望本教材能够成为读者学习 BIM 技术的有力工具,为他们在建筑行业的发展打下坚实的基础。无论是建筑设计人员、施工人员、项目管理人员,还是对 BIM 技术感兴趣的其他人员,都可以从本教材中获得有益的知识。

在学习过程中,读者可能会遇到各种问题和挑战,但请相信,通过努力和实践,你将逐渐掌握 BIM 技术的精髓,并在实际工作中取得优异的成果。同时,我们也鼓励读者积极参与交流和讨论,与同行们分享经验和见解,共同推动 BIM 技术的发展和应用。让我们一起开启 BIM 技术建模的学习之旅,探索应用建筑信息模型的无限可能。

本教材第 1～7 章由聂宝磊编写,第 8～9 章由李明娟编写,第 10～12 章由相明钰编写,第 13～14 章由张青艳编写,第 15 章由张韩编写。主审孟敏捷高级工程师给出了很多宝贵意见,对本书质量的提高起了非常重要的作用,在此表示衷心感谢。

由于时间仓促,加之编者水平有限,错误之处在所难免,敬请读者指正。

目录
CONTENTS

第 1 章　BIM 技术概述 ………… 001
1.1　BIM 的特点 ………… 001
1.2　BIM 技术的优势和价值 ………… 002
1.3　常用的 BIM 建模软件 ………… 004

第 2 章　Revit 2021 基础知识 ………… 006
2.1　Revit 2021 用户界面 ………… 006
2.2　样板文件与项目文件 ………… 008
2.3　项目样板文件的存储位置 ………… 008
2.4　Revit 工作界面 ………… 009
2.5　Revit 的相关术语 ………… 014

第 3 章　Revit 软件基本操作 ………… 017
3.1　基本设置 ………… 017
3.2　图形浏览与控制的基本操作 ………… 018
3.3　Revit 的设计流程 ………… 023

第 4 章　创建标高和轴网 ………… 028
4.1　新建项目 ………… 028
4.2　项目设置与保存 ………… 029
4.3　创建标高 ………… 030
4.4　编辑标高 ………… 032
4.5　创建轴网 ………… 034
4.6　编辑轴网 ………… 036

4.7 尺寸标注…………………………………………………… 037
4.8 导入/链接 CAD …………………………………………… 038

第5章 创建墙体、门窗、楼板 ………………………………… 040
5.1 创建首层外墙……………………………………………… 040
5.2 创建首层内墙……………………………………………… 042
5.3 放置和编辑首层门窗……………………………………… 043
5.4 创建首层楼板……………………………………………… 047
5.5 编辑首层外墙……………………………………………… 049
5.6 拆分面及填色……………………………………………… 051
5.7 创建二层外墙……………………………………………… 052
5.8 创建二层内墙……………………………………………… 055
5.9 放置和编辑二层门窗……………………………………… 057
5.10 创建二层楼板 …………………………………………… 061
5.11 创建三层外墙、内墙……………………………………… 062
5.12 放置和编辑三层门窗 …………………………………… 066
5.13 创建三层楼板 …………………………………………… 067

第6章 创建玻璃幕墙 ………………………………………… 069
6.1 玻璃幕墙…………………………………………………… 069
6.2 幕墙网格划分……………………………………………… 072
6.3 竖梃………………………………………………………… 072
6.4 幕墙门窗…………………………………………………… 074

第7章 创建屋顶 ……………………………………………… 077
7.1 创建拉伸屋顶……………………………………………… 077
7.2 创建多坡屋顶……………………………………………… 079

第8章 创建楼梯 ……………………………………………… 084
8.1 创建室内楼梯……………………………………………… 084
8.2 剖面框的应用……………………………………………… 085
8.3 编辑室内楼梯……………………………………………… 087
8.4 多层楼梯的应用…………………………………………… 089
8.5 创建楼梯间洞口…………………………………………… 090
8.6 编辑室内楼梯的栏杆扶手………………………………… 092

第 9 章　创建台阶和坡道 …… 095
9.1　创建室外台阶 …… 095
9.2　创建室外楼梯 …… 097
9.3　创建坡道 …… 100

第 10 章　创建结构模型 …… 102
10.1　创建项目文件 …… 102
10.2　结构楼层标高的创建 …… 102
10.3　轴网的创建 …… 103
10.4　结构柱的创建 …… 103
10.5　结构梁的创建 …… 106
10.6　结构板的创建 …… 108
10.7　独立基础的创建 …… 111
10.8　结构钢筋的创建 …… 115

第 11 章　创建场地 …… 121
11.1　创建地形表面 …… 121
11.2　创建建筑地坪 …… 123
11.3　创建子面域(道路) …… 125
11.4　创建场地构件 …… 126

第 12 章　渲染及漫游 …… 129
12.1　相机视图 …… 129
12.2　渲染 …… 131
12.3　漫游 …… 132

第 13 章　族 …… 142
13.1　族的种类 …… 142
13.2　族创建 …… 143
13.3　族应用 …… 148

第 14 章　创建门窗明细表和图纸 …… 152
14.1　创建门明细表 …… 152
14.2　创建窗明细表 …… 156
14.3　创建图纸 …… 157
14.4　打印图纸 …… 158

第15章 BIM技术应用实例 ······ 160
15.1 创建标高和轴网 ······ 160
15.2 创建墙体 ······ 165
15.3 创建屋顶 ······ 168
15.4 创建楼梯与栏杆扶手 ······ 171
15.5 创建柱体量模型 ······ 175
15.6 创建“百叶窗”构件集 ······ 178
15.7 创建体量模型 ······ 181

参考文献 ······ 189

第1章

BIM 技术概述

建筑信息模型(building information modeling,BIM)是一种数字化工具,用于表示建筑、基础设施和设备的物理和功能特性。BIM 技术能使建筑师、工程师和施工人员在整个项目生命周期内更有效地协作和沟通。通过使用 BIM,各方可以共享关于建筑项目的数据,并确保在整个过程中数据的准确性和一致性。BIM 不仅仅是一个简单的三维图形展现,它还包含了时间、成本和设施管理等多方面的信息。这使得项目团队可以在项目的初期阶段开展更确切的预测和决策活动,并在项目的整个生命周期内实施有效的管理和维护举措。

BIM 技术的运用可以带来许多好处,包括提高项目的效率、减少项目的错误和冲突、优化设计和施工流程、提高项目的质量、降低成本和风险等。因此,BIM 技术在建筑行业中得到了广泛的应用,并逐渐成为现代建筑项目管理的必备工具之一。

1.1 BIM 的特点

1. 可视化

可视化是“所见即所得”的形式。对于建筑行业来说,可视化真正运用在建筑业的作用是非常大的。例如经常拿到的施工图纸,只是各个构件在图纸上采用线条绘制表达的信息,其真正的构造形式需要建筑从业人员去自行想象。BIM 提供了可视化的思路,把以往用线条表示的构件形成一种三维的立体实物图形展示在人们的面前。现在建筑业也有设计方面的效果图。但是这种效果图不含有除构件的大小、位置和颜色以外的其他信息,缺少不同构件之间的相互联系。而 BIM 提到的可视化,是一种能够在构件之间形成互动和反馈的方法。由于整个过程都是可视化的,其结果不仅可以用效果图展示及生成报表,更重要的是,项目设计、建造、运营过程中的沟通、讨论、决策都能在可视化的状态下进行。

2. 协调性

协调是建筑业的重点所在,不管是施工单位,还是业主及设计单位,都在从事协调及配合的工作。一旦在项目的实施过程中遇到了问题,就需将各有关人士组织起来召开协调会,查找各个施工问题发生的原因及解决办法,然后作出变更,采取相应补救措施等来解决问题。在设计时，往往由于各专业设计师之间的沟通不到位，从而引发各专业之间的问题。例如，暖通专业在布置管道时，由于施工图纸是分别绘制在各专业的施工图纸上的，在实际施工过程中，可能布置的管线正好会遇到结构设计的梁等构件而阻碍管线的布置。以往像这样的碰撞问题就只能在问题出现之后再进行协调解决。而BIM的协调性服务就可以帮助事前处理好这些问题。也就是说，BIM可在建筑物建造前期，对各专业的碰撞问题进行协调，生成协调数据并提供出来。当然，BIM的协调作用也并不是只能解决各专业间的此类问题，诸如电梯井布置与其他设计布置及净空要求的协调、防火分区与其他设计布置的协调、地下排水布置与其他设计布置的协调等问题，它同样能够有效处理。

3. 模拟性

模拟性并不是只能模拟被设计的建筑物模型，还可以模拟在真实世界中无法进行操作的事物。在设计阶段，BIM可以对设计中需要模拟的一些东西进行模拟实验。例如：节能模拟、紧急疏散模拟、日照模拟、热能传导模拟等；在招投标和施工阶段，可以进行4D模拟（三维模型加项目的发展时间），也就是根据施工的组织设计模拟实际施工，从而确定合理的施工方案来指导施工。同时还可以进行5D模拟（基于4D模型加造价控制），从而实现成本控制；后期运营阶段可以模拟日常紧急情况下的处理方式，例如地震时人员逃生模拟、消防人员疏散模拟等。

4. 优化性

事实上，整个设计、施工、运营的过程就是一个不断优化的过程。当然，优化与BIM也不存在实质性的必然联系，但在BIM的基础上可以做更好的优化。优化受三种因素的制约：信息、复杂程度和时间。没有准确的信息，做不出合理的优化结果。BIM提供了建筑物实际存在的信息，包括几何信息、物理信息、规则信息，还提供了建筑物变化以后的实际存在信息。当复杂程度较高时，参与人员自身的能力难以掌控所有的信息，必须借助一定的科学技术和设备的帮助。现代建筑物的复杂程度大多超出参与人员自身能力的极限，BIM及与其配套的各种优化工具为复杂项目的优化提供了可能性。

5. 可图示性

BIM不仅能绘制常规的建筑设计图纸及构件加工的图纸，还能通过对建筑物进行可视化展示、协调、模拟、优化，并出具各专业图纸及深化图纸，使工程表达更加详细。

1.2 BIM技术的优势和价值

从建筑生命周期及建筑项目的特点出发，审视BIM相较于过去传统典型工程模式在价值成本方面的效益。传统典型模式的工程在开始规划阶段所耗费的成本是最低的，但在做变更设计以及工程变更后，成本相对地就会逐渐提高，越在后期做变更设计，成本就越高。而在营运阶段时，传统典型模式的工程更是需要耗费大量的成本去维护，甚至会超出预定的成本，从而需要额外投入更多。

反观 BIM，运用 BIM 的工程在项目起始阶段就需要投入大量成本用于设计规划，如模型的建构、仿真等。但随着各阶段的持续推进，运用 BIM 模式的工程在进行变更设计时，可降低成本投入，减少不必要的浪费。

建立以 BIM 应用为载体的项目信息化管理，可以提升项目生产效率、提高建筑质量、缩短工期、降低建造成本。

1. 三维渲染，宣传展示

三维渲染动画，给人以真实感和直接的视觉冲击。建好的 BIM 模型可以作为二次渲染开发的模型基础，大大提高了三维渲染效果的精度与效率，给业主更为直观的宣传介绍，提升中标概率。

2. 快速算量，精度提升

BIM 数据库的创建，通过建立 5D 关联数据库，可以准确快速计算工程量，提升施工预算的精度与效率。由于 BIM 数据库的数据粒度达到构件级，可以快速提供支撑项目各条线管理所需的数据信息，有效提升施工管理效率。BIM 技术能自动计算工程实物量，这个属于较传统的算量软件的功能，在国内此项应用案例非常多。

3. 精确计划，减少浪费

施工企业精细化管理很难实现的根本原因在于，无法快速准确获取海量的工程数据以支持资源计划，致使经验主义盛行。而 BIM 的出现可以让相关管理条线快速准确地获得工程基础数据，为施工企业精确制订人、材计划提供有效支撑，大幅减少了资源、物流和仓储环节的浪费，为实现限额领料、消耗控制提供技术保障。

4. 多算对比，有效管控

管理的支撑是数据，项目管理的基石在于工程基础数据的管理，能够及时、准确地获取相关工程数据属于项目管理的核心竞争力。BIM 数据库可以实现在任一时点上工程基础信息的快速获取，通过对合同、计划与实际施工的消耗量、分项单价、分项合价等数据进行多算对比，可以有效了解项目运营是盈利还是亏损，消耗量是否超标，进货分包单价是否失控等问题，从而实现对项目成本风险的有效管控。

5. 虚拟施工，有效协同

三维可视化功能再加上时间维度，可以进行虚拟施工。随时随地直观快速地将施工计划与实际进展进行对比，同时进行有效协同，使施工方、监理方，甚至非工程行业出身的业主领导，都对工程项目的各种问题和情况了如指掌。这样通过 BIM 技术结合施工方案、施工模拟和现场视频监测，大大减少建筑质量问题、安全问题，减少返工和整改。

6. 碰撞检查，减少返工

BIM 最直观的特点在于三维可视化。利用 BIM 的三维技术在前期可以进行碰撞检查，优化工程设计，减少在建筑施工阶段可能存在的错误损失和返工的可能性，而且优化净空，优化管线排布方案。最后，施工人员可以利用碰撞优化后的三维管线方案，进行施工交底、施工模拟，提高施工质量，同时也提高了与业主沟通的能力。

7. 冲突调用，决策支持

BIM 数据库中的数据具有可计量(computable)的特点，大量与工程相关的信息可以为工程提供后台数据的巨大支撑。BIM 中的项目基础数据可以在各管理部门进行协同和共享，工程量信息可以根据时空维度和构件类型等进行汇总、拆分、对比分析，进而保证工程基础数据及时、准确地提供，为决策者制订工程造价项目群管理、进度款管理等方面的决策提供依据。

1.3 常用的 BIM 建模软件

常用的 BIM 建模软件有下列几种：

1. Autodesk Revit

Autodesk Revit 是一款广泛使用的 BIM 软件，功能强大，涵盖建筑、结构和机电等多个专业领域。它具有良好的参数化设计功能，能够方便地创建和修改模型元素，同时生成详细的施工图和报表。Revit 还支持与其他欧特克(Autodesk)系列软件(如 AutoCAD)的交互操作。其族库丰富，用户可以直接调用各种建筑构件和设备的模型，大大提高了建模效率。此外，Revit 还具备强大的协作功能，支持多人同时在一个项目中工作，方便团队成员之间的沟通和协调。

2. ArchiCAD

ArchiCAD 软件由图软(Graphisoft)公司开发，是最早的 BIM 软件之一。它具有直观的用户界面和高效的建模工具，特别在建筑设计方面表现出色，能够快速创建高质量的建筑模型，并支持与其他软件的数据交换。ArchiCAD 的“虚拟建筑”理念，使得设计师可以从设计的早期阶段就开始使用 BIM 技术，实现了设计过程的一体化。而且，它的渲染效果出色，能够为设计师提供直观的设计效果预览。

3. Tekla Structures

Tekla Structures 是由美国天宝(Trimble)公司开发的一款适用于建筑、工程和施工行业的结构建模软件。它主要用于钢结构的详细设计和建模，能够精确地创建钢结构的三维模型，并生成加工和安装图纸。在钢结构建筑和工业建筑领域具有很强的专业性。Tekla Structures 可以对钢结构节点进行详细的设计和计算，确保钢结构的安全性和稳定性。同时，它还可以与生产设备进行直接连接，实现数字化制造。

4. Navisworks

Navisworks 软件主要用于整合和管理不同专业的 BIM 模型。通过模型审查功能，可以实现如下操作：① 可以全面检查模型的质量和完整性；② 碰撞检测功能能够提前发现不同构件之间的冲突，减少施工中的错误和变更；③ 4D 施工模拟功能则可以将时间维度与模型结合，直观展示施工进度和流程，帮助项目管理人员进行施工计划的优化和调整。

5. Lumion

Lumion 软件专注于建筑可视化和演示。它能够快速将 BIM 模型转化为生动逼真的场景，包括真实的材质、光影效果、自然环境等。通过简单直观的操作，用户可以轻松创建高质量的视频和图像，用于方案展示、客户沟通、项目汇报等，大大增强了建筑设计的表现力和说服力。

6. Fuzor

Fuzor 软件提供实时的 BIM 协作功能，使团队成员能够在同一模型上实时交流和修改。其 4D 施工模拟功能不仅能够展示施工进度，还能考虑资源分配、施工工序等因素，进行更深入的施工过程分析和优化。此外，Fuzor 还支持虚拟现实（VR）和增强现实（AR）技术，提供更沉浸式的体验。

7. Civil 3D

Civil 3D 软件专为土木工程设计而开发。其能够进行道路、铁路、排水系统等基础设施的设计和建模。它可以根据地形数据生成精确的三维地形模型，并在此基础上进行线路规划、土方计算等工作。同时，Civil 3D 能够自动生成施工图纸和报告，满足土木工程设计和施工的需求。

第 2 章

Revit 2021 基础知识

在 BIM 技术的实践中，Revit 2021 作为一款强大的建模软件，是实现高效建筑设计与管理的核心工具。掌握 Revit 2021 的基础知识，是深入理解和应用 BIM 技术的重要前提。该软件覆盖了软件交互性的改进、建筑建模增强功能、最优路径实时计算、支持 PDF 图纸导入和机电设备增强功能。

2.1 Revit 2021 用户界面

Revit 2021 的界面设计类似于为 Windows 开发的其他产品，主要包括菜单栏、工具栏、类型选择器、选项栏、设计栏、项目浏览器、视图控制栏和绘图空间等。这种熟悉的布局使用户能够快速适应和上手，提升工作效率。

在正式开始绘图之前，首先需要打开 Revit 软件。其欢迎界面如图 2-1 所示。

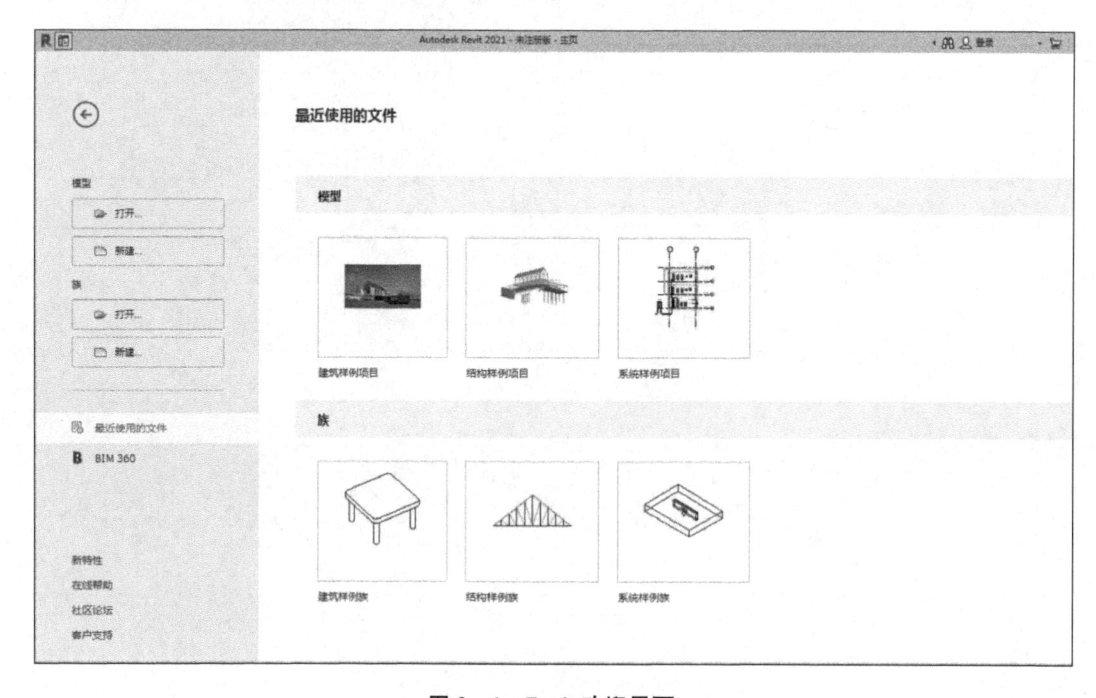

图 2-1　Revit 欢迎界面

单击模型中的“打开”按钮，可以打开样板文件、族文件等其他文件，如图 2－2 所示。

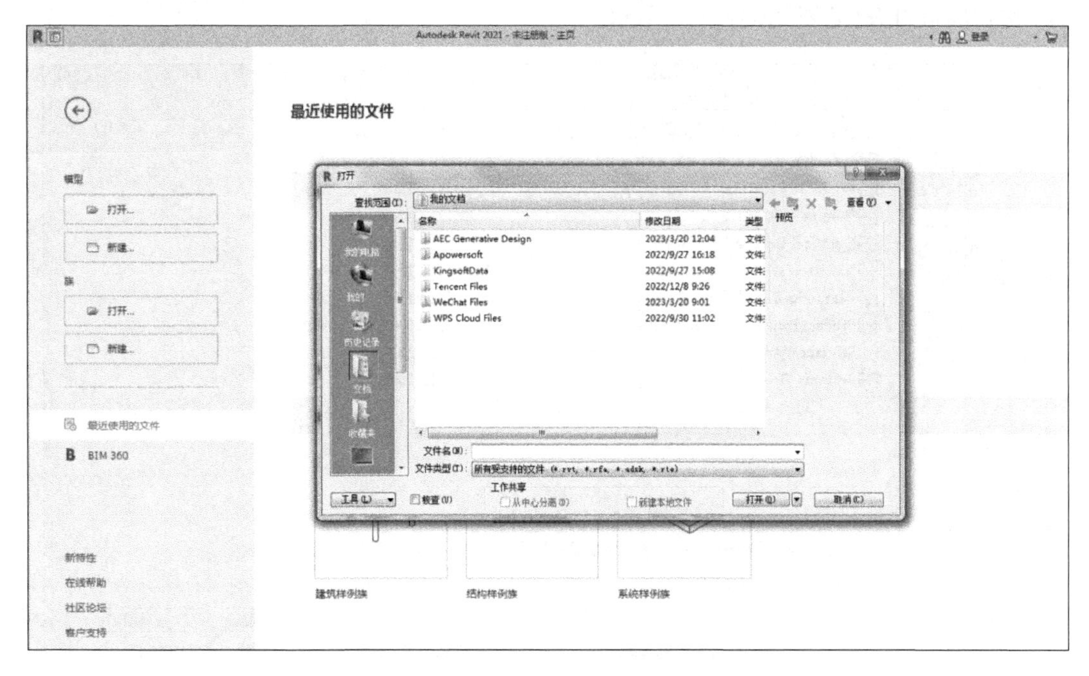

图 2－2　“打开”对话框

单击模型中的“新建”按钮，系统弹出“新建项目”对话框，在“样板文件”下拉菜单中选择“构造样板”(见图 2－3)，单击“确定”按钮，可以直接打开软件自带的建筑样板文件“DefaultCHSCHS”。

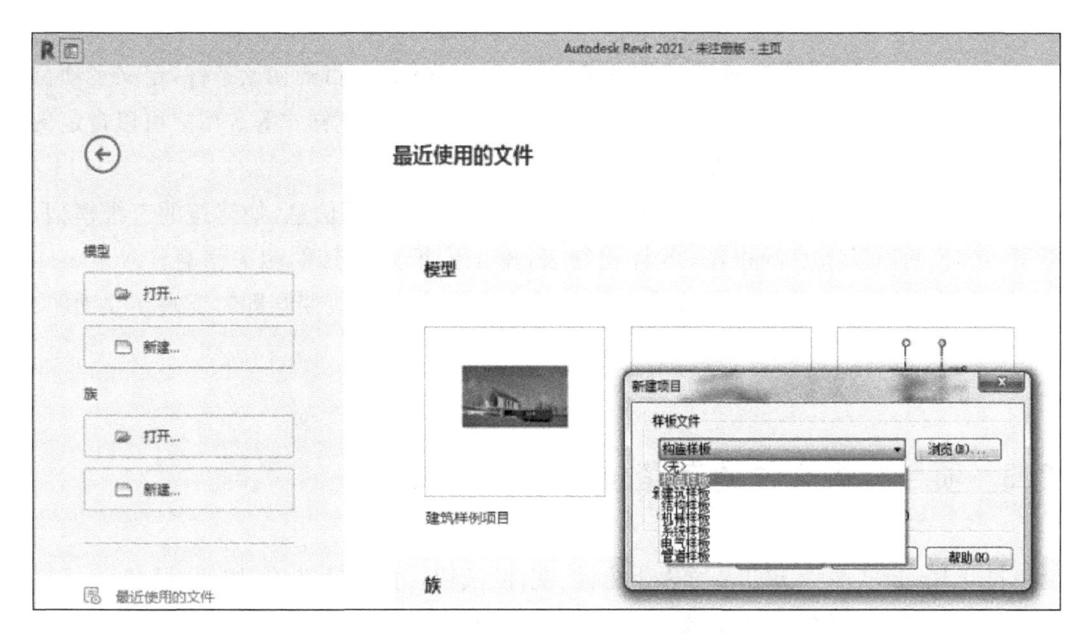

图 2－3　“新建项目”对话框

若有自定义的样板文件,单击“浏览”按钮,找到相应的自定义样板文件,再单击“确定”按钮即可打开(见图 2-4)。

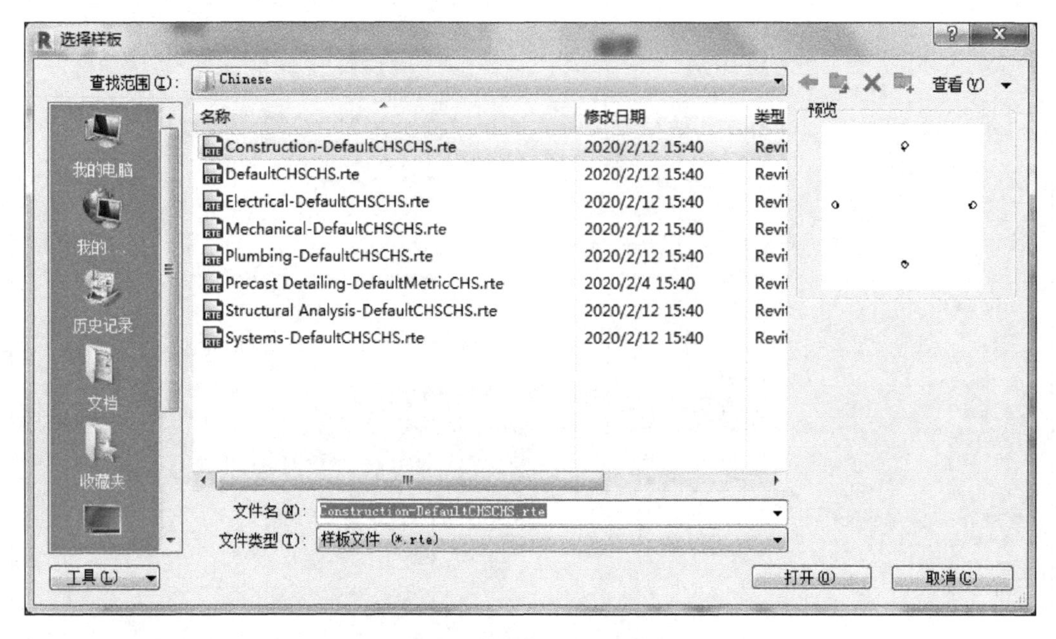

图 2-4　选择样板对话框

2.2　样板文件与项目文件

样板文件的后缀名为“.rte”,它是新建 Autodesk Revit 项目的初始条件,定义了项目中的初始参数,如度量单位、标高样式、尺寸标注样式、线型线宽样式等。用户可以自定义样板文件内容,并保存为新的“.rte”文件。

项目文件的后缀名为“.rvt”,文件中包括了设计中的全部信息,如建筑的三维模型,平面、立面、剖面及节点的视图,各种明细表,施工图纸以及其他相关信息。Autodesk Revit 会自动关联项目中所有的设计信息(如平面图上尺寸的改变会即时反映在立面图、三维视图等其他视图和信息上)。

2.3　项目样板文件的存储位置

打开 Revit 软件后,单击界面左上方的“文件”按钮,再单击“选项”按钮(见图 2-5),在弹出的“选项”对话框中单击“文件位置”选项,会出现建筑样板、构造样板等文件的默认存储位置(见图 2-6),用户可以根据需要进行修改。

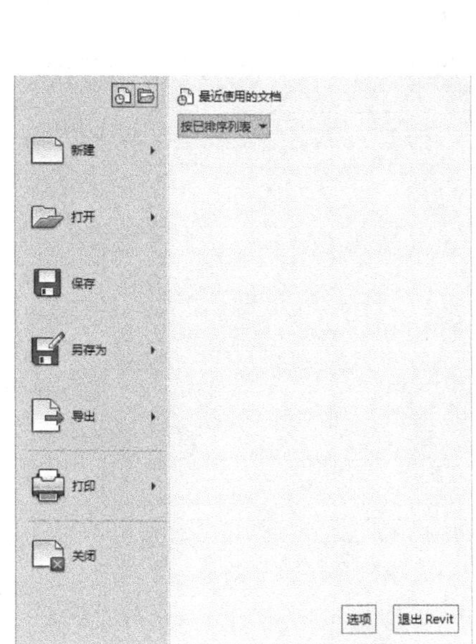

图 2-5 应用程序按钮

图 2-6 默认文件位置

2.4 Revit 工作界面

打开建筑样板文件，进入 Revit 工作界面，如图 2-7 所示。

1. "文件"按钮

"文件"按钮内有"新建""保存""另存为""打印"等选项。单击"另存为"按钮，可将自定义的样板文件另存为新的样板文件(". rte"格式)或新的项目文件(". rvt"格式)。"文件""选项"菜单设置如下：

(1) "常规"选项：设置保存自动提醒时间间隔、用户名、日志文件数量等。

(2) "用户界面"选项：配置工具和分析选项卡，设置快捷键等。

(3) "图形"选项：设置背景颜色，设置临时尺寸标注的外观等。

(4) "文件位置"选项：设置项目样板文件路径、族样板文件路径、族库路径等。

2. 快速访问工具栏

快速访问工具栏包含一组默认工具，用户可以对该工具栏进行自定义，使其显示最常用的工具，如图 2-8 所示。快速访问工具栏的使用说明如下：

(1) 移动快速访问工具栏：快速访问工具栏可以显示在功能区的上方或下方。若要修改设置，用户可在快速访问工具栏上单击"自定义快速访问工具栏"按钮，在其下拉列表中选择"在功能区下方显示"或"在功能区上方显示"。

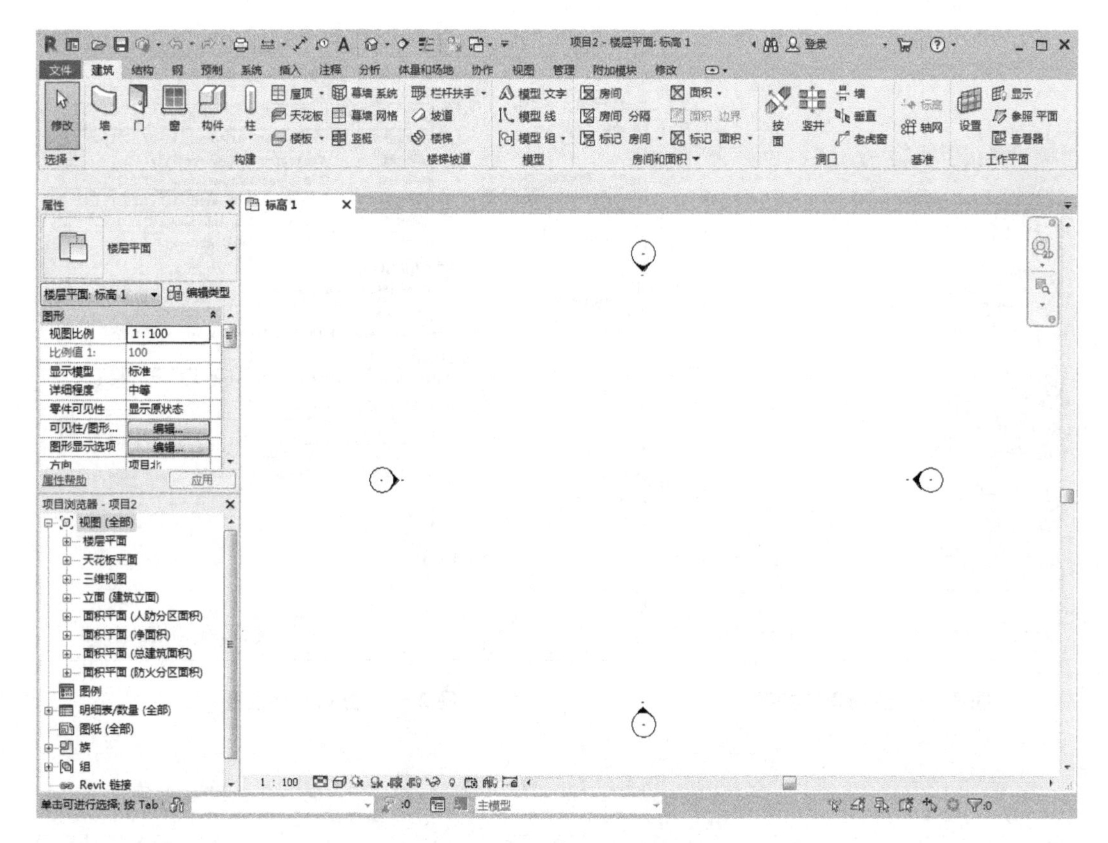

图 2 - 7　Revit 工作界面

（2）将工具添加到快速访问工具栏中：在功能区内浏览需要添加的工具，在该工具上单击鼠标右键（简称右击），在弹出的快捷菜单中单击“添加到快速访问工具栏”按钮。

（3）自定义快速访问工具栏：若需要快速修改快速访问工具栏，用户可右击快速访问工具栏的某个工具，在弹出的快捷菜单中选择“从快速访问工具栏中删除”或“添加分隔符”命令进行修改；若需要进行更广泛的修改，则可在快速访问工具栏下拉列表中，单击“自定义快速访问工具栏”按钮，在弹出的“自定义快速访问工具栏”对话框中进行设置。

图 2 - 8　快速访问工具栏

3. 帮助与信息中心

“帮助与信息中心”位于 Revit 主界面的右上角。

（1）搜索：在前面的文本框中输入关键字，单击“搜索”按钮即可得到需要的信息。

（2）Subscription Center：针对捐赠用户，单击即可跳转到 Autodesk 公司 Subscription Center 网站，用户可自行下载相关软件的工具插件、管理自己的软件授权信息等。

(3) 通信中心：单击可显示有关产品更新和通告的信息的链接，可能包括至 RSS 提要的链接。

(4) 收藏夹：单击可显示保存的主题或网站链接。

(5) 登录：单击登录到 Autodesk360 网站，以访问与桌面软件集成的服务。

(6) Exchange Apps：单击登录到 Autodesk Exchange Apps 网站，选择一个 Autodesk Exchange 商店，可访问已获得 Autodesk 批准的扩展程序。

(7) 帮助：单击可打开帮助文件。单击“帮助”后面的下拉菜单，可找到更多的帮助资源。

4. *功能区选项卡及面板*

创建或打开文件时，功能区会显示。它提供创建项目或族所需的全部工具，包括“建筑”“结构”“系统”“插入”“注释”“分析”“体量和场地”“协作”“视图”“管理”“附加模块”“修改”等选项卡。

在选择图元或使用工具操作时，会出现与该操作相关的上下文选项卡。上下文选项卡的名称与该操作相关，如选择一个墙图元时，上下文选项卡的名称为“修改|墙”，如图 2－9 所示。

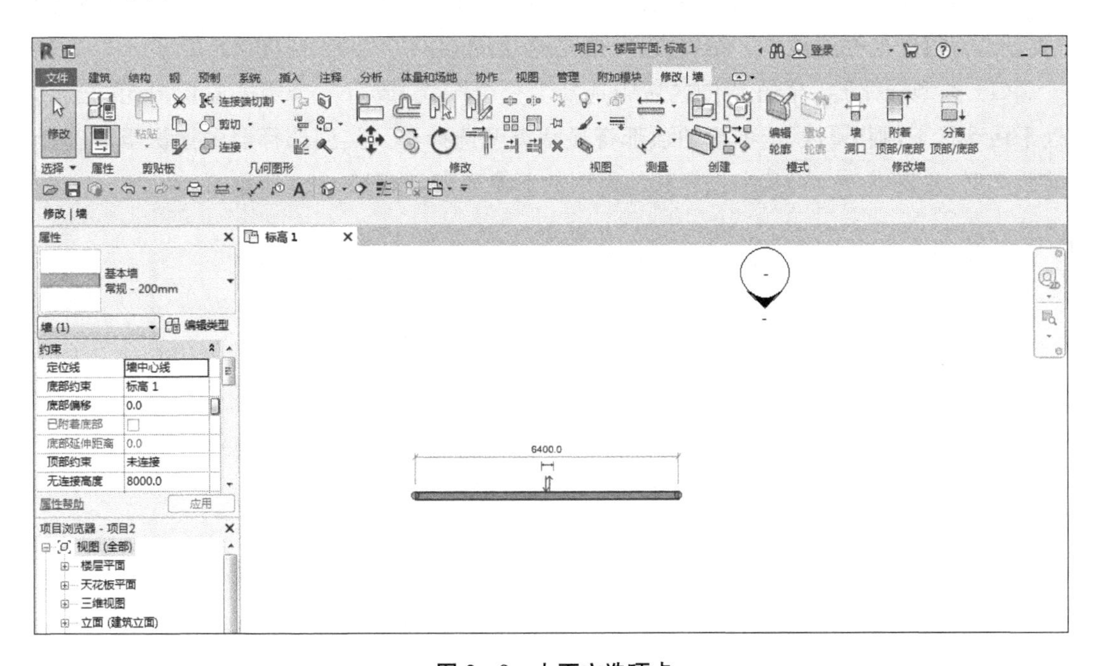

图 2－9　上下文选项卡

上下文功能区选项卡显示与该工具或图元的上下文相关的工具，在许多情况下，上下文选项卡与“修改”选项卡合并在一起。退出该工具或清除选择时，上下文功能区选项卡会关闭。每个选项卡中都包括多个面板，每个面板内有各种工具，面板下方显示该面板的名称，如图 2－10 为“建筑”选项卡。单击“面板”上的工具按钮，可以启用该工具。在某个工具上右击，可将某些工具添加到“快速访问工具栏”，以便于快速访问。

图 2－10 “建筑”选项卡

5. 选项栏

“选项栏”位于“面板”的下方、“属性”选项板和“绘图区域”的上方。其内容根据当前命令或选定图元的变化而变化，从中可以选择子命令或设置相关参数。如单击“建筑”选项卡“构建”面板中的“墙”工具时，出现的选项栏如图 2－11 所示。

图 2－11 选项栏

6. “属性”选项板

通过“属性”选项板可以查看和修改定义 Revit 图元属性的参数。启动 Revit 时，“属性”选项板处于打开状态并固定在绘图区域左侧项目浏览器的上方。“属性”选项板包括“类型选择器”“属性过滤器”“编辑类型”按钮、实例属性四个部分(见图 2－12)。

(1) 类型选择器。若在绘图区域中选择了一个图元，或有一个用来放置图元的工具处于活动状态，则“属性”选项板的顶部将显示类型选择器。类型选择器中标识当前选择的族类型，并提供一个可从中选择其他类型的下拉列表，如图 2－13 所示。

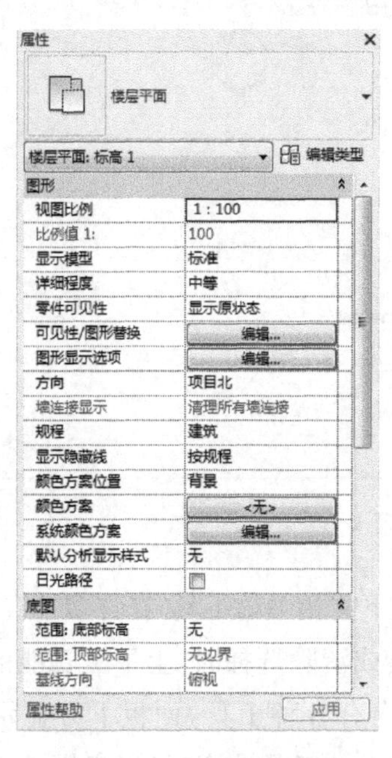

图 2－12 “属性”选项板

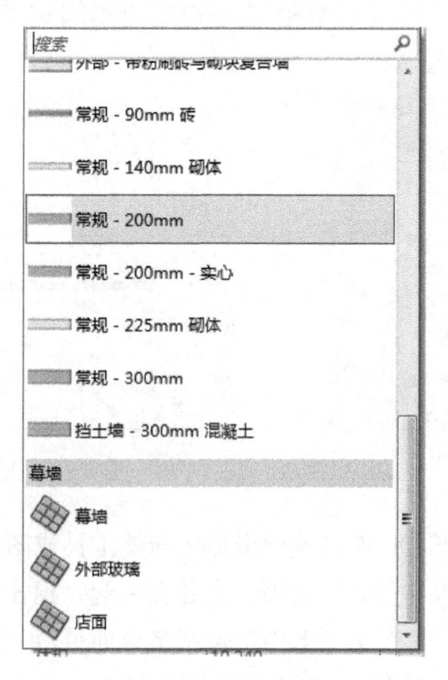

图 2－13 类型选择器

（2）属性过滤器。在类型选择器的正下方存在一个过滤器，该过滤器用来标识将由工具放置的图元类别，或者标识绘图区域中被选中图元的类别和数量。如果选择了多个类别或类型，则选项板上仅显示所有类别或类型所共有的实例属性。在选择了多个类别时，运用过滤器的下拉列表能够仅查看特定类别或视图本身的属性。选择特定类别不会影响整个选择集。

（3）"编辑类型"按钮。单击"编辑类型"按钮，会弹出"类型属性"对话框，对"类型属性"进行修改将会影响该类型的所有图元。

（4）实例属性。修改实例属性仅修改被选中的图元，不修改该类型的其他图元。有两种方式可关闭"属性"选项板，单击"修改"选项卡"属性"面板中的"属性"按钮，或单击"视图"选项卡"窗口"面板中的"用户界面"按钮，在其下拉菜单中将"属性"前的"√"去掉。同样，用这两种方式也可以打开"属性"选项板。

7. 项目浏览器面板

Revit 2021将所有的楼层平面、天花板平面、三维视图、立面、剖面、图例、明细表、图纸，以及组、族等全部分门别类放在"项目浏览器"中统一管理，如图2-14所示。双击视图名称即可打开视图；选择视图名称并右击，即可找到复制、重命名、删除等常用命令。

图2-14　项目浏览器面板

例：在打开程序自带的样板文件后，在项目浏览器中展开"视图(全部)"|"立面(建筑立面)"项，双击视图名称"南"，进入南立面视图。可在绘图区域内看到标高1、标高2两个标高。

8. 视图控制栏

视图控制栏位于绘图区域下方，单击视图控制栏中的相关按钮，即可设置视图的比例、详细程度、模型图形样式、设置阴影、渲染对话框、裁剪区域、隐藏/隔离等。

9. 状态栏

状态栏位于Revit 2021工作界面的左下方。使用某一命令时，状态栏会提供有关的操作提示。鼠标停在某个图元或构件时，会使之高亮显示，同时，状态栏会显示该图元或构件的族及类型名称。

10. 绘图区域

绘图区域是Revit软件进行建模操作的区域，绘图区域背景的默认颜色是白色。用户可通过"选项"对话框设置绘图区域的背景颜色，按"F5"键刷新屏幕。用户可以通过"视图""窗口"面板管理绘图区域的窗口，如图2-15所示。

（1）切换窗口：按快捷键"Ctrl＋Tab"，可以在打开的所有窗口之间进行快速切换。

（2）平铺：将所有打开的窗口全部显示在绘图区域中。

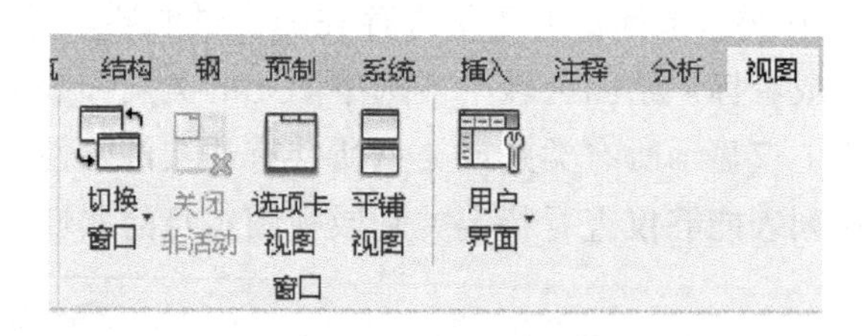

图2－15 “视图”选项卡的“窗口”面板

(3) 层叠：层叠显示所有打开的窗口。

(4) 复制：复制一个已打开的窗口。

(5) 关闭隐藏对象：关闭除当前显示窗口外的所有窗口。

2.5 Revit的相关术语

1. 参数化

参数化设计是Revit的一个重要特征，它分为参数化图元和参数化修改引擎两个部分。Revit中的图元都是以构件的形式出现的，这些构件是通过一系列参数定义的。参数完整保存了图元作为数字化建筑构件的所有信息。

参数化修改引擎允许用户在进行建筑设计时对任何部分的任何改动，可以自动修改其他相关联的部分。例如，在立面视图里修改了窗的高度，Revit就会自动修改在和该窗相关联的剖面视图中窗的高度。任何一个视图下所发生的变更，都能通过参数化且双向的方式传播到所有视图，以保障所有视图的一致性而无须逐一对所有视图进行修改，从而提高了工作效率和工作质量。

2. 项目与项目文件

在Revit中，所有的设计信息都被存储在一个后缀名为“.rvt”的Revit项目文件中。在Revit中，项目就是单个设计信息数据库，即建筑信息模型。项目文件包含了建筑的所有设计信息(从几何图形到构造数据)，其中有建筑的三维模型、平立剖面及节点视图、各种明细表、施工图纸以及其他相关信息。这些信息包括用于设计模型的构件、项目视图和设计图纸。通过使用单个项目文件，Revit不仅可以轻松地修改设计，还可以使修改反映在所有关联区域(平面视图、立面视图、剖面视图、明细表等)中，仅需跟踪一个文件，同时，也为项目管理提供了便利。

3. 样板文件

当在Revit中新建项目时，Revit会自动以一个后缀名为“.rte”的文件作为项目的初始条件，这个“.rte”格式的文件被称为“样板文件”。Revit的样板文件功能与AutoCAD的“.dwt”相同。样板文件明确了新建项目中默认的初始参数值，如项目默认的度量单位、楼层数量设置、层高信息、线型设置、显示设置等。Revit允许用户自定义样板文件的内容，并保存为新的“.rte”文件。

项目样板提供项目的初始状态。Revit 提供了几个样板，用户也可以创建自己的样板。基于样板的任意新项目均继承来自样板的所有族、设置（如单位、填充样式、线样式、线宽和视图比例）以及几何图形。

如果将一个 Revit 项目比作一张图纸，那么样板文件就是制图规范。样板文件中规定了这个 Revit 项目中各个图元的表现形式：线有多宽、墙该如何填充、度量单位用毫米还是用英寸等。除了这些基本设置，样板文件中还包含了该样板中常用的族文件，如工业建筑的样板文件中，族里便会包括一些吊车之类的只有在工业建筑中才会常用的族文件。

4. 标高

标高是无限水平平面，用作屋顶、楼板和天花板等以层为主体的图元的参照。标高大多用于定义建筑内的垂直高度或楼层。用户可为每个已知楼层或建筑的其他必需参照（如第二层、墙顶或基础底端）创建标高。要放置标高，必须处于剖面或立面视图中。

5. 图元

在创建项目时，可以向设计中添加参数化建筑图元。Revit 按照类别、族和类型对图元进行分类。

6. 族

族是一个包含通用属性（称作参数）集和相关图形表示的图元组。在 Revit 中进行设计时，基本的图形单元称为图元。例如，在项目中建立的墙、门、窗、文字、尺寸标注等都称为图元。所有这些图元都是使用“族”来创建的，可以说“族”是 Revit 的设计基础。“族”中包括许多可以自由调节的参数，这些参数记录着图元在项目中的尺寸、材质、安装位置等信息，修改这些参数可以改变图元的尺寸、位置等。

一个族中不同图元的部分或全部属性都有不同的值，但属性的设置是相同的。如门可以看成一个族，有不同的门，如推拉门、双开门、单开门等。

Revit 中的族类型如下：

（1）“可载入的族”可以载入项目中，并根据族样板创建。用户可以确定族的属性设置和族的图形化表示方法。

（2）“系统族”不能作为单个文件载入或创建。Revit 预定义了“系统族”的属性设置及图形表示。用户可以在项目内使用预定义类型生成属于此族的新类型。例如，标高的行为在系统中已经预定义，但可以使用不同的组合来创建其他类型的标高。“系统族”可以在项目之间传递。

（3）“内建族”用于定义在项目的上下文中创建的自定义图元。如果项目需要不希望重展的独特几何图形，或者项目需要的几何图形必须与其他项目的几何图形保持众多关系之一，请创建内建图元。由于内建图元在项目中的使用受到限制，因此，每个“内建族”都只包含一种类型。用户可以在项目中创建多个“内建族”，并且可以将同一内建图元的多个副本放置在项目中。与系统和标准构件族不同，用户不能通过复制“内建族”类型来创建多种类型。

标准构件族可以作为独立文件存在于建筑模型之外，且具有“.rfa”扩展名。标准构件族可以载入项目中，可以在项目之间进行传递，可以将它保存到用户的库中，对它的修改，将会在整个项目中传播，并自动在本项目中该族或该类型的每个实例中反映出来。

7. 类型

族是相关类型的集合，是类似几何图形的组合。族内成员的几何图形相似而尺寸不同。类型可以看成族的一种特定尺寸，也可以看成一种样式。各个族可拥有不同的类型，一个族可以拥有多个类型，每个不同的尺寸都可以是同一族内的新类型。

第 3 章

Revit 软件基本操作

在 BIM 技术的应用中，Revit 软件作为一种强大的建模工具，扮演着关键角色。熟练掌握 Revit 软件的基本操作，是成功实施 BIM 技术的第一步。本章节将详细介绍 Revit 软件的基础功能和操作方法。

3.1 基本设置

在“管理”选项卡“设置”面板中执行“项目信息”命令，系统弹出“项目信息”对话框，输入日期、项目地址、项目名称等相关信息，单击“确定”按钮，如图 3－1 所示。

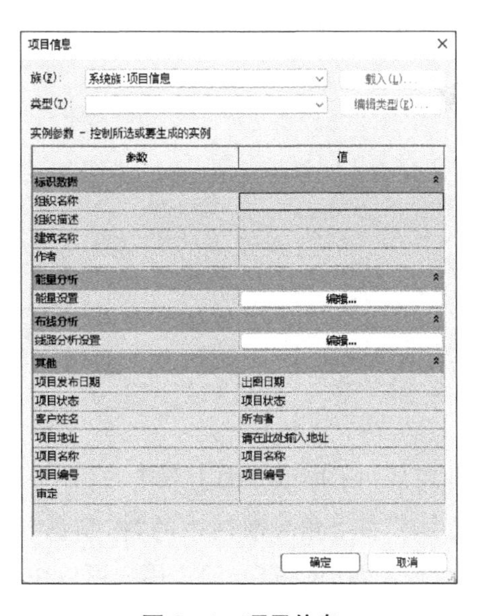

图 3－1　项目信息

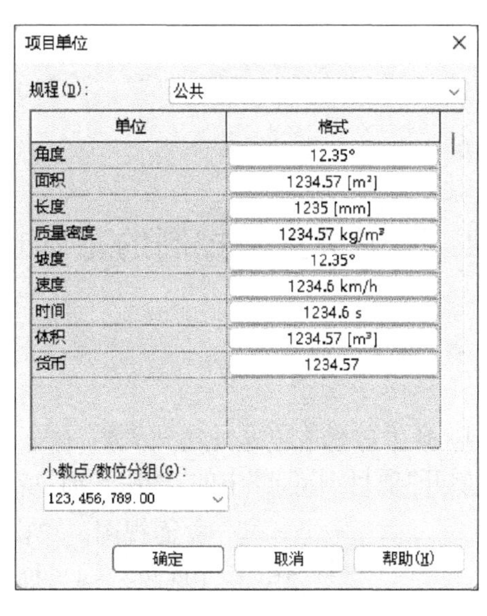

图 3－2　项目单位

1. 项目单位

在“管理”选项卡的“设置”面板中执行“项目单位”命令，系统弹出“项目单位”对话框，设置“长度”“面积”“角度”等单位。系统默认长度的单位是“mm”，面积的单位是“m^2”，角度的单位是“°”。“项目单位”的界面如图 3－2 所示。

2. 捕捉

在“管理”选项卡的“设置”面板中执行“捕捉”命令，系统弹出“捕捉”对话框，可修改捕捉选项，如图 3 - 3 所示。

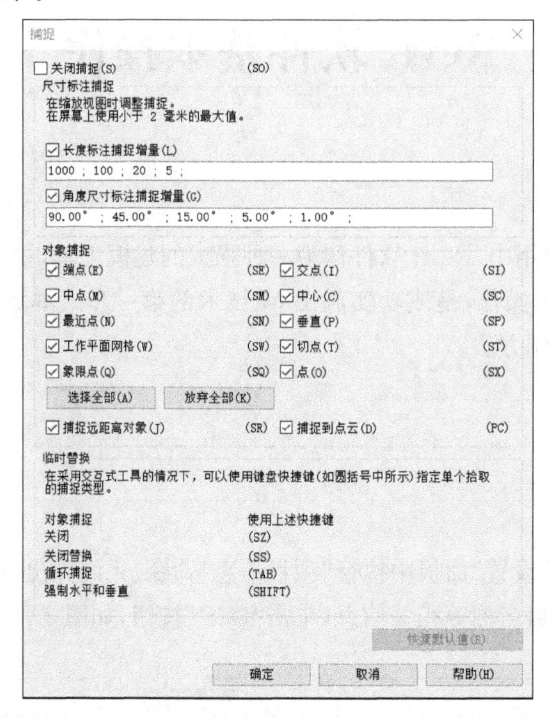

图 3 - 3　捕捉

3.2　图形浏览与控制的基本操作

3.2.1　视口导航

1. 在平面视图下进行视口导航

展开“项目浏览器”中的“楼层平面”或“立面”，在某一平面或立面上双击，打开平面或立面视图。单击“绘图区域”右上角导航栏中的“控制盘”按钮(见图 3 - 4)，即出现二维控制盘(见图 3 - 5)。用户可以在二维控制盘中单击“平移”“缩放”“回放”按钮对图像进行移动或缩放。

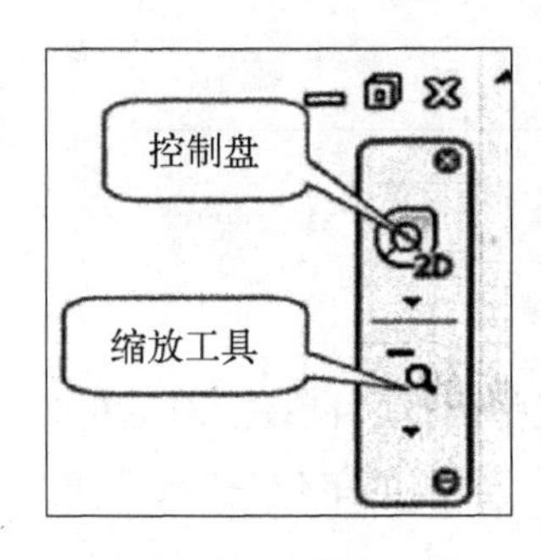

图 3 - 4　控制盘工具

2. 在三维视图下进行视口导航

展开“项目浏览器”中的“三维视图”，双击“3D”选项，打开三维视图。单击“绘图区域”右上方导航栏中的“控制盘”按钮，出现“全导航控制盘”(见图 3 - 6)。按住鼠标左键在“全导航控制盘”中的“动态观察”选项不放，鼠标会变为“动态观察”状态，左右移动鼠标，可对三维视图中的模型进行旋转。视图中的绿色球体表示动态观察时视图旋转的中心位置；鼠标左键按住“全导航控制盘”中的“中心”选项不放，可拖动绿色球体至模型上的任意位置；松开鼠标左键，可重新设置中心位置。

说明：按住键盘上的“Shift”键，再按住鼠标右键不放，移动鼠标也可进行动态观察。

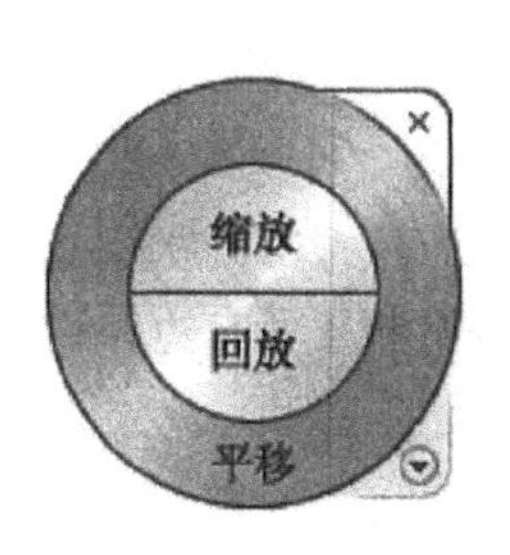

图3-5 控制盘

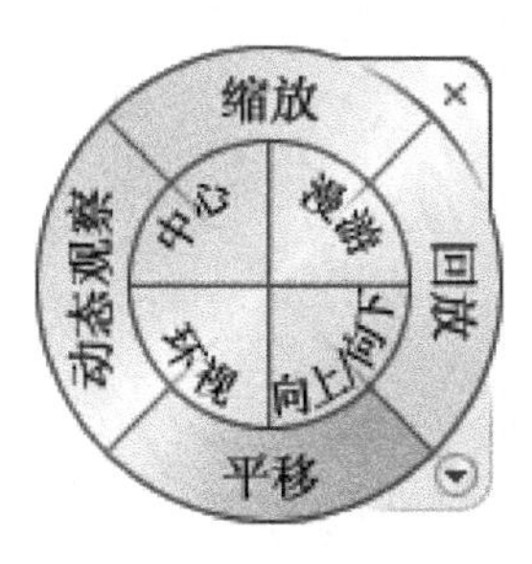

图3-6 全导航控制盘

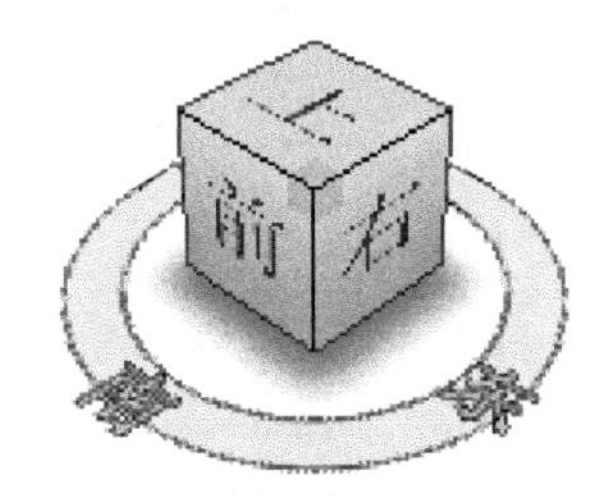

图3-7 ViewCube 工具

在三维视图下，“绘图区域”右上角会出现 ViewCube 工具(见图3-7)。ViewCube 立方体中各顶点、边、面和指南针的指示方向，代表三维视图中不同的视点方向。单击立方体或指南针的各部位，可以在各方向视图中切换显示。按住 ViewCube 或指南针上的任意位置并拖动鼠标，可以旋转视图。

3.2.2 使用视图控制栏

通过视图控制栏可对图元的可见性进行控制。视图控制栏位于绘图区域底部、状态栏的上方。视图控制栏中有比例、详细程度、视觉样式、日光路径、阴影、显示渲染对话框、裁剪视图、显示裁剪区域、解锁的三维视图、临时隐藏/隔离、显示隐藏的图元、分析模型的可见性等工具。视觉样式、日光路径、阴影、临时隐藏/隔离、显示隐藏的图元是常用的视图显示工具。

1. 视图控制栏

视图控制栏可以控制视图的比例大小，也可控制视图显示的粗略程度，如图3-8～图3-9所示。

2. 视觉样式

单击“视觉样式”按钮，内有“线框”“隐藏线”“着色”“一致的颜色”“真实”“光线追踪”样式和“图形显示选项”，如图3-10所示。

(1) “线框”样式可显示绘制了所有边和线而未绘制表面的模型图像。

(2) “隐藏线”样式可显示绘制了的除被表面遮挡部分以外的所有边和线的图像。

(3) “着色”样式可显示处于着色模式下的图像，而且具有显示间接光及其阴影的选项。从“图形显示选项”对话框中选择“显示环境光阴影”，可以模拟环境(漫射)光的阻挡。默认光源为着色图元提供照明。着色时，可以显示的颜色数取决于在 Windows 中配置的显示颜色数。该设置只会影响当前视图。

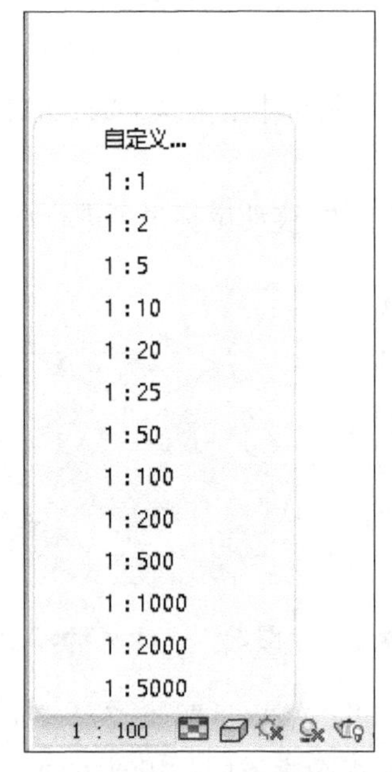

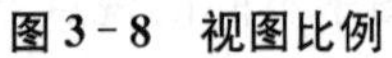

图 3-8 视图比例

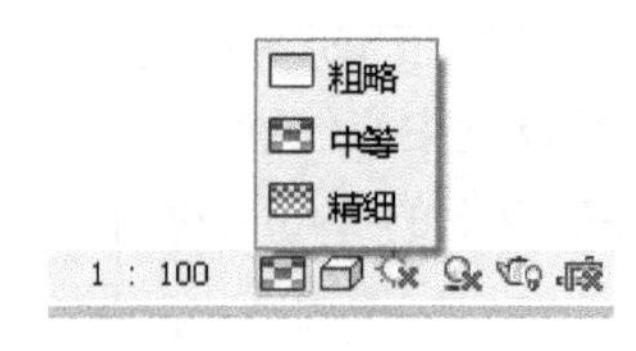

图 3-9 视图粗略程度

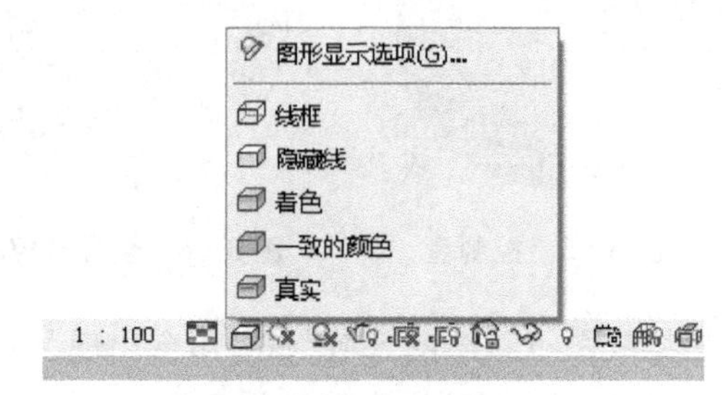

图 3-10 视觉样式

(4)“一致的颜色”样式显示所有表面都按照表面材质颜色设置着色的图像。该样式会使所有表面保持一致的着色颜色，无论以何种方式将其定向到光源，材质始终以相同的颜色显示。

(5)“真实”样式。从“选项”对话框中启用“使用硬件加速”后，“真实”样式将在可编辑的视图中显示材质外观。旋转模型时，表面会显示在各种照明条件下呈现的外观。从“图形显示选项”对话框中选择“环境光阻挡”，以模拟环境(漫射)光的阻挡。注意，“真实”视图中不会显示人造灯光。

(6)“光线追踪”样式是一种照片级真实感的渲染模式，该模式允许平移和缩放模型。在使用该视觉样式时，模型的渲染在开始时分辨率较低，但会迅速增加保真度，从而看起来更具有照片级的真实感。在使用“光线追踪”模式期间或在进入该模式之前，可以选择从“图形显示选项”对话框设置照明、摄影曝光和背景。用户可以使用 ViewCube、导航控制盘和其他相机操作，对模型执行交互式漫游。

3. 日光路径、阴影

在所有三维视图中，除使用“线框”或“一致的颜色”视觉样式的视图外，都可以使用日光路径和阴影。而在二维视图中，日光路径可以在楼层平面、天花板投影平面、立面和剖面中使用。在研究日光和阴影对建筑和场地的影响时，为了获得最佳的结果，应打开三维视图中的日光路径和阴影显示。

4. 临时隐藏/隔离

“隔离”工具可对图元进行隔离(即在视图中保持可见)，并使其他图元不可见，“隐藏”工具能够对图元进行隐藏。

选择图元，单击“临时隐藏/隔离”按钮，有“隔离类别”“隐藏类别”“隔离图元”“隐藏图元”四个选项。隔离类别：对所选图元中相同类别的所有图元隔离，其他图元不可见。隔离图元：仅对所选择的图元进行隔离。隐藏类别：对所选图元中相同类别的所有图元隐藏。隐藏图元：仅对所选择的图元进行隐藏。

5. 显示隐藏的图元

（1）单击视图控制栏中的灯泡图标（“显示隐藏的图元”），绘图区域周围会出现一圈紫红色加粗显示的边线，同时隐藏的图元以紫红色显示。

（2）单击选择隐藏的图元，右击可取消在视图中隐藏。

（3）再次单击视图控制栏中的灯泡图标，恢复视图的正常显示。

3.2.3　选择模型对象

在 Revit 中，选择模型对象有多种方式。

1. 预选

将鼠标指针移动到某个对象附近时，该对象轮廓将会高亮显示，且相关说明会在工具提示框和界面左下方的命令提示栏中显示。当对象高亮显示时，可按 Tab 键在相邻的对象中进行选择切换。

2. 点选

单击要选择的对象，按住“Ctrl”键逐个单击要选择的对象，可以选择多个对象。按住“Shift”键，单击已选择的对象，可以将该对象从选择中删除。

3. 框选

将鼠标指针移到被选择的对象旁，按住鼠标左键，从左向右拖动鼠标，可选择矩形框内的所有对象，从右向左拖动鼠标，则矩形框内的和与矩形框相交的对象都被选择。同样，按“Ctrl”键可做多个选择，按“Shift”键可删除其中某个对象。

4. 选择全部实例

先选择一个对象并右击，从弹出的快捷菜单中执行“选择全部实例”命令（见图 3 - 11），则所有与被选择对象相同类型的实例都被选中。在后面的子菜单中可以选择让选中的对象在视图中可见，或是在整个项目所有视图中都可见。在项目浏览器的族列表中，选择特定的族类型，右击快捷菜单中有同样的选项，可以直接选出该

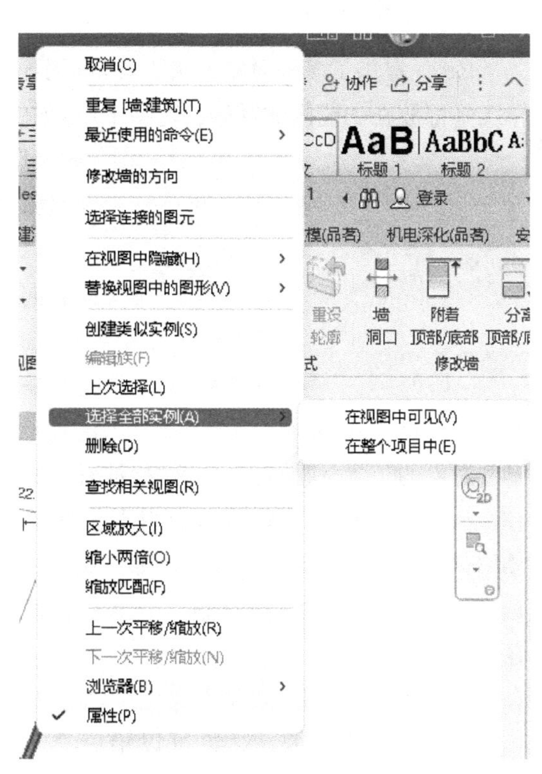

图 3 - 11　选择全部实例

类型的所有实例(当前视图或整个项目)。

5. 过滤器

选择多种类型的对象后,在功能区中执行“修改”选项卡中的“过滤器”命令,在打开的“过滤器”对话框的列表中勾选需要选择的类别即可,如图 3-12 所示。

要取消选择,则可单击绘图区域空白处,或右击后在出现的快捷菜单中选择“取消”命令或者按键盘上的“Esc”键撤销选择。

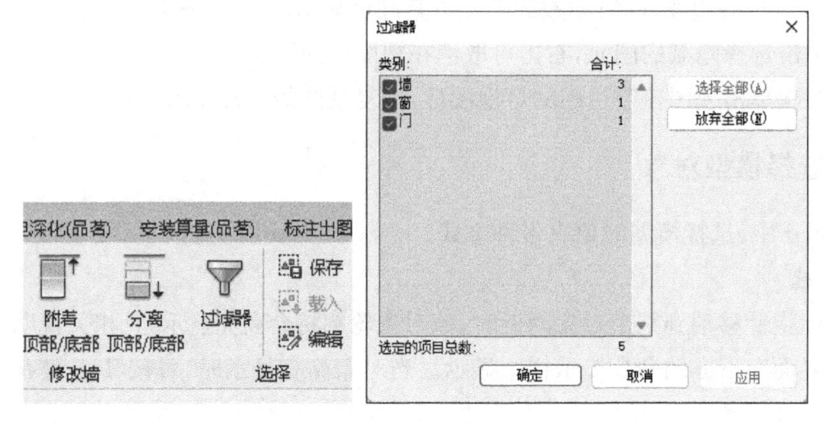

图 3-12 过滤器

3.2.4 对象编辑工具

Revit 提供了多种对象编辑工具,可用于建模过程中对目标对象进行相应的编辑。编辑工具都放在功能区的“修改”选项卡中,如图 3-13 所示。下面简要介绍其常用的功能。

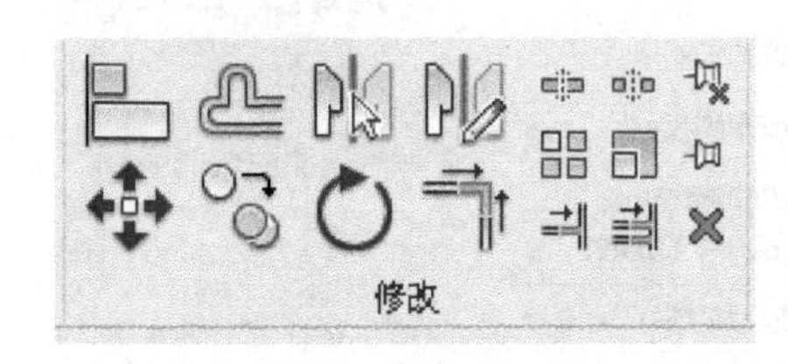

图 3-13 “修改”选项卡

(1) 对齐功能:可以将一个或者多个对象与选定对象对齐,快捷键为“A+L”。

(2) 偏移功能:可将选定对象沿与其长度垂直的方向复制或移动指定距离,快捷键为“O+F”。

(3) 镜像功能:镜像功能分为拾取轴和绘制轴,拾取一条线作为镜像轴,可以镜像选定模型对象的位置,或者绘制一条线作为镜像轴,则可以镜像选定模型对象的位置,快捷键分别为“拾取轴”“M+M”“绘制轴”“D+M”。

(4) 移动功能:“移动”命令用于将选定对象移动到当前视图的指定位置,快捷键为“M+V”。

(5) “复制”命令:可复制一个或多个选定对象,并在当前视图中放置这些图元,快捷键为“C+O”。

(6) “旋转”命令:可使对象围绕轴旋转,快捷键为“R+O”。

(7) “阵列”命令:对象可以沿一条线阵列,也可以沿一个弧形阵列,快捷键为“A+R”。

(8)“缩放”命令：可以按比例调整选定对象的大小，快捷键为“R+E”。

(9)“修剪/延伸为角”命令：修剪或延伸对象，形成一个角，快捷键为“T+R”。

(10)“修剪/延伸单个图元”命令：修剪或延伸一个对象到其他对象定义的边界。

(11)“修剪/延伸多个图元”命令：修剪或延伸多个对象到其他对象定义的边界。

(12)“拆分图元”命令：在选定点剪切对象，或删除两点之间的线段，快捷键为“S+L”。

(13)“用间隙拆分”命令：将墙拆分成之前已定义间隙的两面单独的墙。

(14)“锁定”命令：将选定的对象锁定，防止移动或者进行其他编辑，快捷键为“P+N”。

(15)“解锁”命令：将锁定的对象解锁，可以移动或者进行其他编辑，快捷键为“U+P”。

3.3 Revit的设计流程

国内的建筑工程在设计阶段一般可划分为方案设计、初步设计和施工图设计三个逐步深入的阶段。这些阶段中均以二维CAD图纸为主线，图纸成了整个设计工作的核心，占整个项目设计周期的比重也很大。然而，各图纸之间大多没有关联，平面、立面及剖面等均“各自为政”。设计过程容易出错。出错后修改和变更也较为烦琐，往往一个平面图中微小的改动，在各立面、各剖面甚至详图大样和统计表格中都要进行校改。如果要进行后期效果图渲染、生态环境分析模拟等，则又需要借助其他软件或者更加专业的人员才能完成。

利用Revit进行建筑设计时，流程和设计阶段在时间分配上会与二维CAD绘图模式有较大区别。Revit以三维模型为基础，设计过程就是一个虚拟建造的过程。图纸不再是整个过程的核心，而只是设计模型的衍生品。而且几乎可以在Revit这一个软件平台下，完成从方案设计、施工图设计、效果图渲染到漫游动画，甚至生态环境分析模拟等所有的设计工作，整个过程一气呵成。虽然前期建立模型所花费的工作时间占整个设计周期的比例较大，但是在后期成图、变更、错误排查等方面则具有很大优势。

3.3.1 项目创建及基本设计流程介绍

在Revit中，基本设计流程是选择项目样板，创建空白项目，确定项目标高、轴网，创建墙体、门窗、楼板、屋顶，为项目创建场地、地坪及其他构件。在完成模型后，再根据模型生成视图，对视图进行细节调整，为视图添加尺寸标注和其他注释信息，将视图布置于图纸中并打印；对模型进行渲染，与其他分析、设计软件进行交互。

3.3.2 绘制标高和轴网

与大多数二维CAD软件不同，用Revit绘制模型首先需要确定的是建筑高度方向的信息，即标高。在模型的绘制过程中，很多构件都与标高紧密联系。使用“建筑”选项卡“基准”面板中的“标高”工具，可以创建标高。应注意的是，必须在立面或剖面视图中才能绘制和查看标高。通过切换至南、北、东、西等立面视图，可以浏览项目中标高的设置情况。

绘制轴网的过程与CAD绘图过程没有太大的区别，但是需要注意，Revit的轴网是含有三维信息的，它与标高共同构成了建筑模型三维网格的定位体系。

3.3.3 创建基本模型

1. 创建墙体和幕墙

Revit提供了墙工具，用于绘制和生成墙体对象。在Revit中创建墙体时，要先定义好墙体的类型。在墙族的类型属性中，定义包括墙厚、做法、材质、功能等，再指定墙体的到达标高等高度参数，在平面视图中指定的位置绘制生成三维墙体。

幕墙属于Revit提供的三种墙族之一，幕墙的绘制方法、流程与基本墙类似，但幕墙的参数设置与基本墙有较大区别。

2. 创建柱子

Revit中提供了建筑柱和结构柱两种不同的柱子构件，其功能有本质的区别。对于大多数结构体系，采用结构柱这个构件。用户可以根据需要，在完成标高和轴网定位信息后创建结构柱，也可以在绘制墙体后再添加结构柱。在一些较大模型的建模过程中，也会把建筑模型和结构模型分开建模，然后链接到一起。

3. 创建门窗

Revit提供了门、窗工具，用于在项目中添加门、窗图元。必须依附于墙、屋顶等主体图元才能建立门、窗图元。同时，门、窗这些构件都可以通过创建自定义门窗族的方式创建。

4. 创建楼板、屋顶

Revit提供了三种创建楼板的方式，包括建筑楼板、结构楼板和面楼板。其中，建筑楼板命令使用频率最高，其参数设置类似于墙体。

Revit提供了迹线屋顶、拉伸屋顶和面屋顶三种创建屋顶的方式。其中，迹线屋顶使用频率最高，其创建方式与建筑楼板类似，可以绘制平屋顶、坡屋顶等常见的屋顶类型。楼板和屋顶的用法有很多相似之处。

5. 创建楼梯

使用楼梯工具可以在项目中添加各种样式的楼梯。在Revit中，楼梯由楼梯和扶手两部分构成。使用楼梯前应首先定义楼梯类型属性的各种参数。楼梯穿过楼板时的洞口不会自动开设，所以需要编辑楼板或者用“洞口”命令进行开洞。

6. 创建其他构件

除前述的主要构件外，还有如栏杆、坡道、散水、台阶等其他构件。其中，对于栏杆、坡道这些构件，Revit中有相对应的命令，而散水、台阶等则没有对应的命令。绘制这些构件时可以单独创建族，也可以用一些变通的方式，具体绘制方法也是多种多样的。

用户可以将所有的模型通过三维的方式创建出来，这样会使模型更加接近实际的建筑，但同时相应的工作量也会增加，且某些信息在特定的情况和设计阶段是不必要的。例如，大部分建筑施工图，无须为一个普通门绘制铰链，也无须在方案阶段把墙体的构造层处理得面面俱到；相反，一些情况下适当采用二维绘图的方法，可以减少建模的工作量并提高绘图速度。所以，建模之初需要考虑好哪些是需要建的，哪些是可以忽略的，或者哪些是可以用二维方式替代的，并根据设计的情况灵活使用Revit，选择与项目相适应的处理方法。

3.3.4 复制楼层

如果建筑各层间的共用信息较多，如存在标准层，则可以复制楼层来加快建模速度。复制后的模型将作为独立的模型，对原模型的任何编辑或修改均不会影响复制后的模型，除非使用“组”的方式进行复制。

如果标准层数量较多，例如在高层住宅的情况下，可以把标准层的全部图元或者部分图元设置为“组”。“组”的概念与AutoCAD中的“块”较为类似，这样可以加快建模速度，还能更加便捷地进行模型管理。需要注意的是，如果“组”较多，会增加计算机的运算负担。

3.3.5 生成立面、剖面和详图

Revit中的立面图、剖面图是根据模型实时生成的，换言之，只要模型建立恰当，立面、剖面视图中的模型图元几乎不需要绘制，就像前面所介绍的，图纸只是BIM模型的衍生品。而且，与可以生成立面、剖面视图的传统CAD不同，立面、剖面图是根据模型的变化实时更新的，且每个视图都相互关联。对于详图，楼梯详图和卫生间详图等一般可以直接生成。但是，对于部分节点大样，因为模型建立时不可能每个细节都面面俱到，除软件本身功能限制外，时间成本也是巨大的。因此，必须采用Revit提供的二维详图功能进行深化和完善。

Revit默认情况下有东、南、西、北4个立面图，用户可以通过创建一个立面视图符号，生成所需要的任何立面图。一般情况下，只要模型建立恰当，Revit所生成的立面图无须做过多调整，即能满足在立面图中的图形要求。

剖切的位置、剖面符号绘制完成，剖面视图即已生成。这里需要说明的是，Revit中自动生成的剖面视图并不能完全达到要求，往往需要添加一些构件，如梁，以及对某些建筑构件进行视图处理，通过加工后才能满足剖面施工图的要求。

绘制详图有三种方式，即“纯三维”“纯二维”“三维＋二维”。对于楼梯、卫生间等一些部位的详图，因为模型建立时信息基本已经完善，可以通过视图索引直接生成。此时，索

引视图和详图视图中模型图元部分是完全关联的。对于一些节点大样，如屋顶挑檐，大部分主体模型已经建立，只需在详图视图中补充一些二维图元即可。此时，索引视图和详图视图的三维部分是关联的。而有些大样，因为无法用三维表达或者可以利用已有的AutoCAD图纸，可以在Revit生成的详图视图中采用二维图元的方式绘制，或者直接导入DWG图形，以满足出图的要求。

3.3.6 模型、视图处理以及标注的统计

模型建立好后，要得到完全符合制图标准的图纸，还需要进行视图的调整和设置。进行视图处理最快捷也是最常用的方法就是使用视图样板。视图样板可以定义在项目样板中，也可以根据需要自由定义。

对于视图中有连接关系的图元，如剖面视图中的梁与楼板，需要使用连接工具手动处理连接构件。

在Revit中要实现施工图纸，除模型图元外，还必须在视图中添加注释图元，主要是标注、添加二维图元，以及统计报表等。Revit中的标注主要有尺寸标注、标高（高程）标注、文字、其他符号标注等。与AutoCAD不同的是，Revit中的注释信息可以提取模型图元中的信息。例如，在标注楼板标高时，可以自动提取出此楼面的高程，而无须手动注写，可以最大程度避免因为手工填写而带来的人为错误。

Revit提供了强大的报表统计功能，例如，可利用明细表数量功能进行门窗表统计、房间类型及面积统计、工程量统计等。

3.3.7 生成效果图、布图及打印输出

模型建好后，就可以对模型中的图元进行材质设定，以满足渲染的需要。Revit的渲染功能非常简单，无须做过多设置就能得到较为满意的效果图。在任何时候，都可以基于模型进行渲染操作，这个步骤不一定要在完成视图标注后进行，可以在方案推敲过程中，甚至还只是一个初步模型时就做实时的渲染。渲染是一个动态、非线性的过程，建筑师可以一开始就了解方案的成熟度，而不必借助专业的效果图公司来完成三维成果的输出。同时，生成效果图使建筑师摆脱了仅在二维立面图纸上进行设计分析的弊端。

完成以上操作后，就可以进行图纸的布图和打印了。布图是指在Revit标题栏图框中布置视图，类似于AutoCAD“布局”中布置视图的操作过程。在一个图框中可以布置任意多个视图，且图纸上的视图与模型仍然保持双向关联。Revit文件的打印既可以借助外部PDF虚拟打印机输出为PDF文件，也可以输出成Autodesk公司自有的DWF或DWFx格式的文件。同时，Revit中的所有视图和图纸均可以导出为DWG文件。

3.3.8 与其他软件交互

在用Revit进行建筑设计的过程中，可以根据需要将Revit中的模型和数据导入其他

软件中做进一步的处理。例如,可以将 Revit 创建的三维模型导入 3dsMax 中进行更为专业的渲染,或者导入 Autodesk Ecotect Analysis 中进行生态方面的分析,还可以通过专用的接口将结构柱、梁等模型导入 PKPM 或 Etabs 等结构建模或计算分析软件中进行结构方面的分析运算。

第 4 章

创建标高和轴网

在开始设计模型之前，要先定义标高和轴网。标高可定义楼层层高及生成平面视图，但标高不是必须作为楼层层高；轴网用于为构件定位，在 Revit 中，轴网确定了一个不可见的工作平面。轴网编号以及标高符号样式均可定制修改。Revit 软件目前可以绘制弧形和直线轴网，不支持折线轴网。在本章中，需重点掌握轴网和标高 2D、3D 显示模式的不同作用，轴网和标高标头的显示控制，如何生成对应标高的平面视图等功能应用。

4.1 新建项目

单击“新建”按钮，系统弹出“新建项目”对话框，选择“样板文件”中的“建筑样板”(见图 4－1)，再单击“确定”按钮新建项目文件。

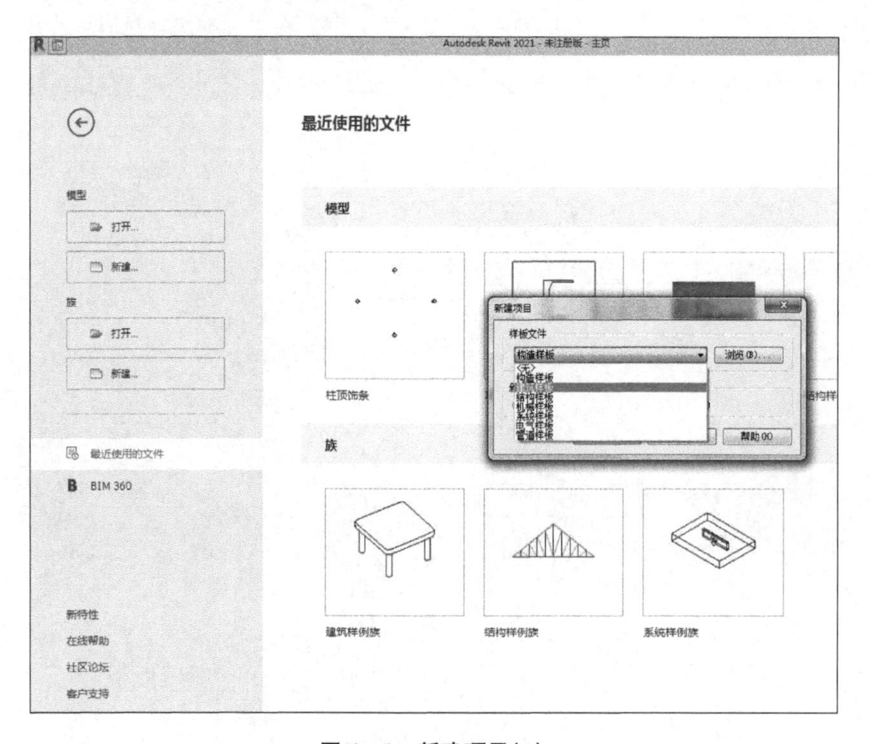

图 4－1　新建项目(1)

也可以单击“文件”主菜单，选择“新建”，然后单击“项目”，系统弹出“新建项目”对话框，选择“样板文件”中的“建筑样板”（见图 4－2），再单击“确定”按钮新建项目文件。

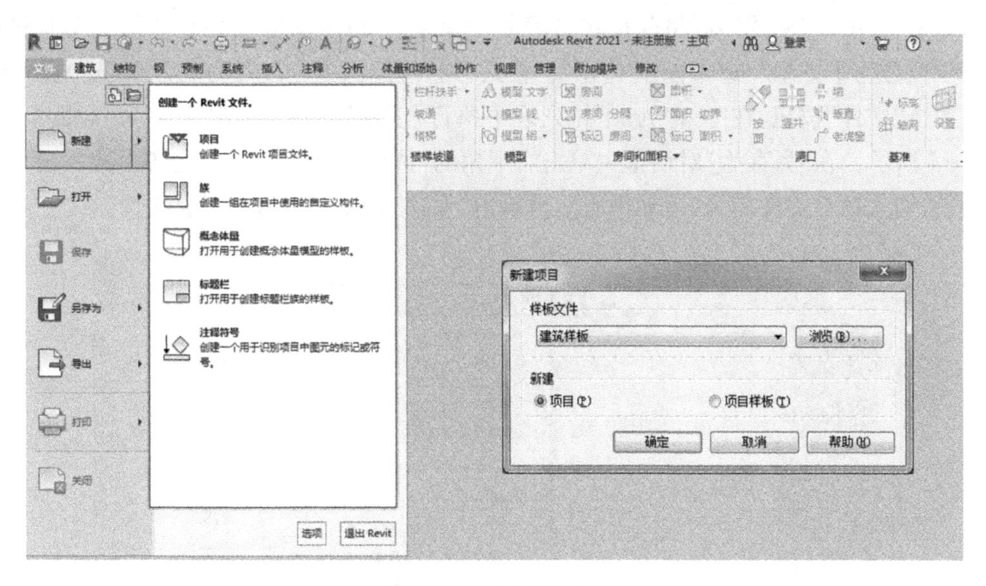

图 4－2　新建项目(2)

4.2　项目设置与保存

在“管理”选项卡的“设置”面板中选择“项目信息”选项，打开如图 4－3 所示的“项目信息”对话框，输入项目信息。

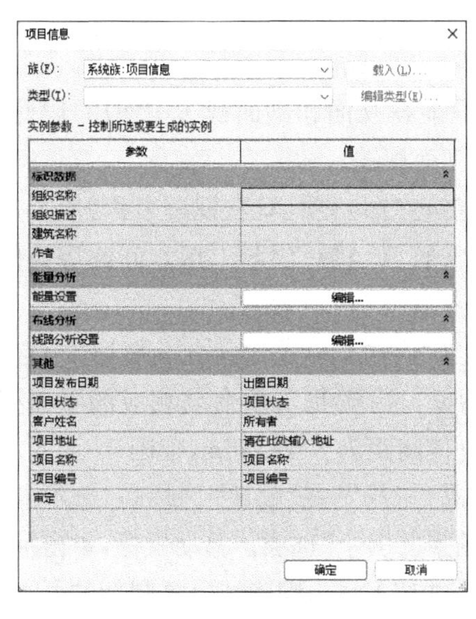

图 4－3　项目信息

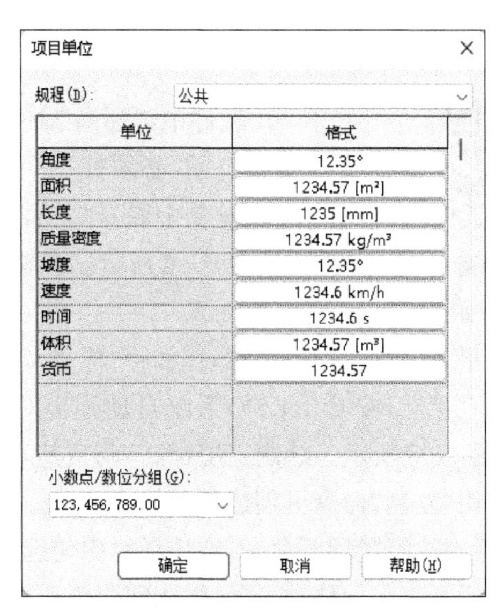

图 4－4　项目单位

继续在“设置”面板中选择“项目单位”选项，打开“项目单位”对话框，如图 4-4 所示。

单击“长度”|“格式”列，将长度单位设置为毫米(mm)，单击“面积”|“格式”列，将面积单位设置为平方米(m^2)，单击“体积”|“格式”列，将体积单位设置为立方米(m^3)。

单击“文件”按钮，在“另存为”下拉列表中执行“项目”命令，弹出“另存为”对话框，如图 4-5 所示。在“另存为”对话框中单击右下角的“选项”按钮，设置最大备份数。设置保存路径，输入项目文件名为“活动中心”，再单击“保存”按钮即可保存项目文件。

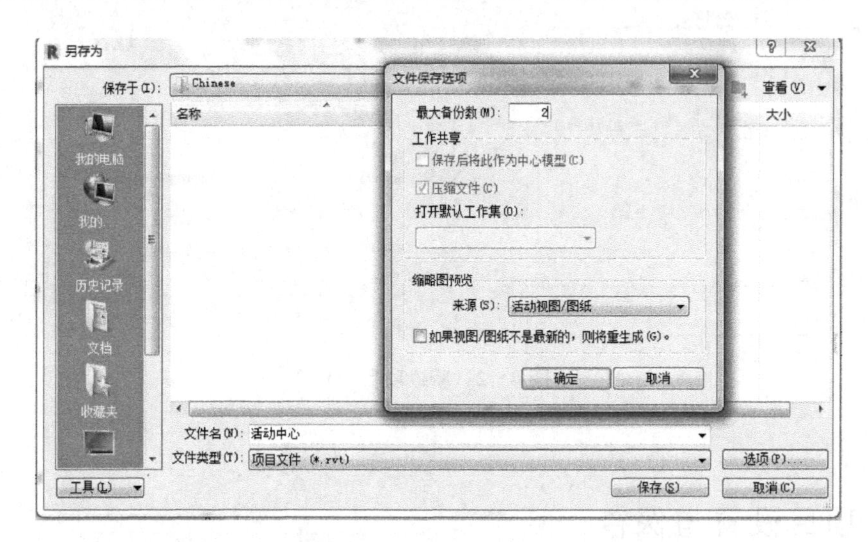

图 4-5 “另存为”对话框

4.3 创建标高

创建标高

在 Revit 软件中，“标高”命令只能在立面和剖面视图中使用，因此，在正式开始项目设计前，必须打开一个立面视图。

在项目浏览器中展开“立面(建筑立面)”项，双击视图名称“南”，进入南立面视图，如图 4-6 所示。调整 2F 标高，将一层与二层之间的层高修改为 4.2 m，如图 4-7 所示。

如果需要修改楼层名称，比如将“标高 1”改为“一层”，双击“标高 1”进入重命名状态，输入“一层”后，按 Enter 键，系统自动弹出对话框，选择“是”，重命名相应的平面视图名称，如图 4-8 所示。绘制三层标高，调整其间隔使间距为 3 600 mm，如图 4-9 所示。

利用“复制”命令可创建其他标高。选择标高“三层”，在“修改”|“标高”选项卡的“修改”面板中执行“复制”命令，在选项栏中勾选“约束”“多个”选项。移动鼠标，单击标高“三层”，然后垂直向上移动光标，输入间距值 4 800，并按 Enter 键确认后复制新的标高，单击标头名称激活文本框，输入新的标高名称“夹层”，如图 4-10 所示。

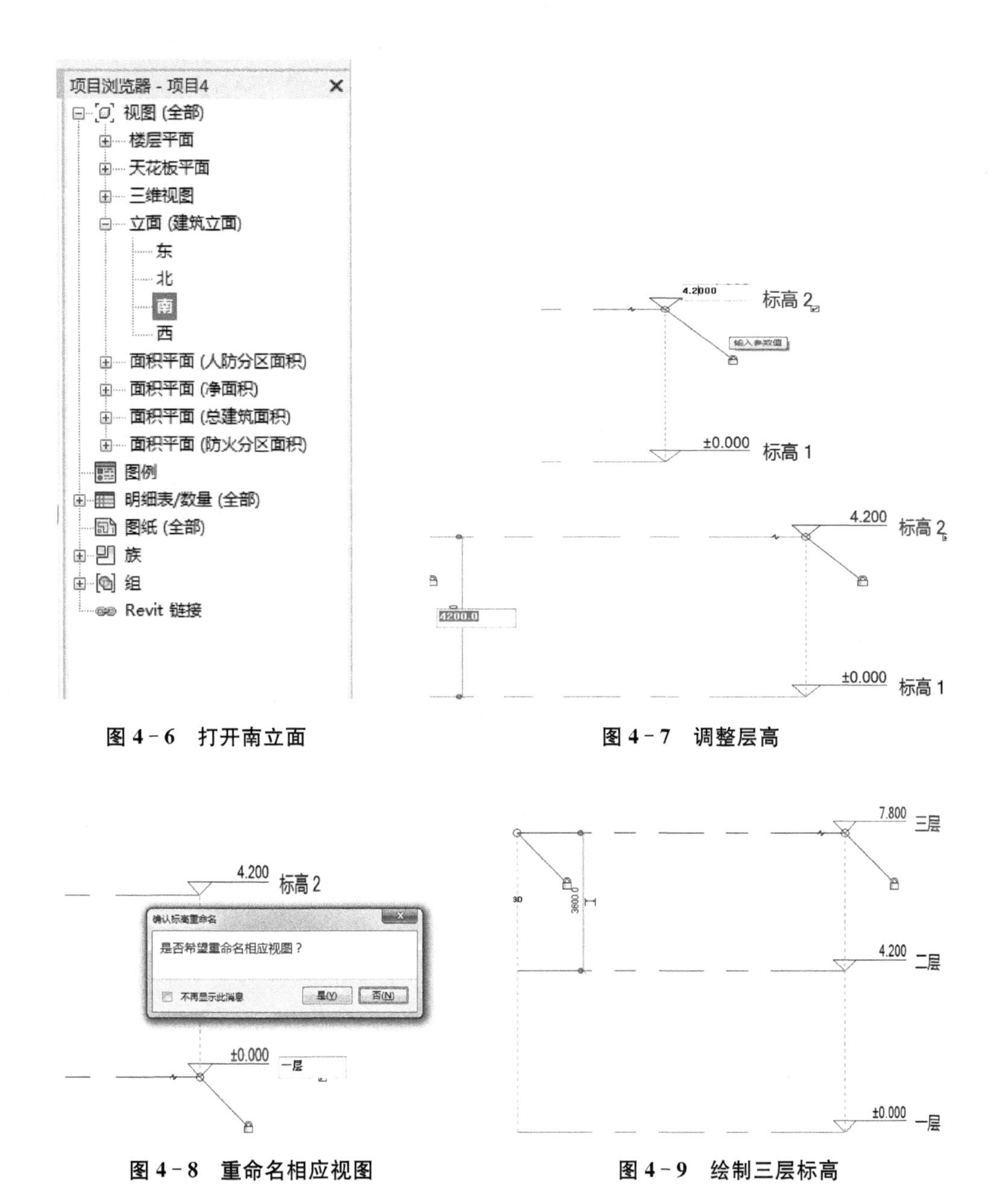

图 4 - 6　打开南立面

图 4 - 7　调整层高

图 4 - 8　重命名相应视图

图 4 - 9　绘制三层标高

继续向上移动鼠标，输入 3 100 后按 Enter 键，复制出另外 1 根新的标高。单击标高名称，激活文本框，输入新的标高名称“屋顶”后按 Enter 键确认。结果如图 4 - 11 所示。

绘制地坪标高，操作界面如图 4 - 12 所示。绘制或复制地坪标高后，单击“属性”选项板中的“类型选择器”，选择“下标头”，切换类型。至此，建筑物的各个标高创建完成，最后保存文件。

需要注意的是，在 Revit 中复制或阵列得到的标高是参照标高，因此，新复制或阵列的标高在项目浏览器中的“楼层平面”项下，并没有创建新的平面视图。此外，标高标头之间若有干涉，将对标高做局部调整。

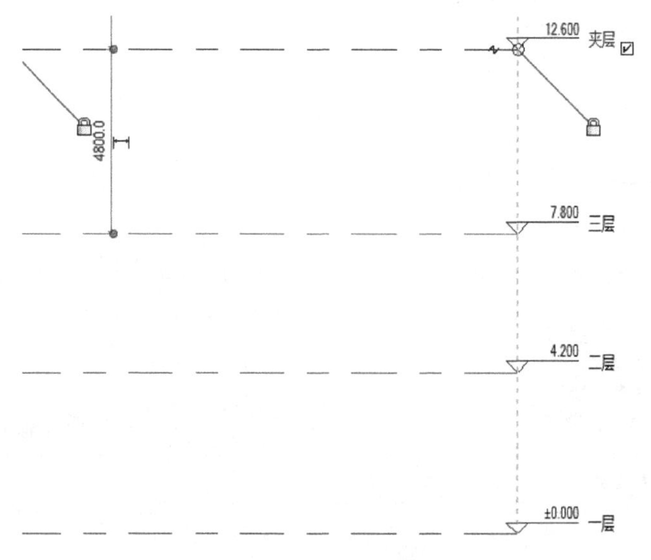

图 4-10 复制夹层标高

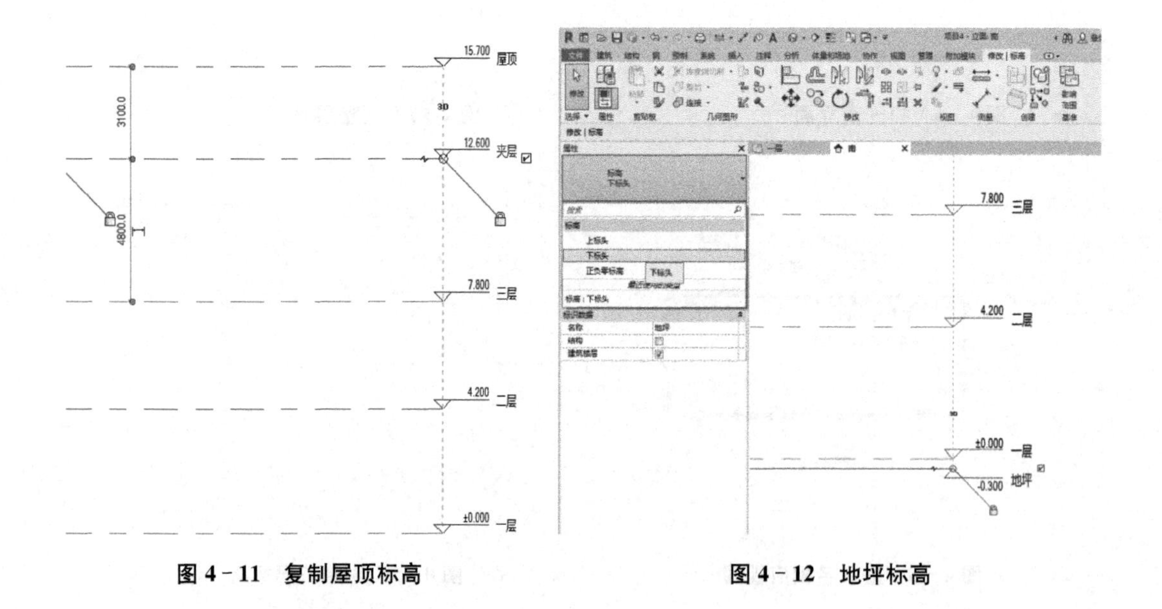

图 4-11 复制屋顶标高

图 4-12 地坪标高

4.4 编辑标高

1. 修改标高

标高可以在绘制前进行修改,也可以对绘制完成的标高进行调整。通过临时标注可以修改层高属性,修改标高标头的数值也能实现相同的效果。此外,修改标高视图名称会同步修改平面视图名称,通过类型选择器则可以选择不同的标高显示类型。

2. 创建楼层平面

单击“视图”选项卡，选择“创建”面板中的“平面视图”下拉列表，选择“楼层平面”，选择“夹层”“屋顶”，创建对应楼层平面视图，如图 4-13 所示。楼层平面视图创建后，在项目浏览器中显示出“夹层”“屋顶”平面视图，如图 4-14 所示。

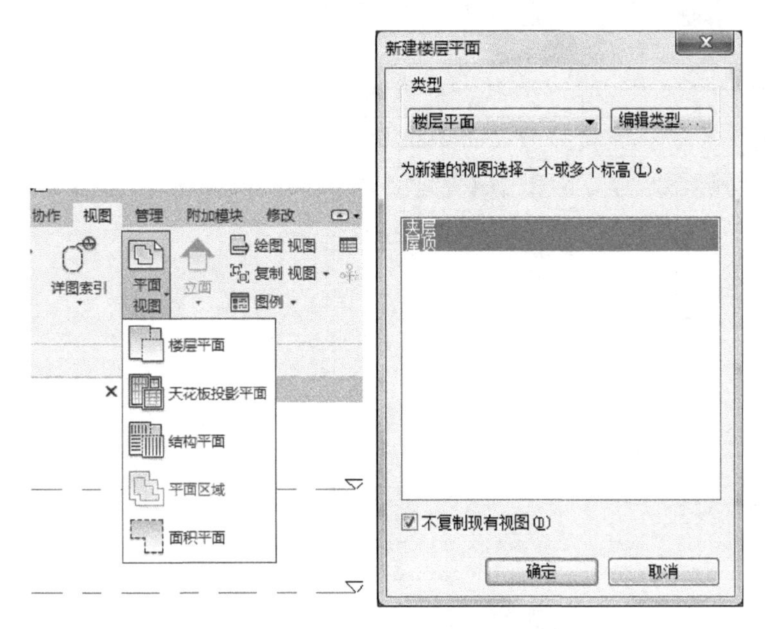

图 4-13　创建楼层平面

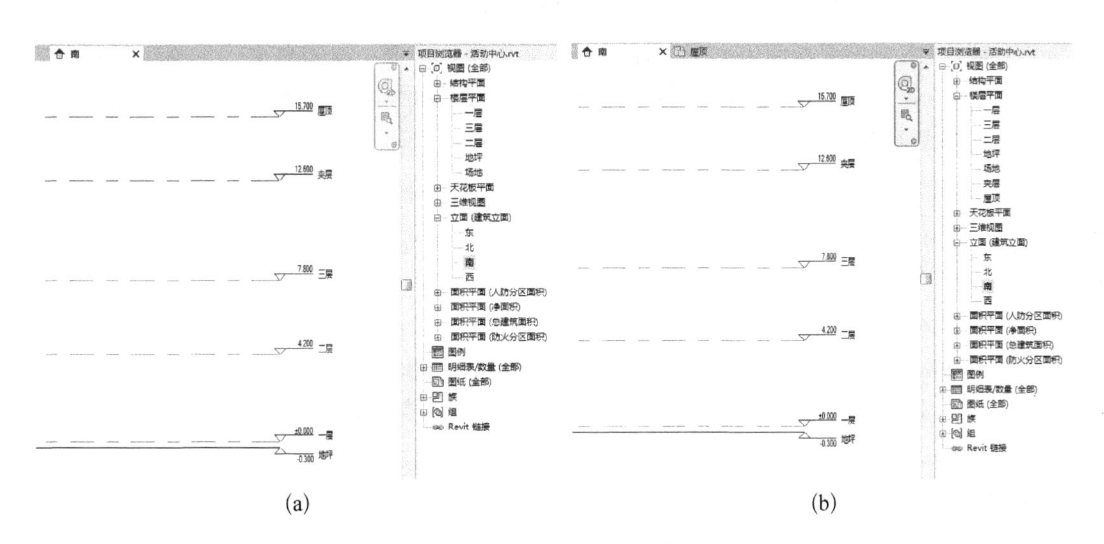

(a)　(b)

图 4-14　创建楼层平面视图

(a) 楼层平面视图创建前；(b) 楼层平面视图创建后

3. 自定义标高

选择一条标高线，软件自动切换到“修改”|“标高”选项卡，单击“属性对话框”中的“编

辑类型"按钮，在"类型属性"对话框中，可以对标高的线宽、颜色、线型图案、符号、端点处的默认符号等进行设置，如图 4－15 所示。

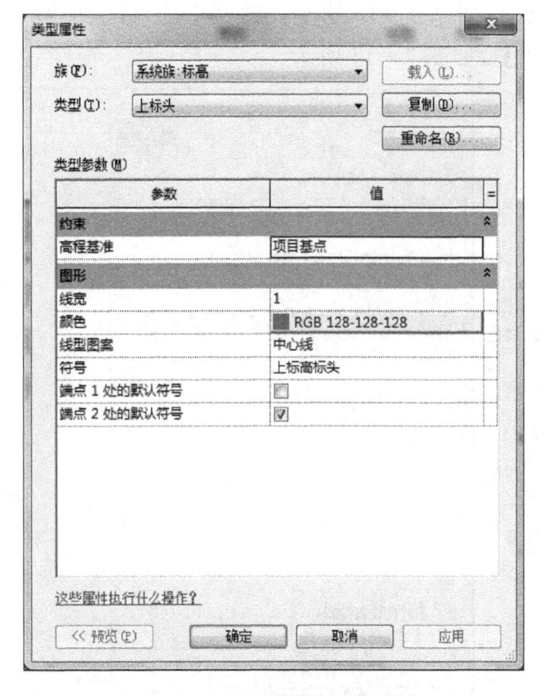

图 4－15 "类型属性"编辑

图 4－16 显示和隐藏标高符号

控制标高编号是否在标高的端点显示，可以通过修改类型属性对特定类型的所有标高执行此操作，也可对视图中的单个标高执行此操作。要显示或隐藏单个标高编号，只需选择该标高，软件就会在该标高编号附近显示一个复选框，勾选该复选框会显示标头、清除该复选框则隐藏标头，如图 4－16 所示。

4.5 创建轴网

在 Revit 中，轴网只需要在任意一个平面视图中绘制一次，其他平面、立面和剖面视图中都将自动显示。在项目浏览器中双击"楼层平面"选项下拉列表中的"一层"视图，打开首层平面视图。

轴网绘制

绘制第一条垂直轴线，轴号为①。默认状态的轴网类型需要编辑。选中轴网，点击属性栏中的"编辑类型"，弹出轴网类型属性对话框。如图 4－17 所示。

利用"复制"命令创建②～⑧号轴线(见图 4－18)，具体步骤如下：首先，单击选择①号轴线；然后，水平向右移动鼠标，输入间距值 3 600 后，按 Enter 键，确认后复制②号轴线；最后，保持鼠标位于新复制的轴线右侧，分别输入 600、4 200、4 200、8 400、8 400、3 600 后按 Enter 键确认复制③～⑧号轴线，如图 4－19 所示。

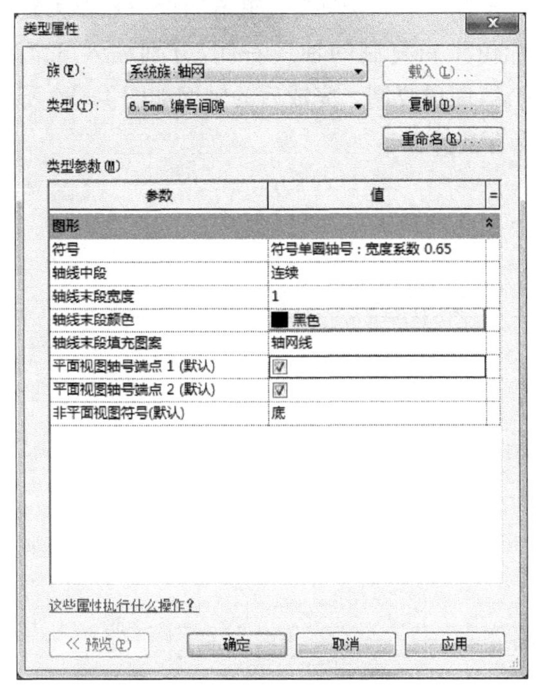

图 4 - 17　轴网类型属性

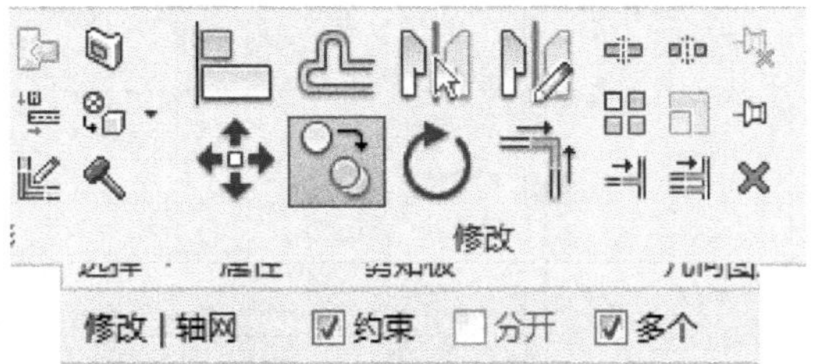

图 4 - 18　“复制”轴线

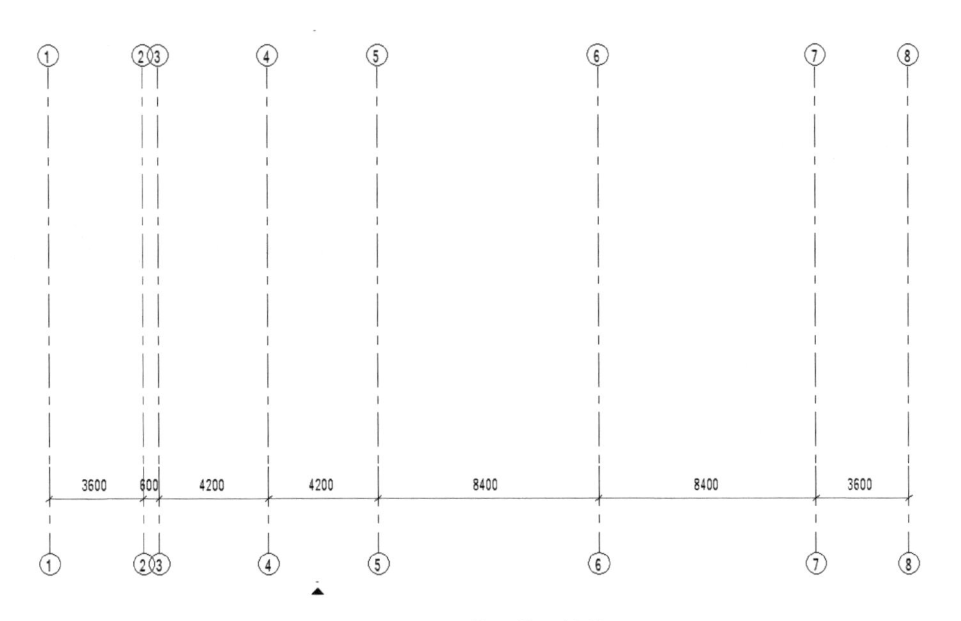

图 4 - 19　①～⑧号轴线

在“建筑”选项卡“基准”面板中执行“轴网”命令，移动鼠标到视图中①号轴线标头左上方位置，单击鼠标捕捉一点作为轴线起点，然后从左向右水平移动光标到⑧号轴线右侧一段距离后，再次单击鼠标捕捉轴线终点，创建第一条水平轴线。

选择新创建的水平轴线，修改标头文字为“A”，创建 A 号轴线。

利用"复制"命令，创建 B～G 号轴线：移动鼠标，在 A 号轴线上单击捕捉一点作为复制参考点，然后垂直向上移动光标，保持光标位于新复制的轴线右侧，分别输入 620、5 880、2 400、2 900、2 980、620 后按 Enter 键确认，完成复制。完成后的轴网如图 4－20 所示，并确保轴网在四个立面符号范围内，然后保存文件。

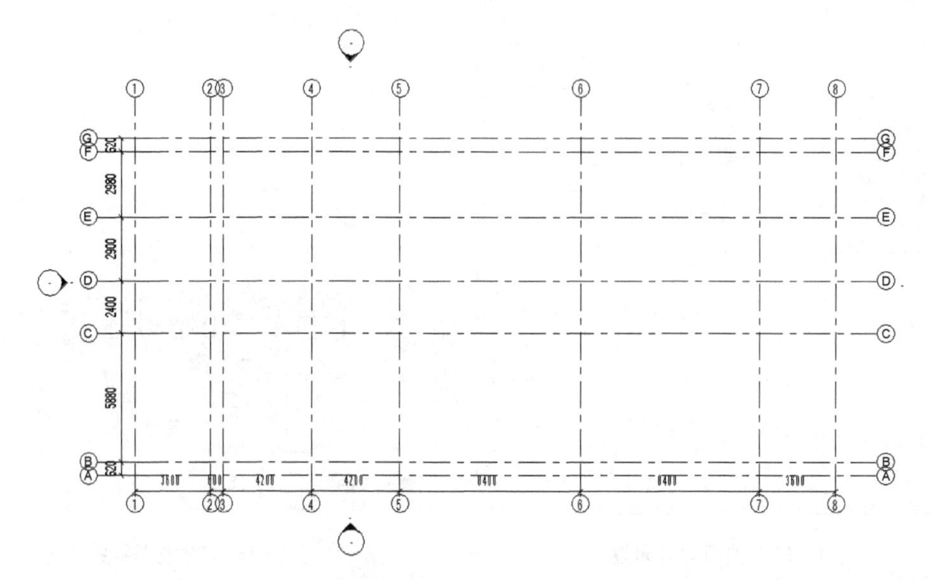

图 4－20　完成轴网绘制

4.6　编辑轴网

轴网绘制完成后，需要在平面图和立面视图中手动调整轴线标头位置，修改③号和 *B*、*F* 轴线，以满足出图需求，如图 4－21 所示。

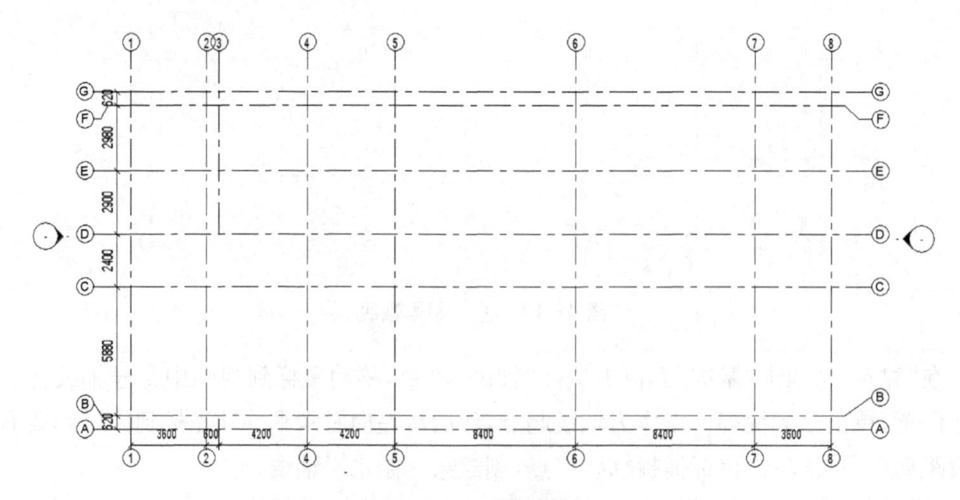

图 4－21　编辑轴网

在项目浏览器中双击“立面(建筑立面)”选项下拉列表中的“南”立面，进入南立面视图，使用前述编辑标高和轴网的方法，调整标头位置、添加弯头。使用同样方法调整东立面或西立面视图的标高和轴网。至此，标高和轴网创建完成，最后保存文件。

4.7 尺寸标注

尺寸标注在项目中显示测量值。尺寸标注在“注释”选项卡的“尺寸标注”面板中。有临时尺寸标注和永久性尺寸标注两种类型。临时尺寸标注是当放置图元、绘制线或选择图元时在图形中显示的测量值。在完成动作或取消选择图元后这些尺寸标注会消失。永久性尺寸标注是添加到图形以记录设计的测量值，属于视图专有，并可在图纸上打印。

当创建或选择几何图形时，Revit 会在图元周围显示临时尺寸标注。使用临时尺寸标注以动态控制模型中图元的放置。

使用“尺寸标注”工具在构件上放置永久性尺寸标注。可以从对齐、线性(构件的水平或垂直投影)、角度、半径、直径、弧长、高程点等中进行选择，如图 4 - 22 所示。

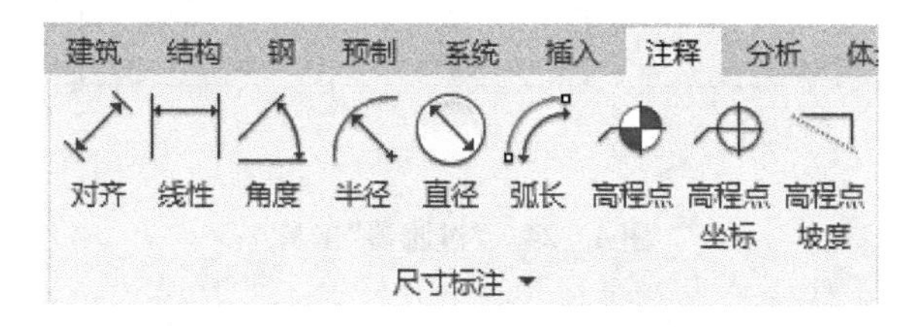

图 4 - 22　尺寸标注面板

可以将临时尺寸标注转换为永久性尺寸标注，以便使其始终显示在图形中。在绘图区域中选择相关部件，单击在临时尺寸标注附近出现的尺寸标注符号，即可将临时尺寸标注转换为永久性尺寸标注，如图 4 - 23 所示。

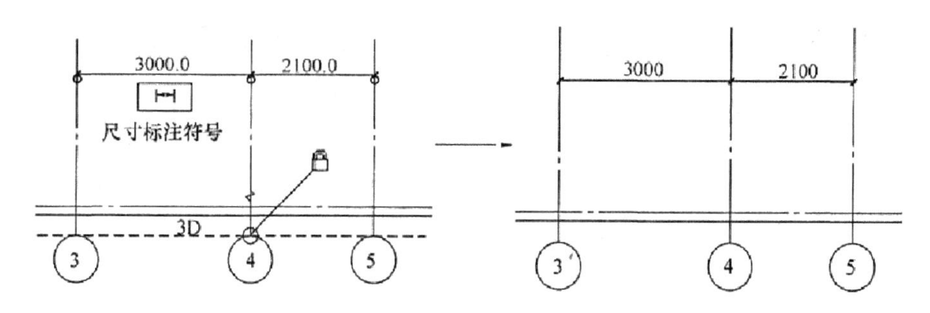

图 4 - 23　临时尺寸标注转换为永久性尺寸标注

利用 Revit 的 2D/3D 属性、对齐解锁、影响范围等功能，拖动标头延长线到合适的位置，对轴网进行调整。在“注释”选项中执行“对齐尺寸标注”命令，将一层中轴网的相关尺寸进行标注。

标注完成后，全选一层中所有图元，利用“过滤器”工具选择所有标注，如图 4－24 所示。选择“修改”|“尺寸标注”上下文选项卡中的“复制到剪切板”选项，此时“粘贴”命令激活，执行下拉菜单中的“与选定的视图对齐”命令，在弹出的“选择视图”对话框中选择相应的视图，完成其他标高尺寸标注的绘制，如图 4－25 所示。

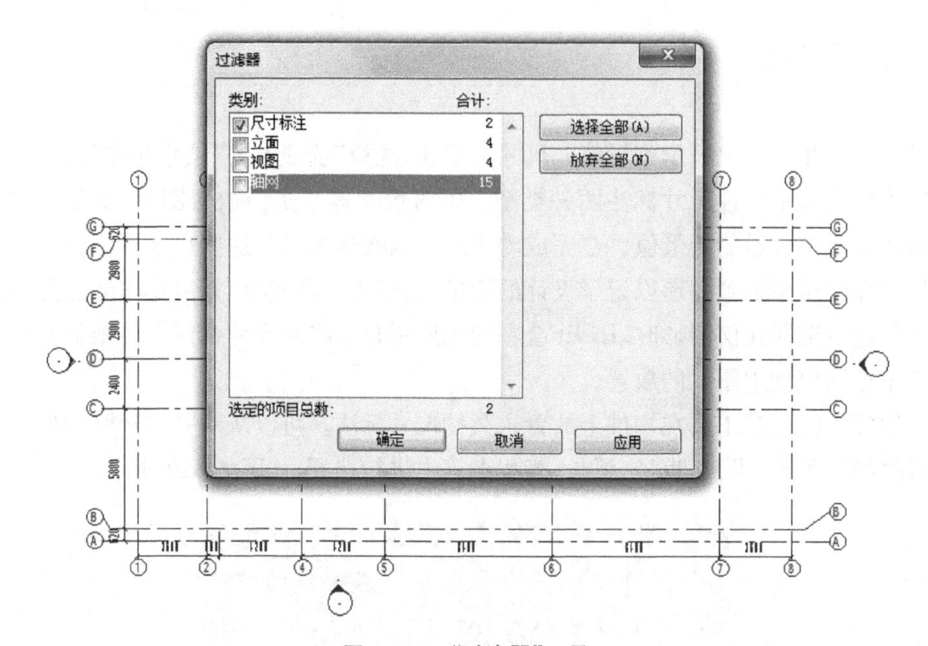

图 4－24　“过滤器”工具

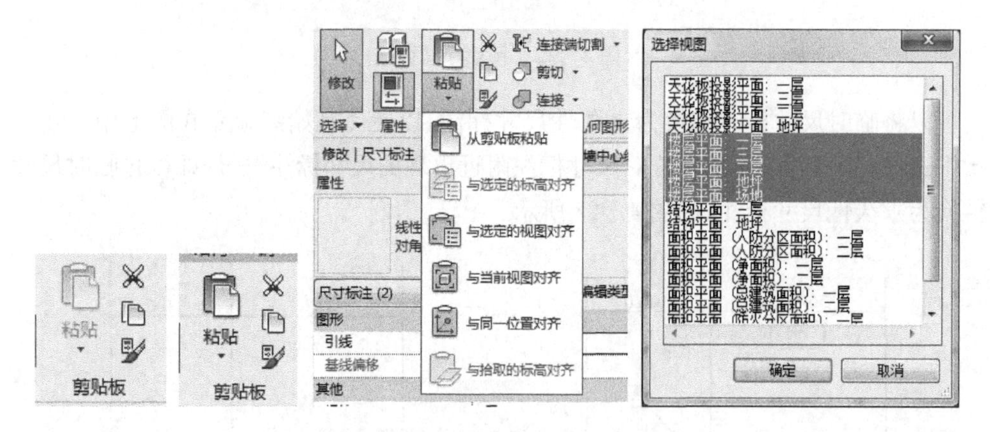

图 4－25　完成其他标高尺寸标注

4.8　导入/链接 CAD

如果拥有相关 CAD 图纸，可以将其导入或链接到 Revit 模型，以用作创建轴网等设计的起始点。单击“插入”选项卡内“导入”面板中的“导入 CAD”按钮，或者单击“插入”选项卡内“链接”面板中的“链接 CAD”按钮，即可导入或链接 CAD(见图 4－26)。支持的 CAD 格式包括 Auto CAD(DWG 和 DXF)、Micro Station(DGN)、Trimble、Sketch Up、SAT 和 3DM。导入/链接 CAD 操作如图 4－26 所示。

图 4－26 插入选项卡

将 CAD 文件链接到 Revit 模型时，Revit 将保留指向该文件的链接。每次打开模型时，Revit 将获取保存的链接文件的最新版本，并将其显示在模型中。对该链接文件进行的所有修改都会显示在模型中。如果在模型打开期间修改了链接文件，请重新载入该文件，以便获取最新的修改。

可以通过导入 CAD 命令，并依据原有 CAD 的图纸来创建 Revit 模型的轴网。单击“建筑”选项卡，在“基准”面板中执行“轴网”命令，进入“修改|放置轴网”上下文选项卡，执行“绘制”面板中的“拾取线”或“多线段”命令，即可依据现有 CAD 图纸创建 Revit 模型的轴网。

第 5 章

创建墙体、门窗、楼板

完成了标高和轴网等定位依据的设计后，将从一层平面开始，分层逐步完成项目三维模型的设计。

5.1 创建首层外墙

首层外墙绘制

在项目浏览器中双击“楼层平面”项中的“标高 1”，打开一层平面视图。单击“建筑”选项卡，在“构建”面板中选择“墙”下拉按钮，执行“墙：建筑”命令，在属性对话框中选择“基本墙-常规- 200 mm”，单击“编辑类型”进入属性面板，单击复制，名称为“外墙-饰面砖”，单击“确定”，如图 5－1 所示。其构造层及限制条件的设置如图 5－2 所示。

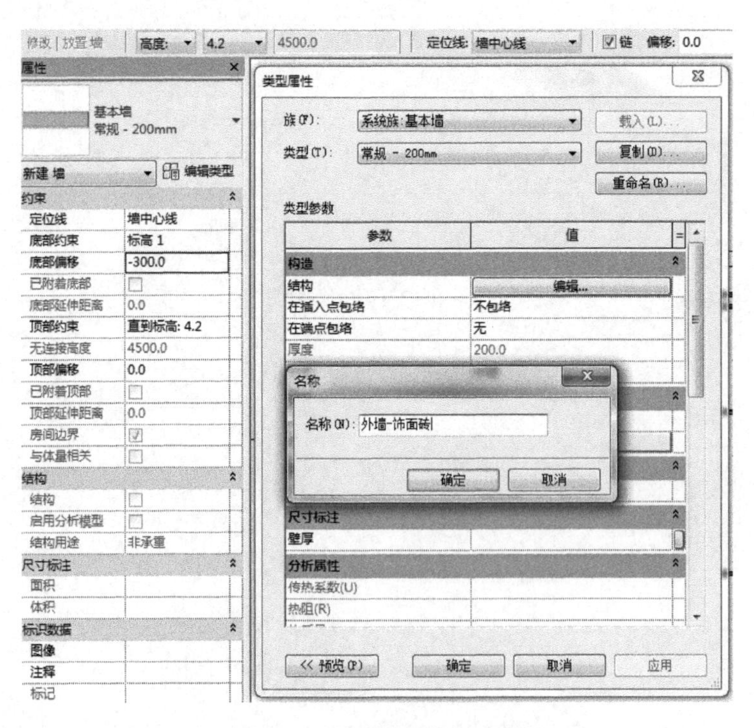

图 5－1　外墙-饰面砖类型属性

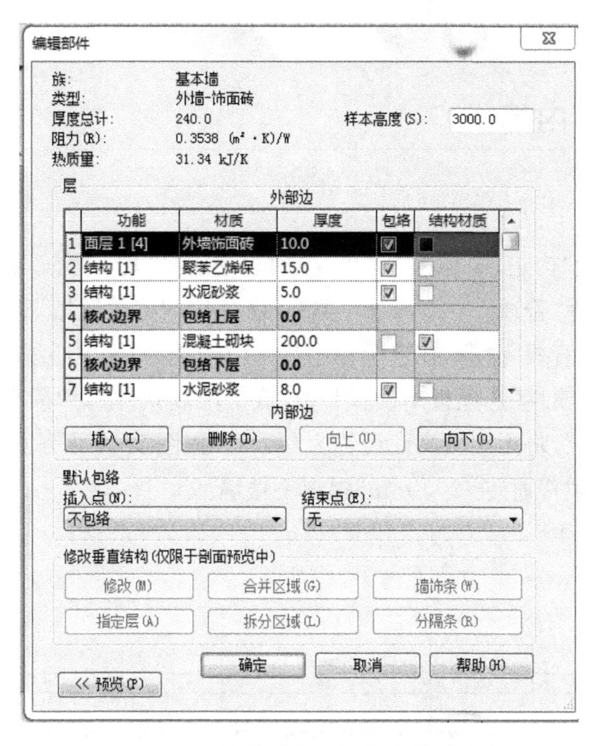

图 5－2　构造层及限制条件的设置

进入“绘制”面板，执行“直线”命令，单击鼠标捕捉 D 轴和①轴交点为绘制墙体的起点，顺时针一次单击捕捉 G 轴和①轴交点、G 轴和⑧轴交点、A 轴和⑧轴交点等绘制墙体，调整①轴和⑧轴的墙体偏移量。如果绘制完成的墙体要内外面翻转，可以在平面视图里，选中新绘制完成的墙面，单击“修改墙的方向”箭头，再单击空格键，实现墙面翻转。完成后的一层外墙如图 5－3 所示，保存文件。

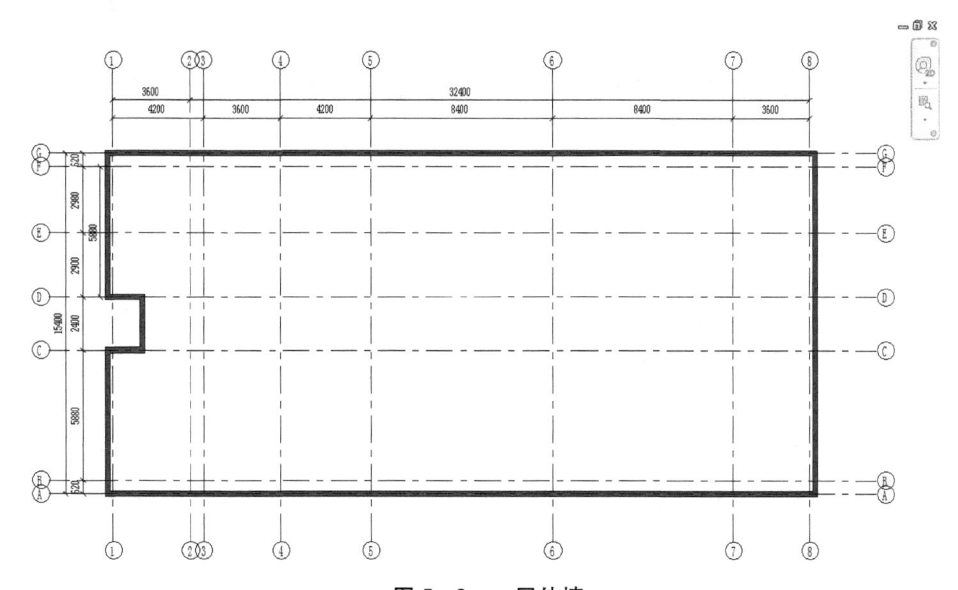

图 5－3　一层外墙

5.2 创建首层内墙

1. 飘窗下矮墙

在“建筑”选项卡“构建”面板的“墙”下拉列表中选择“墙：建筑”选项，在“属性”选项板中选择“普通砖- 200 mm”类型，在“修改”|“放置墙”选项卡的“绘制”面板中执行“直线”命令，在选项栏中将定位线选为“墙中心线”。

内墙创建

在“属性”选项板中设置参数“底部限制条件”为“标高 1”，“顶部约束”为“未连接”，将无连接高度设置为“400”。按图 5－4 所示内墙位置捕捉轴线交点，绘制“普通砖- 200 mm”飘窗下矮墙。

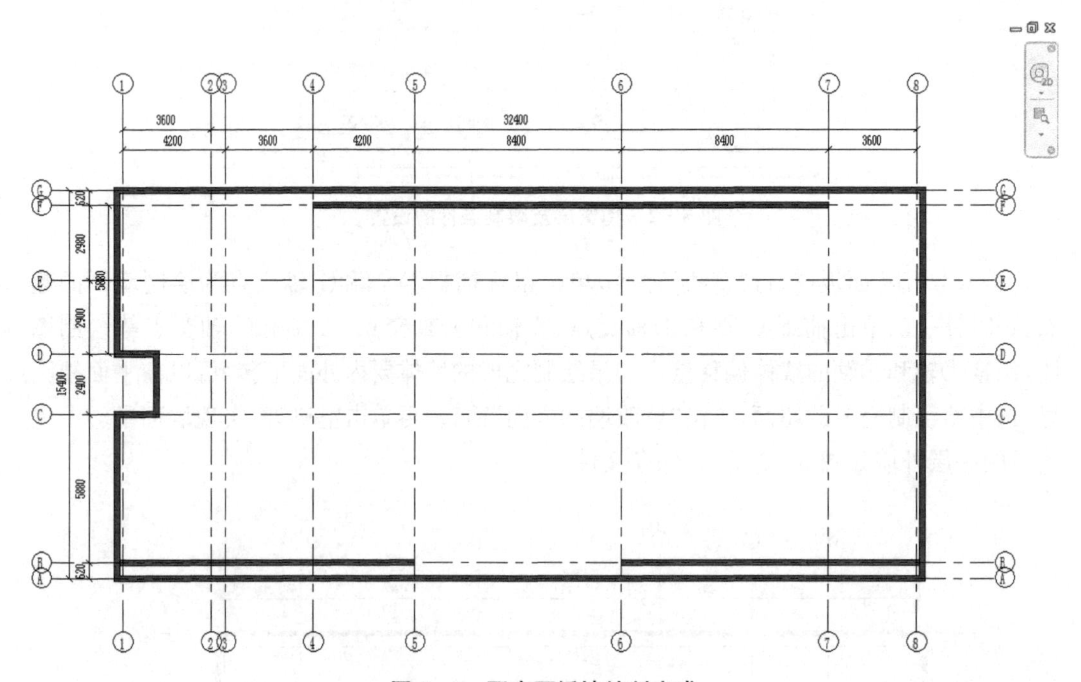

图 5－4　飘窗下矮墙绘制完成

2. 内墙

在“建筑”选项卡“构建”面板的“墙”下拉列表中选择“墙：建筑”选项，在“属性”选项板中选择“普通砖- 200 mm”类型，在“修改”|“放置墙”选项卡的“绘制”面板中执行“直线”命令，在选项栏中将定位线选为“墙中心线”。

在“属性”选项板中设置参数“底部限制条件”为“标高 1”，“顶部约束”为“直到标高：4.2”。按图 5－5 所示内墙位置捕捉轴线交点，绘制“普通砖- 200 mm”首层内墙。完成后的一层墙体如图 5－6 所示，最后保存文件。

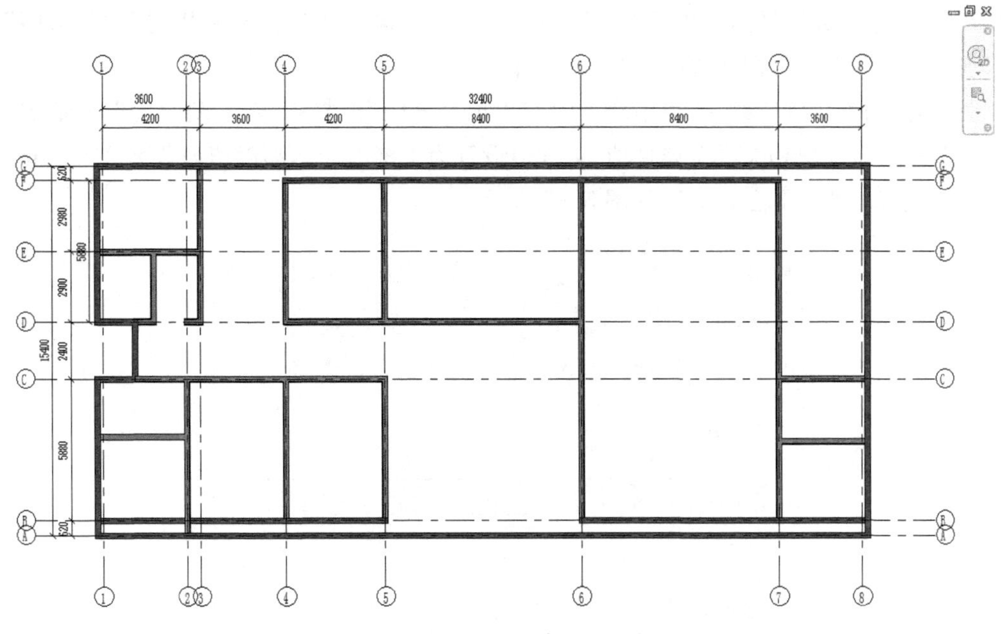

图 5－5　一层内墙绘制完成

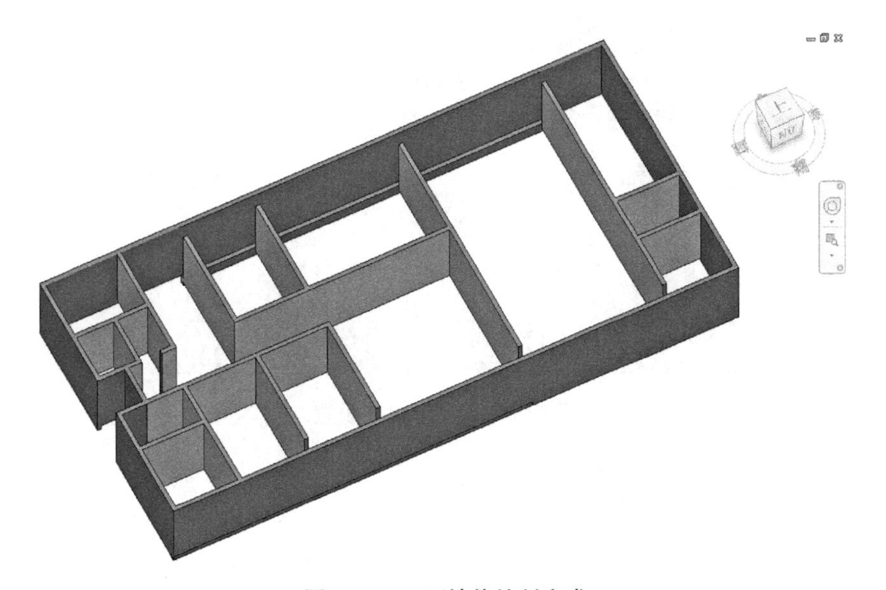

图 5－6　一层墙体绘制完成

5.3　放置和编辑首层门窗

5.3.1　插入门

单击“建筑”选项卡，在“构建”面板中执行“门”命令，出现“修改”|“放置门”上下文选

项卡，单击“载入族”按钮，弹出“载入族”对话框，选择“建筑”|“门”-“专用门”|“防火门”|“双扇防火门”，单击“打开”，载入门的族文件。

用同样的方法可以载入“单扇防火门”“单扇平开门”。复制“双扇防火门”，重命名为“FM 乙 1821”，编辑相关类型属性值，宽度值设置为 1 800 mm，高度值设置为 2 100 mm，类型标记值改为“FM 乙 1821”，如图 5－7 所示。

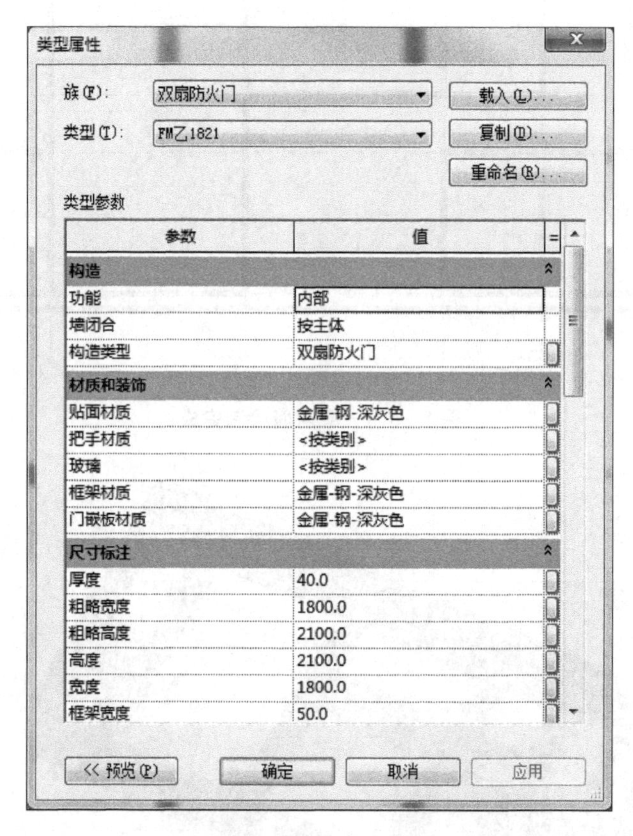

图 5－7 FM 乙 1821 设置

设置其他各种不同类型的门相关参数如下：

装饰门：名称“M1021”，宽 1 000 mm、高 2 100 mm、类型标记值 M1021。

装饰门：名称“M0921”，宽 900 mm、高 2 100 mm、类型标记值 M0921。

装饰门：名称“LPM1835”，宽 1 800 mm、高 3 500 mm、类型标记值 LPM1835。

防火专用门：名称“FM 甲 1021”，宽 1 000 mm、高 2 100 mm、类型标记值 FM 甲 1021。

放置门时在面板上选择“在放置时进行标记”，以便对门进行自动标记，标记的位置可以为水平或垂直，可在选项栏上进行修改，如图 5－8 所示。若标记放置完成后，要修改相关参数，可选择对应的标记(不是门而是标识)，“修改”|“门标识”的选项卡会出现，可再次对方向及引线等参数进行设置。若忘记选择“在放置时进行标记”，可用“注释”选项卡内“标记”面板中“按类别标记”命令对门进行标记。

修改 | 放置门　水平　标记...　引线　12.7 mm

图 5－8　修改|放置门标识

放置双开门“LPM1835”时，将鼠标光标放置在 1－2/C－D 区域的墙上时，会出现门与周围墙体的相对尺寸，如图 5－9 所示。在放置门之前可以通过按空格键调整门的开启方向。在墙上适当位置单击鼠标左键放置门，选择放置好的门，调整临时尺寸标注的控制点，拖动蓝色控制点到 C 轴轴线，修改尺寸值为“300”，该双开门即已居中放置。同理，在类型选择器中分别选择“FM 甲 1021”“FM 乙 1821”“M1021”“M0921”，按图 5－10 所示位置插入一层的相关墙体上。

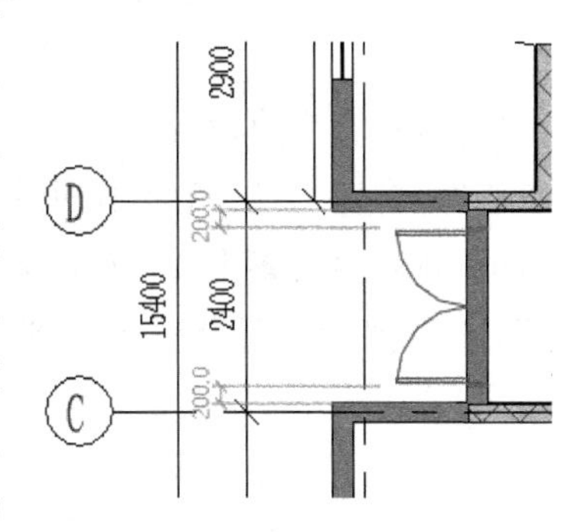

图 5－9　放置门“LPM1835”

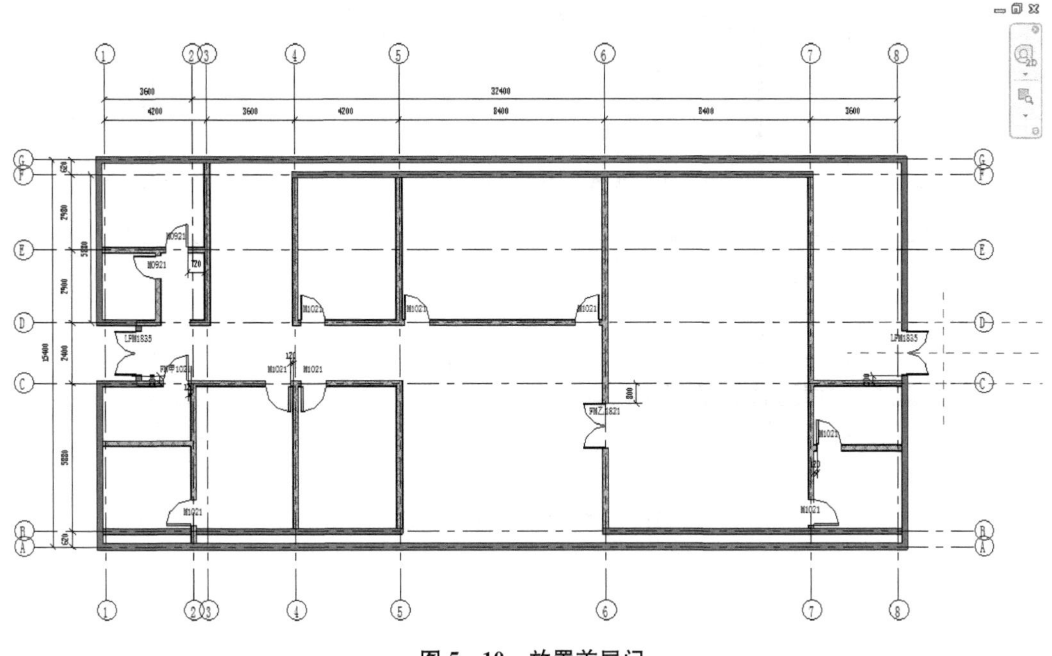

图 5－10　放置首层门

5.3.2　插入窗

单击“建筑”选项卡，在“构建”面板中执行“窗”命令，出现“修改”|“放置窗”上下文选项卡，单击“载入族”按钮，弹出“载入族”对话框，选择“建筑”|“窗”|“普通窗”|“平开窗”|“双扇平开-带贴面”，单击“打开”，载入窗的族文件。同理载入“百叶窗 4－度数可变”“组合窗-双层三列(平开＋固定＋平开)-上部三扇固定”“组合窗-双层四列(两侧平开)-上部三扇固定”。

复制“双扇平开-带贴面”，重命名为“C1426”，编辑相关类型属性值，宽度值设置为 1 400 mm，高度值设置为 2 600 mm，类型标记值改为“C1426”；复制“百叶窗 4 -度数可变”，重命名为“百叶窗- 2 980”和“百叶窗- 3 280”，编辑相关类型属性值，宽度值设置为 2 900 mm 和 3 200 mm，高度值设置为 800 mm，类型标记值改为“2 980”“3 280”；复制“组合窗-双层三列(平开＋固定＋平开)-上部三扇固定”，重命名为“C2927”，编辑相关类型属性值，宽度值设置为 2 900 mm，高度值设置为 2 700 mm，类型标记值改为“C2927”；复制“组合窗-双层四列(两侧平开)-上部三扇固定”，重命名为“C3227”，编辑相关类型属性值，宽度值设置为 3 200 mm，高度值设置为 2 700 mm，类型标记值改为“C3227”。按图 5 - 11 所示位置将窗放置到一层的相关墙体上。

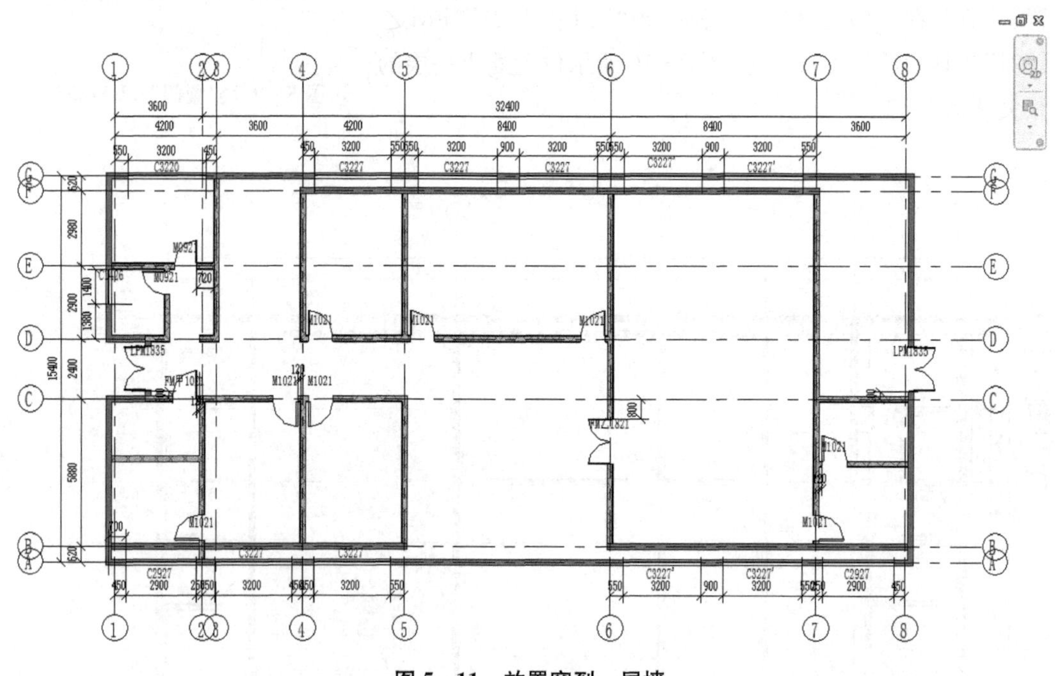

图 5 - 11　放置窗到一层墙

5.3.3　门窗底高度的设置

同一项目中门和窗的底高度往往不一致，本案例中需要调整“百叶窗- 2980”和“百叶窗- 3280”的底高度。将底高度调整为－300 mm，有如下方法：

(1) 选择“百叶窗- 2980”，右击“选择全部实例”|“在视图中可见”，在属性对话框中设置底高度值为“－300”，如图 5 - 12 所示。

(2) 切换到立面视图，选择“百叶窗- 2980”，修改临时尺寸标注值。进入“项目浏览器”|“立面(建筑立面)”，双击“南”，进入南立面视图，选择“百叶窗- 2980”，修改临时尺寸标注值为“－300”后按 Enter 键确认。门窗编辑完成后，一层模型如图 5 - 13 所示。

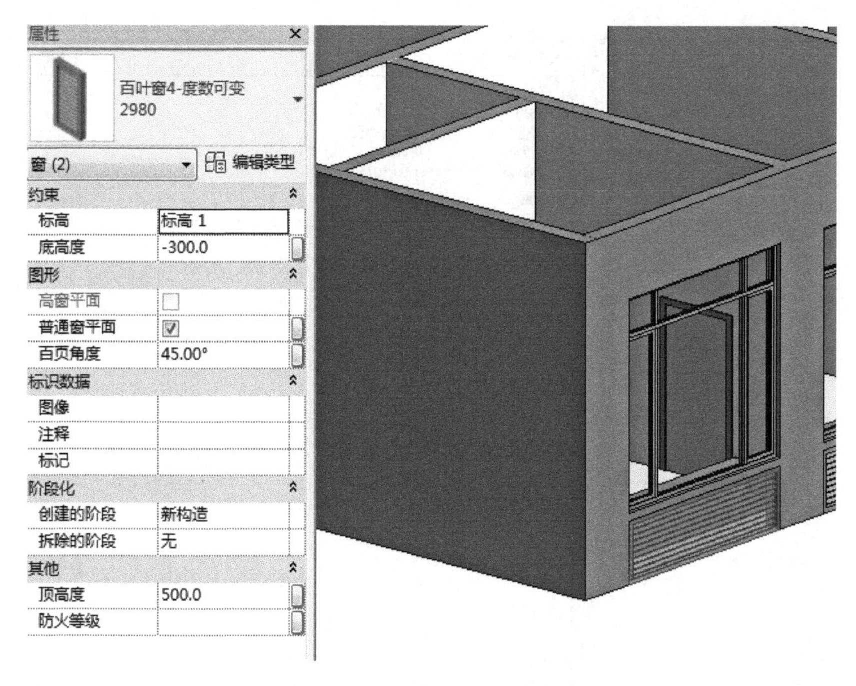

图 5－12　调整百叶窗底高度

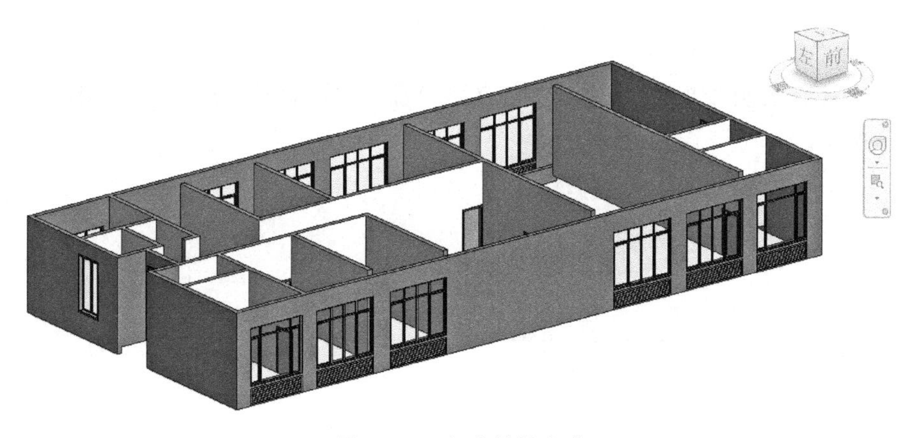

图 5－13　门窗编辑完成

5.4　创建首层楼板

打开“标高 1”视图，单击“建筑”选项卡，在“构建”面板中选择“楼板”下拉按钮，执行“楼板：建筑”命令，进入楼板绘制模式。复制并重命名创建一个“楼板- 150 mm”的楼板，楼板构成为 50 mm 水泥砂浆、100 mm 混凝土，如图 5－14 所示。

选择“绘制”面板中的“拾取墙”命令，依次拾取相关墙体，自动生成楼板轮廓线，点击

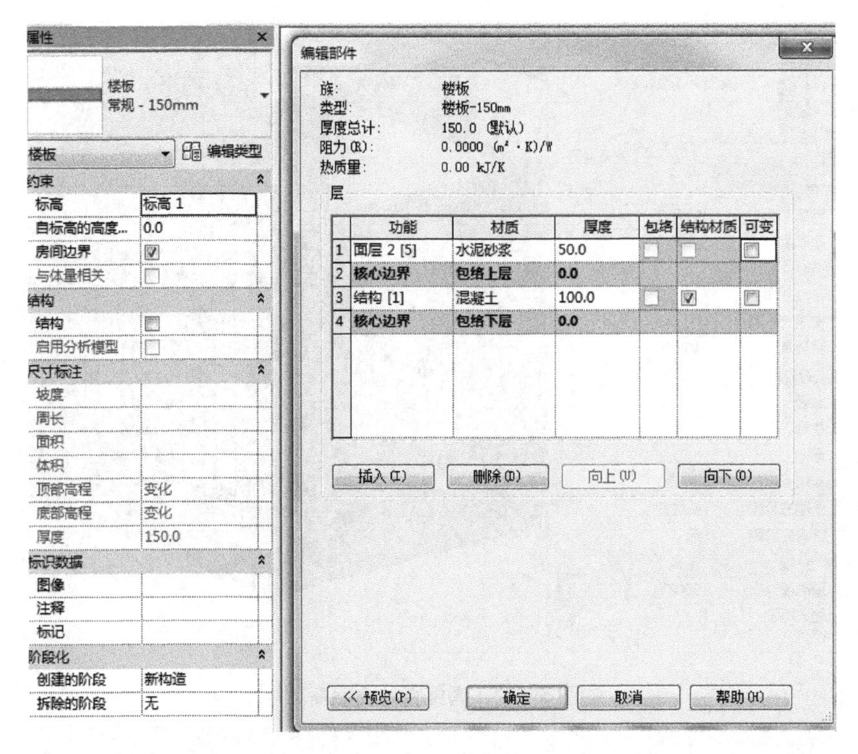

图 5-14　楼板设置

绘制线命令补充绘制楼板边界，单击“完成编辑模式”完成楼板的创建。如图 5-15 和图 5-16 所示。

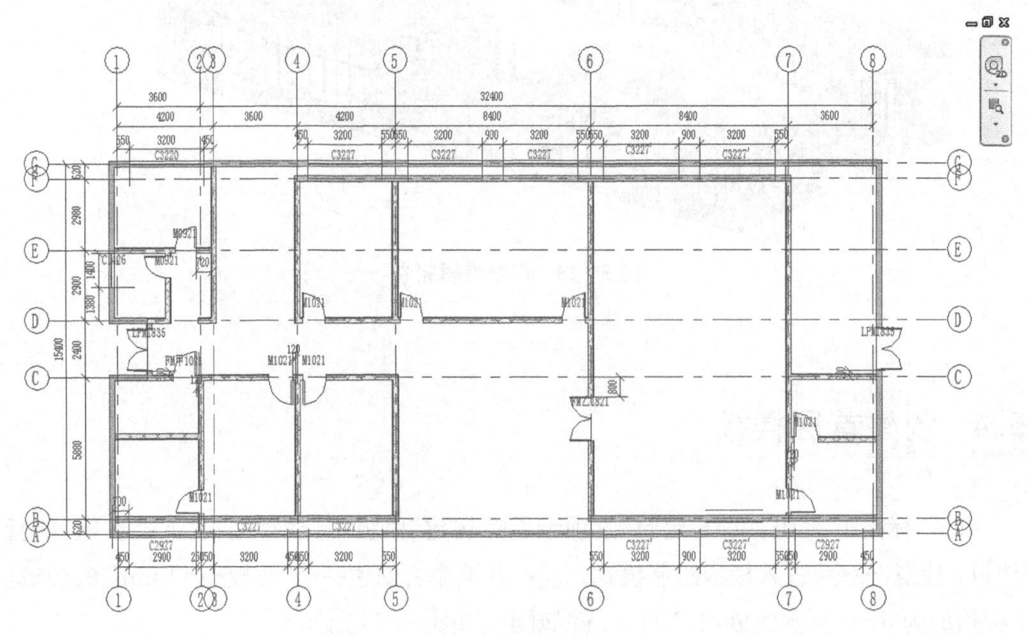

图 5-15　绘制楼板

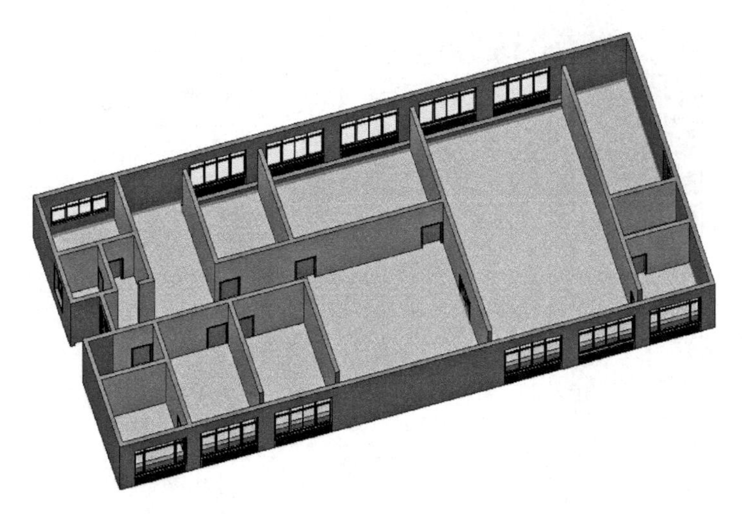

图 5-16　一层楼板

如果为了方便后续进行厨房、卫生间降板等个性化需求设计，在绘制楼板时须将客厅、餐厅、厨房、卫生间、库房等楼板分开绘制，不要绘制成一个整体。

5.5　编辑首层外墙

若要对墙面展开进一步处理，需将构造层进行拆分、合并、指定。下面对模型中 8 轴的墙体进行修改。选中该墙体，点击属性对话框“编辑类型”，复制并重命名为“外墙-饰面砖-构造层拆分”，单击“类型属性”对话框“结构”后的“编辑”按钮，打开“编辑部件”对话框。单击“预览”按钮，将视图设置为“剖面：修改类型属性”，将样板高度设置为 2 000 mm，结构层设置为“220 厚砖墙”，在材质浏览器“图形”选项卡中勾选“使用渲染外观”复选框，厚度设置为 240 mm；外部边面层设置为“涂料-绿色”，厚度为 10 mm；内部边面层设置为“涂料-白色”，厚度为 10 mm，均勾选“使用渲染外观”复选框，如图 5-17 所示。

单击“拆分区域”按钮，在距离墙体底部 600 mm 的位置将面层 1[4]进行拆分，在外部边顶部继续插入面层，为面层 1[4]，点击“按类型”后的隐藏按钮，打开“材质浏览器”，选择“涂料-黄色”。选中层 1“涂料-黄色”整行，单击“指定层”按钮，为层 1 指定层，单击墙体左侧 600 mm 下侧的层，层 1 中面层 1[4]的厚度被指定为 10 mm，同时颜色也相应地变化了，如图 5-18 所示。

在内部边底部继续插入面层，为面层 2[5]，单击“按类型”后的隐藏按钮，打开“材质浏览器”，选择“10 厚涂料(白)”右击，复制并重命名为“10 厚涂(蓝)”，在“外观”选项卡中单击“复制此资源”按钮，复制一个新类型，将颜色改为蓝色，“图形”选项卡中勾选“使用渲染外观”复选框。单击“拆分区域”按钮，将面层 2[5]从墙体底部向上依次拆分 300 mm、

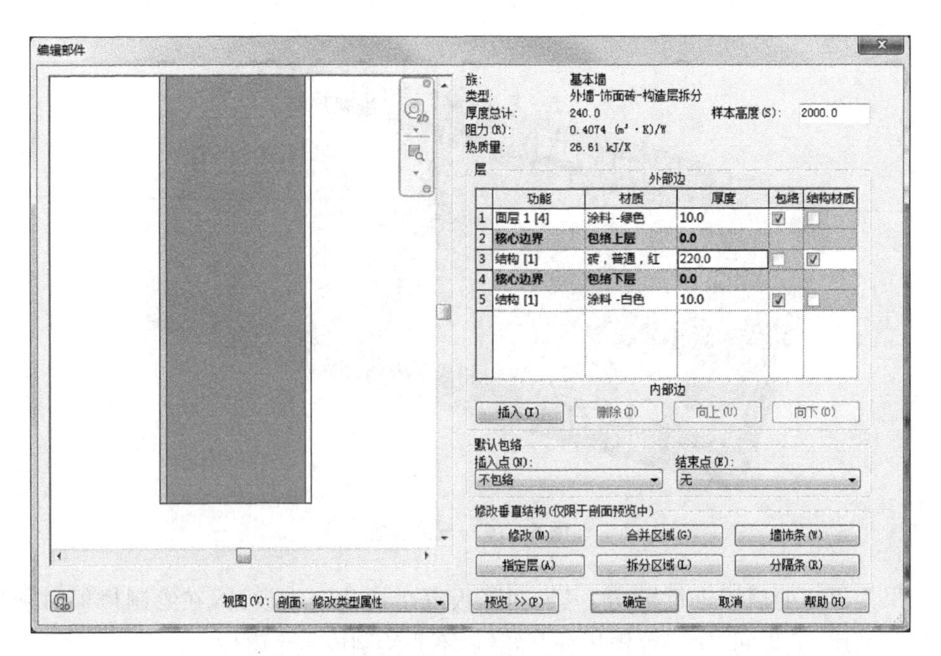

图 5－17 墙体构造

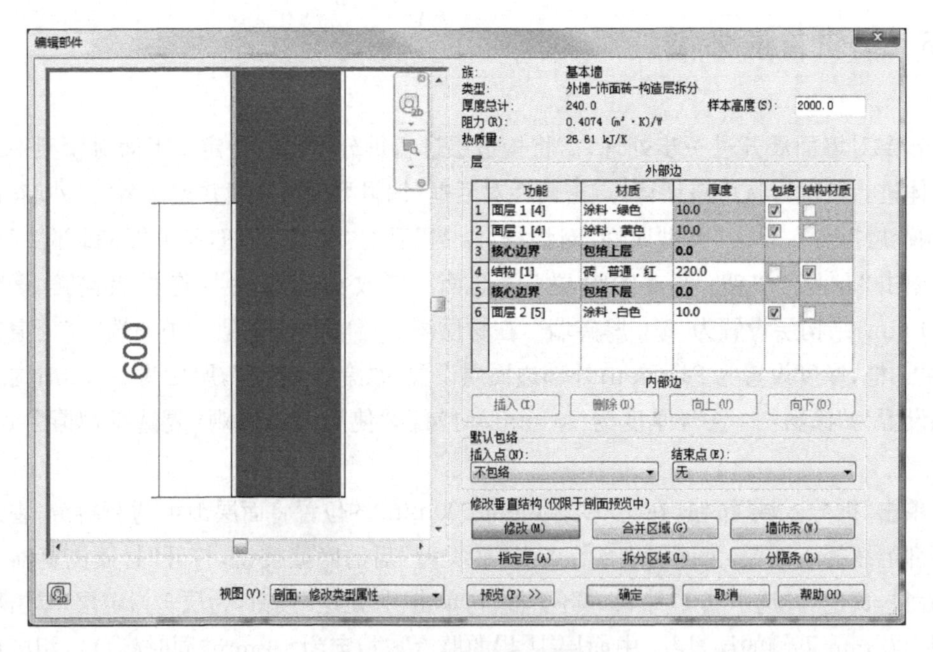

图 5－18 指定层-外部边

200 mm、100 mm，选中层 6“涂料-蓝色”整行，单击“指定层”按钮，选中刚拆分好的 200 mm 的面层，完成层指定，如图 5－19 所示。

在“编辑部件”对话框中，单击“修改”按钮，可以选中一条线并修改尺寸标注来修改结构。单击“合并区域”按钮，可以单击两个相邻区域的边界将其合并。

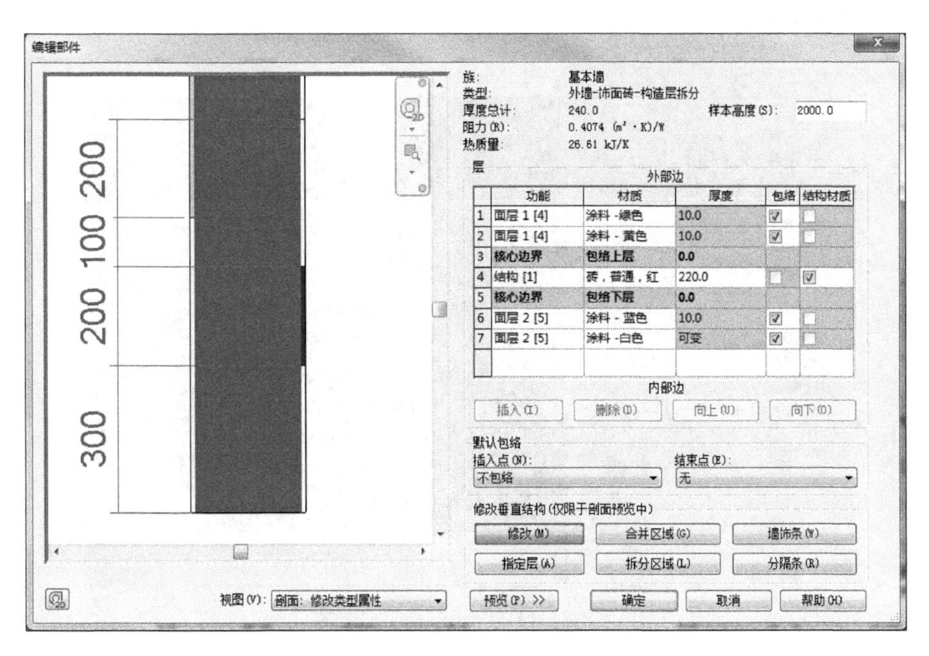

图 5 - 19　指定层-内部边

5.6　拆分面及填色

为使墙面达到与 5.5 节同样的装饰效果，还可以使用拆分面及填色命令来实现。为了便于绘制和观察，执行“北立面”命令，切换至“北”立面，在“修改”选项卡的“几何图形”面板中执行“拆分面”命令，选择要拆分面的墙体进入创建边界界面。此时会以橙色线显示所选取墙体的范围边界，使用“直线”命令在两侧绘制高度为 500 mm 的直线，每段直线与墙体边界相交，如图 5 - 20 所示。

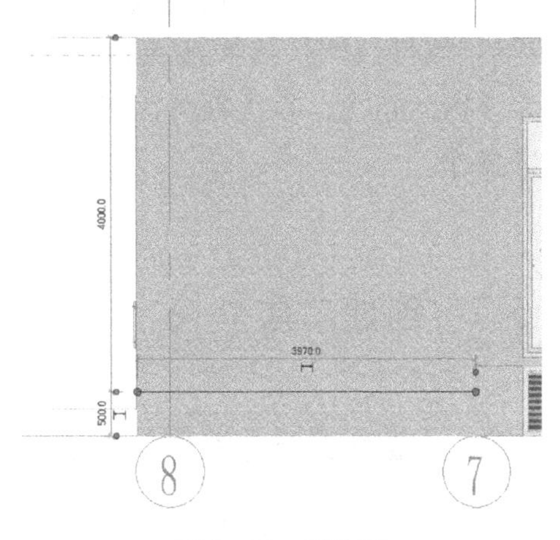

图 5 - 20　拆分面

单击“完成编辑模式”，退出创建拆分面边界编辑模式，在“修改”选项卡的“几何图形”面板中执行“填色”命令，弹出“材质浏览器”对话框。在对话框中选择“涂料-黄色”（此处不关闭材质浏览器），对之前所拆分的下部区域进行填色。最终效果如图 5 - 21 所示。

若想对填色的区域进行修改，可直接对需修改区域重新填色，可以使用“修改”选项卡内“几何图形”面板中的“删除填色”命令对原区域进行删除，再重新进行填色。

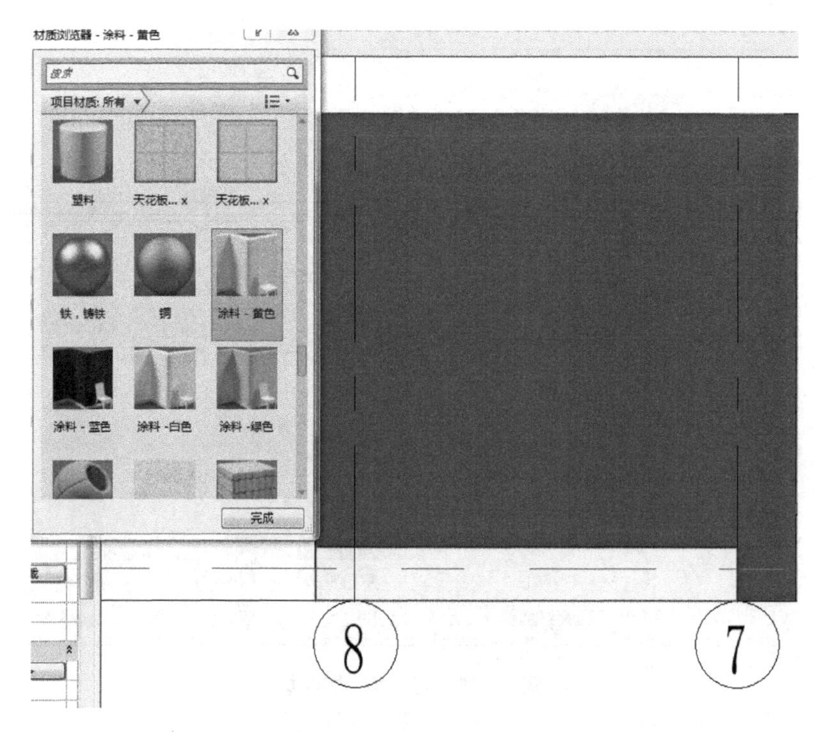

图 5－21　填色效果

采用 5.5 节和 5.6 节相关操作均可达到以上效果，但两者还是有所区别的。“拆分面”工具拆分图元的所选面，在拆分面后，可使用“填色”工具为此部分面应用不同材质。但是“拆分面”和“填色”工具均不改变图元的结构，而构造层的拆分需要改变图元的结构。

可以在任何非族实例上使用“拆分面”命令，绘制要拆分的面区域时，应注意必须在面内的闭合环中或端点位于面边界的开放环中进行绘制；可以填色的图元包括墙、屋顶、体量、族和楼板，将光标放在图元附近时，如果图元高亮显示，则可以为该图元填色。以上两种工具可以用在绘制门、窗边框或是墙面上绘制相关造型等操作。

5.7　创建二层外墙

5.7.1　复制首层外墙到二层平面

切换到三维视图，将光标放在一层外墙上，高亮显示后按 Tab 键，在所有外墙全部高亮显示时，单击鼠标左键，选中一层全部外墙。单击菜单栏中的“复制到剪贴板”命令，将所有构件复制到剪贴板中。单击“粘贴”|“与选定的标高对齐”按钮，如图 5－22 所示。

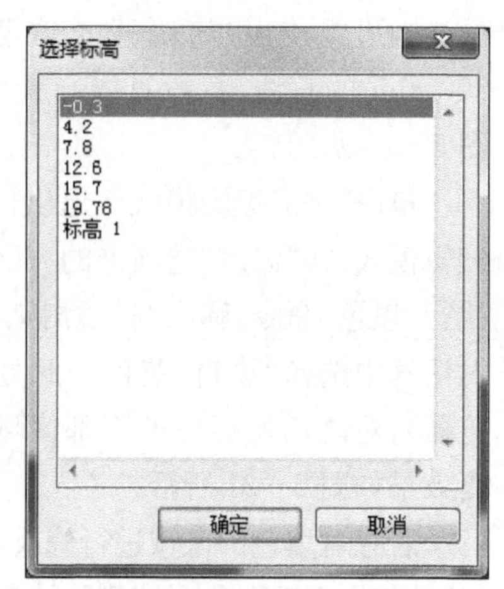

图 5－22　选择标高

打开“选择标高”对话框，单击选择“4.2”，单击“确定”完成复制。一层平面的外墙及相关门窗均被复制到二层，如图 5－23 所示。

图 5－23　首层外墙复制效果图

在项目浏览器中双击“楼层平面”下的楼层平面“4.2”，打开二层平面视图。如图 5－24 所示，框选所有构件，单击选中面板中的“过滤器”工具，勾选“门”“窗”，单击“确定”选择所有门窗，并按“删除键”删除所有门窗（见图 5－25）。

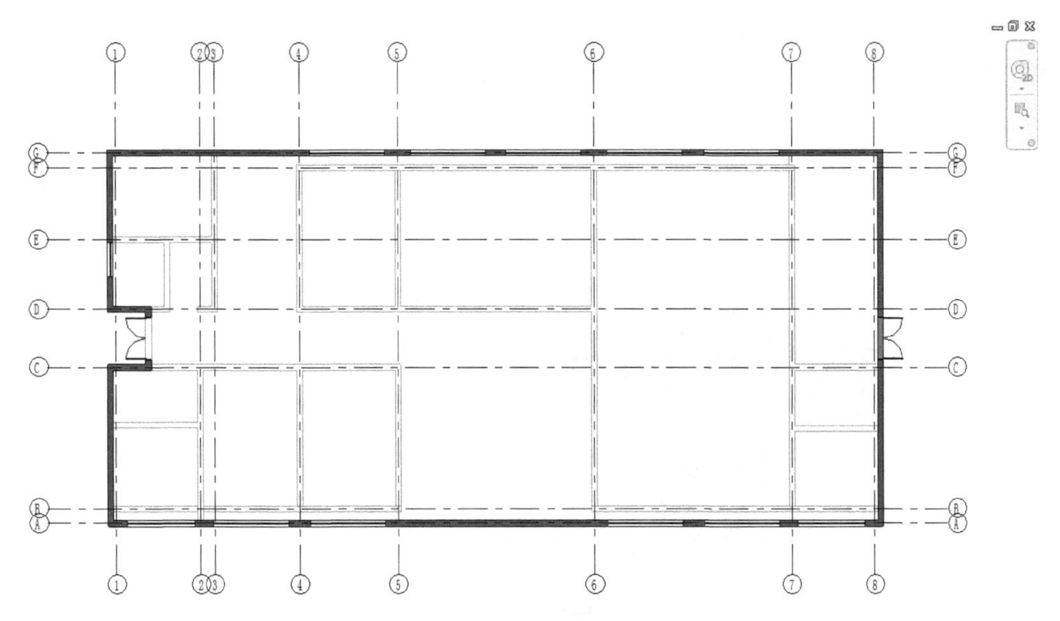

图 5－24　打开“4.2”楼层平面图

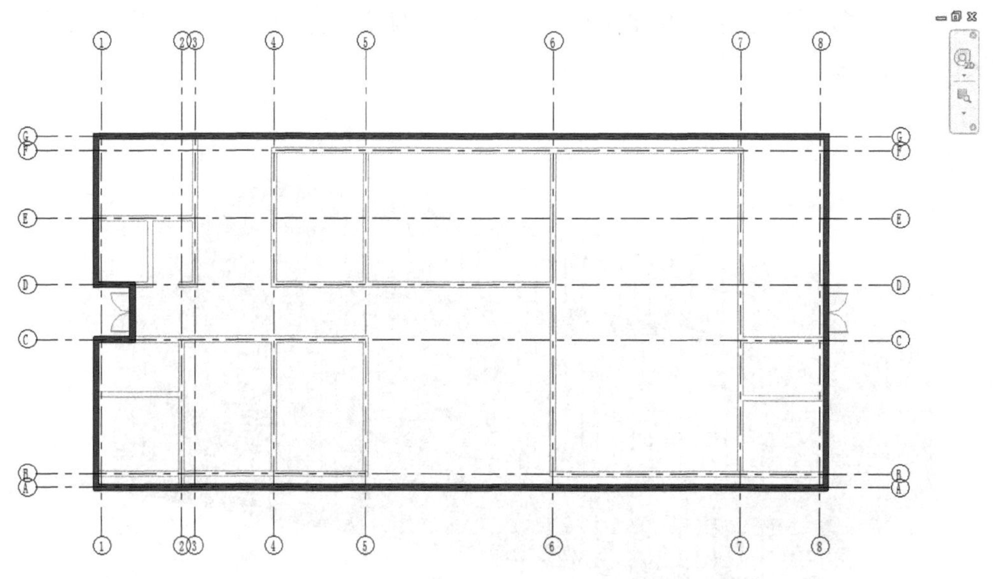

图 5-25　删除所有门窗的效果图

5.7.2　编辑二层外墙

将光标放在二层外墙上，高亮显示后按 Tab 键，当所有外墙全部高亮显示时，单击鼠标左键，选中二层全部外墙。在属性面板“约束”处将“顶部偏移”设置为“0”，如图 5-26 所示。将 1 轴右侧的外墙删除，右击“外墙”，选择“创建类似实例”，绘制二层外墙墙体。底部约束选择“4.2”、顶部约束选择“直到标高：7.8”。将 8 轴外墙类型替换为“基本墙-外墙”，效果如图 5-27 所示。

墙 (11)	编辑类型
约束	
定位线	墙中心线
底部约束	4.2
底部偏移	
已附着底部	☐
底部延伸距离	0.0
顶部约束	直到标高: 7.8
无连接高度	
顶部偏移	0.0
已附着顶部	☐
顶部延伸距离	0.0
房间边界	☑
与体量相关	☐

图 5-26　编辑二层外墙约束

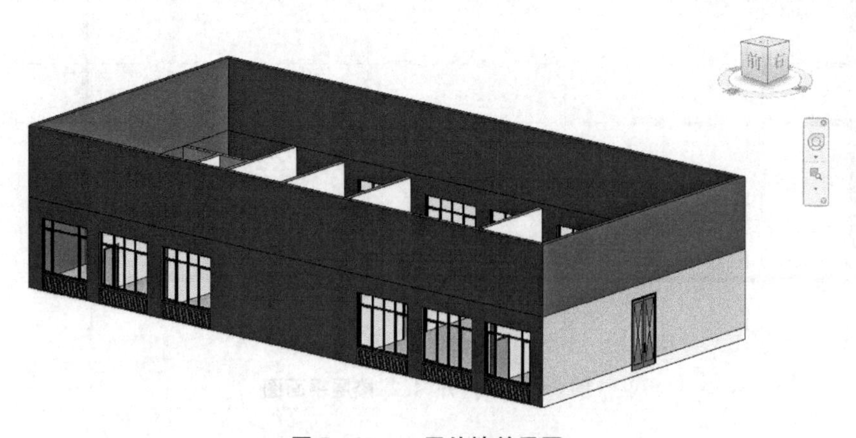

图 5-27　二层外墙效果图

5.8　创建二层内墙

选中一条内墙，单击鼠标右键，点击“选择全部实例”|“在视图中可见”选中全部内墙（见图5-28），执行菜单栏中的“复制到剪贴板”命令，将所有构件复制到剪贴板中。单击“粘贴”|“与选定的标高对齐”按钮，选择“标高4.2”。在属性窗口设置“底部偏移：0”，设置“顶部偏移：0”，效果如图5-29所示。

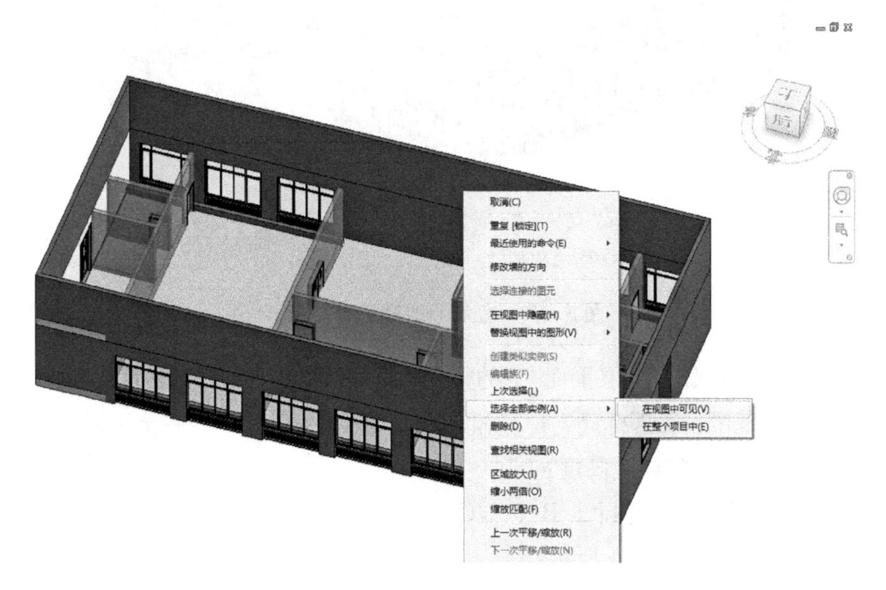

图5-28　选择全部内墙

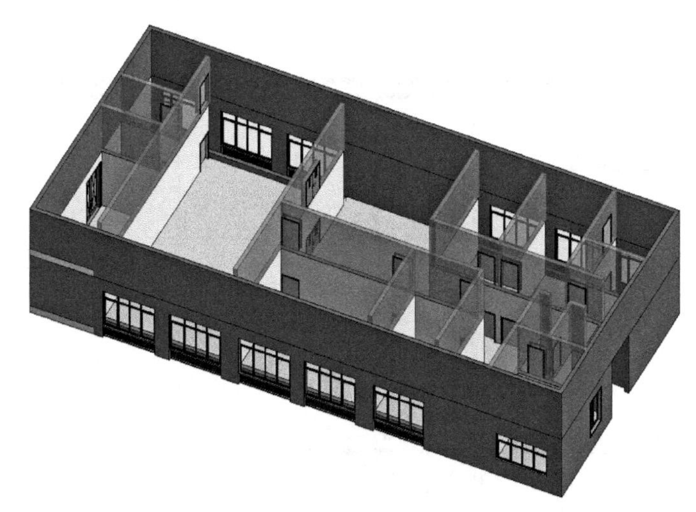

图5-29　设置二层内墙属性

相同做法，将一层位置飘窗下矮墙复制到二层，如图 5－30 所示。

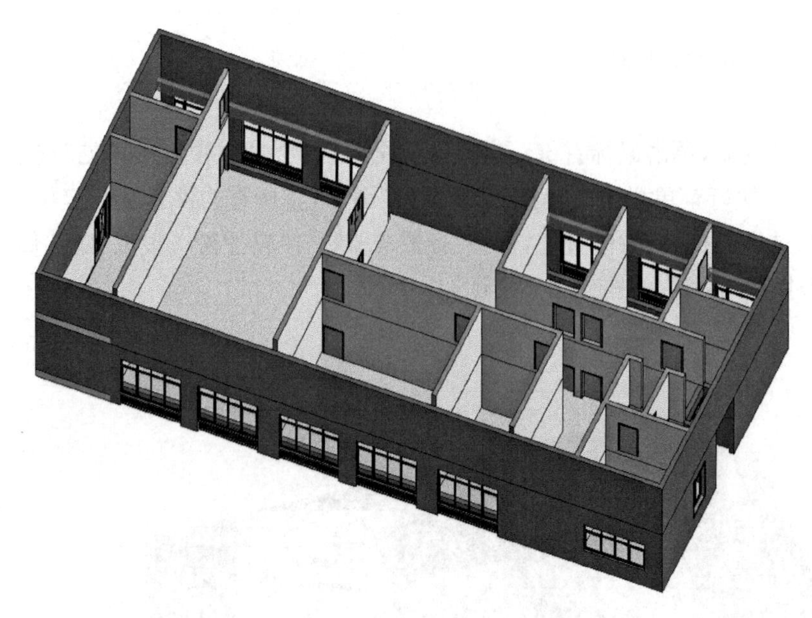

图 5－30　复制一层矮墙到二层

在项目浏览器中双击“楼层平面”下的楼层平面“4.2”，打开二层平面视图。在属性窗口设置“基线”的“范围：底部标高：4.2”和“范围：顶部标高：7.8”。全选视图，过滤器中保留选中门，修改属性窗口“底高度：0”。

删除 5/D 至 5/F 墙体，删除 1/B 至 2/C 之间墙体，删除 6 轴、7 轴的墙体，删除 7/B 至 8/C 之间墙体，效果如图 5－31 所示。

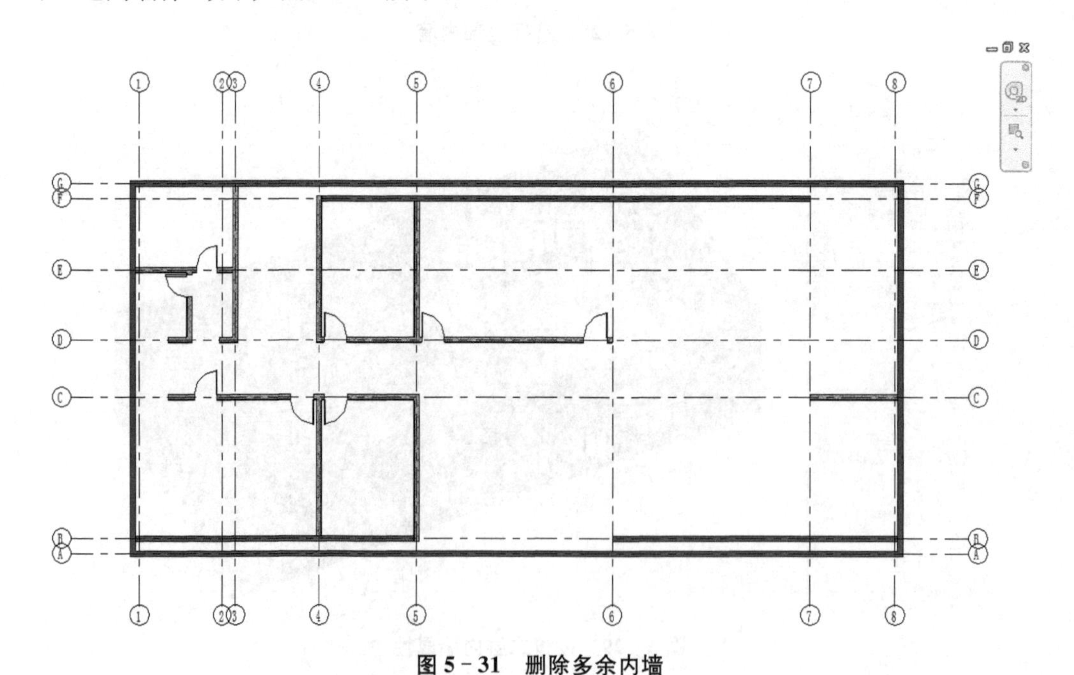

图 5－31　删除多余内墙

右键点击一内墙，选择“创建类似实例”，绘制二层内墙墙体。底部约束选择“4.2”、顶部约束选择“直到标高：7.8”。按照图5-32所示补充内墙。

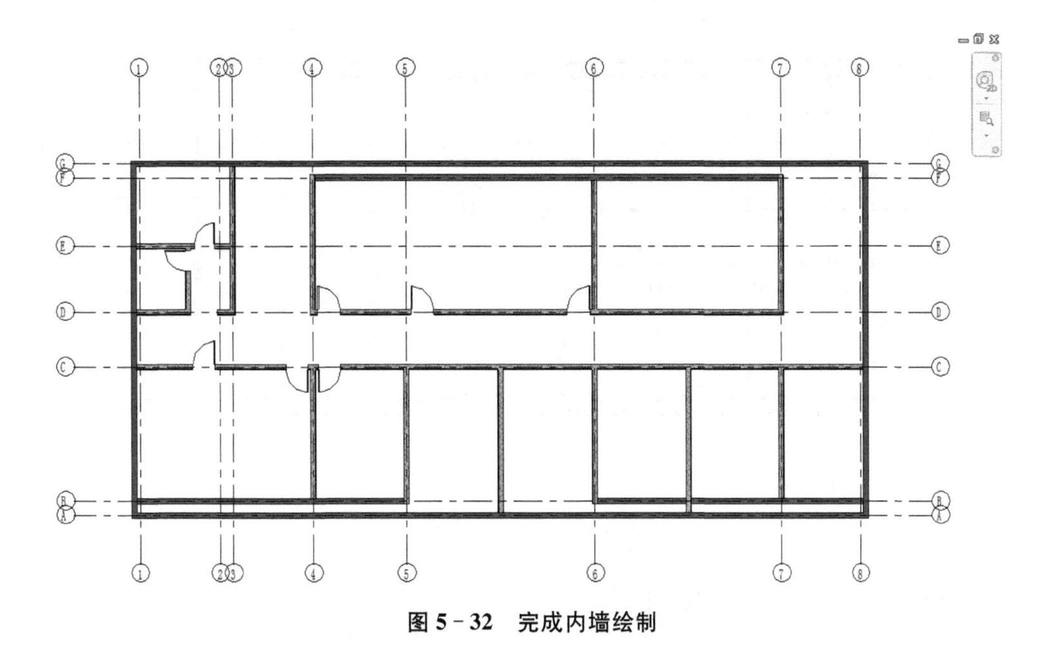

图5-32　完成内墙绘制

5.9　放置和编辑二层门窗

在项目浏览器中双击“楼层平面”下的楼层平面“4.2”，打开二层平面视图。全选视图，过滤器中保留选中门，删除所有门。

单击“建筑”选项卡，在“构建”面板中执行“门”命令，在属性对话框中选择“M0921”，在合适位置放置“M0921”，并将标示调整到合适的位置。单击“建筑”选项卡，在“构建”面板中执行“门”命令，在属性对话框中选择“M1021”，继续放置“M1021”到相关内墙上，并将标示调整到合适的位置。如图5-33所示。

单击“建筑”选项卡，在“构建”面板中执行“窗”命令，出现“修改|放置窗”上下文选项卡，选择“在放置时进行标记”，在属性对话框中选择“C3227”，点击“编辑类型”进入“类型属性”编辑对话框。复制此类型，并重命名为“C3223”，调整窗高度为“2 300”，如图5-34所示。

在A/2-7墙体和G/4-7墙体的合适位置放置“C3223”，点击“修改”窗户“C3223”的水平位置。调整窗户“C3223”的窗台高度为600 mm。

单击“建筑”选项卡，在“构建”面板中执行“窗”命令，出现“修改|放置窗”上下文选项卡，选择“在放置时进行标记”，在属性对话框中选择“C2927”，点击“编辑类型”进入“类型属性”编辑对话框。复制此类型，并重命名为“C2923”，调整窗高度为“2 300”，如图5-35

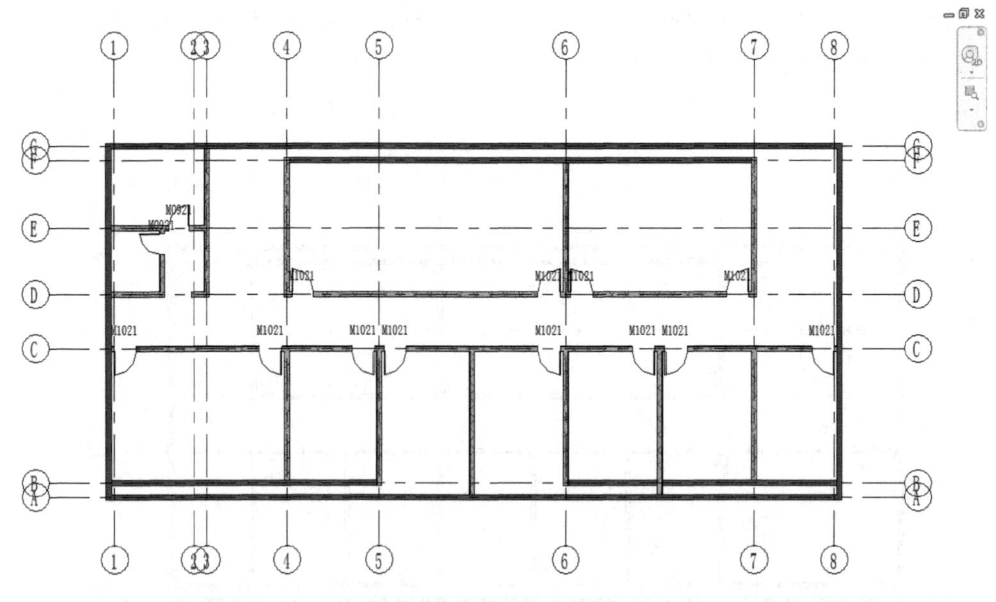

图 5 - 33　放置二层门

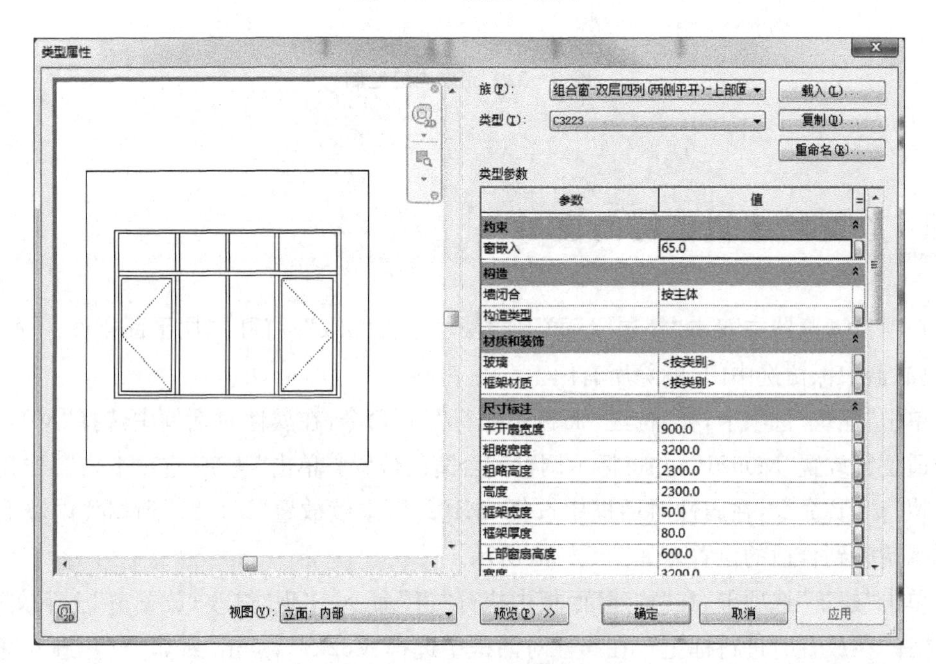

图 5 - 34　C3223 类型属性

所示。

在 A/1 - 2 墙体和 A/7 - 8 墙体的合适位置放置“C2923”，点击“修改”窗户“C2923”的水平位置。调整窗户“C3223”的窗台高度为 600 mm。

单击“建筑”选项卡，在“构建”面板中执行“窗”命令，出现“修改|放置窗”上下文选项卡，选择“在放置时进行标记”，在属性对话框中选择“C2923”，点击“编辑类型”进入“类型属性”编辑对话框。复制此类型，并重命名为“C2423”，调整窗宽度为“2 400”。在 G/3 - 4

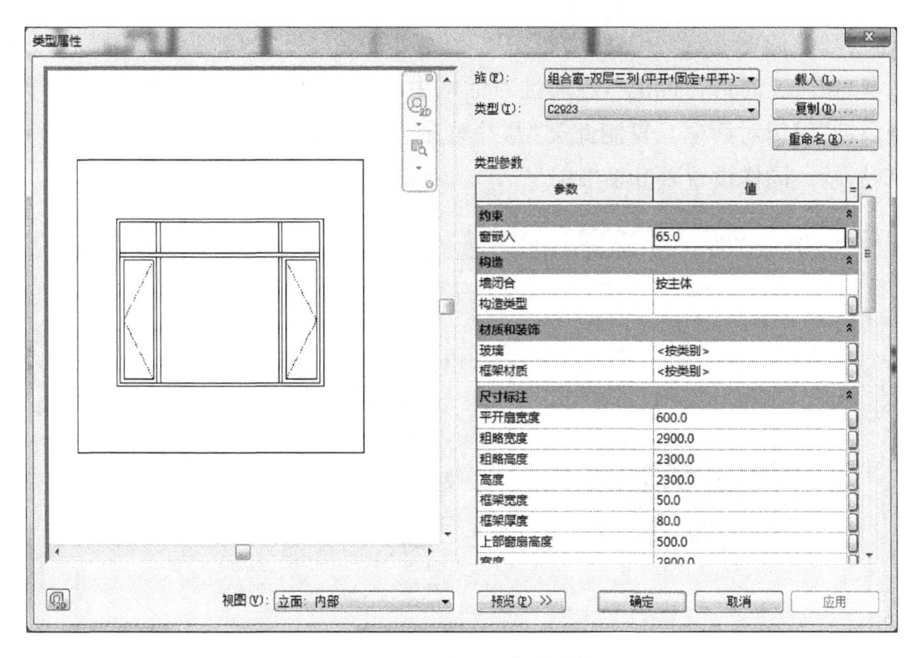

图 5－35　C2923 类型属性

墙体和 G/7－8 墙体的合适位置放置“C2923”，调整“C2923”属性“标高：标高 1”，“底高度：3 000”。

单击“建筑”选项卡，在“构建”面板中执行“窗”命令，出现“修改|放置窗”上下文选项卡，选择“在放置时进行标记”，在属性对话框中选择“C3220”，在 G/1－2 墙体的合适位置放置，调整“C3220”属性“底高度：900”。

点击外墙，在“修改”菜单下，点击“几何图形-连接几何图形”，然后分别点击一层和二层外墙，将墙体进行连接。最终效果如图 5－36 所示。

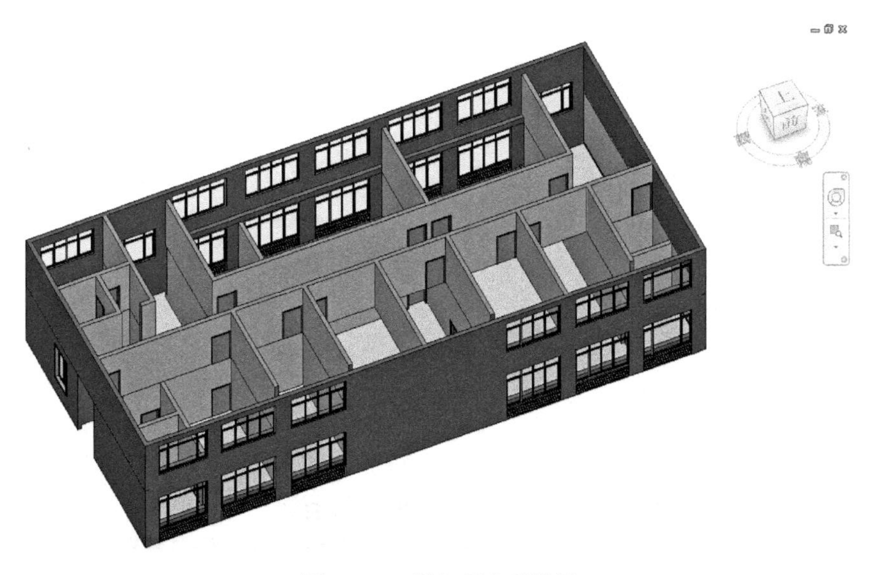

图 5－36　插入门窗后效果

单击“建筑”选项卡，在“构建”面板中执行“窗”命令，出现“修改”|“放置窗”上下文选项卡，选择“在放置时进行标记”，在属性对话框中选择百叶窗“3280”，点击“编辑类型”进入“类型属性”编辑对话框。复制此类型，并重命名为“3213”，调整窗高度为“1 300”。如图 5－37 所示。同样设置百叶窗“2913”。

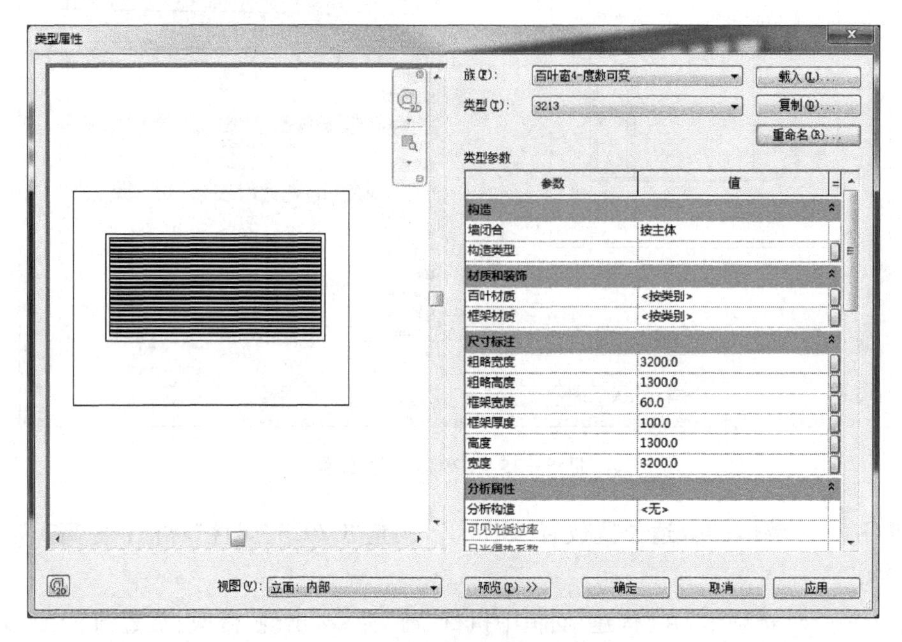

图 5－37　百叶窗“3213”类型属性

在项目浏览器中双击“楼层平面”下的楼层平面“4.2”，打开二层平面视图。属性窗口中点击“范围-视图范围-编辑”，弹出“视图范围”对话框。修改剖切面偏移量为 300，如图 5－38 所示。在合适的位置布置百叶窗“3213”和“2913”，设置“属性-底高度：－800”。三维效果如图 5－39 所示。

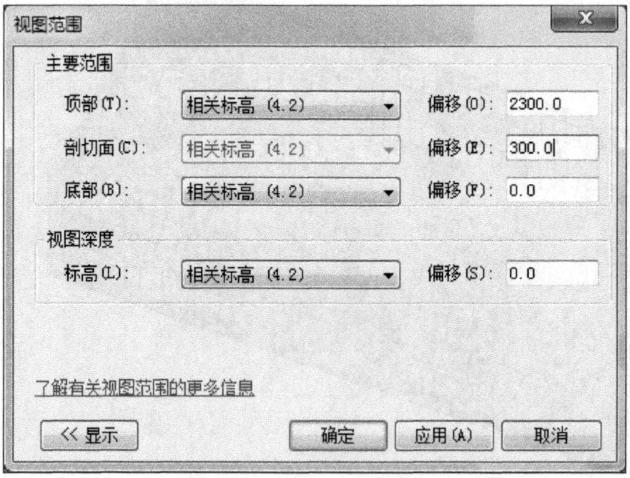

视图范围
主要范围
顶部(T)：　相关标高 (4.2)　偏移(O)：2300.0
剖切面(C)：　相关标高 (4.2)　偏移(E)：300.0
底部(B)：　相关标高 (4.2)　偏移(F)：0.0
视图深度
标高(L)：　相关标高 (4.2)　偏移(S)：0.0
了解有关视图范围的更多信息
<< 显示　确定　应用(A)　取消

图 5－38　改剖切面偏移量

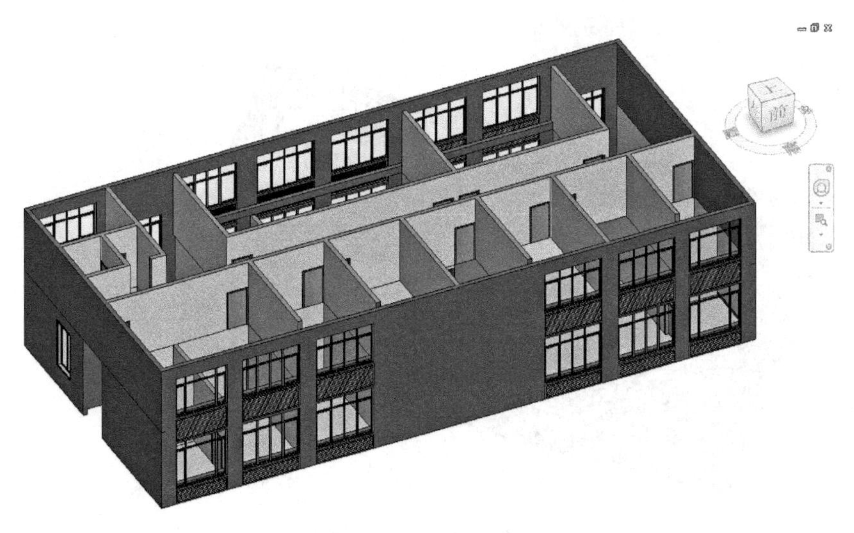

图5-39　布置百叶窗效果

5.10 创建二层楼板

打开“楼层平面-4.2”视图，单击“建筑”选项卡，在“构建”面板中选择“楼板”下拉按钮，执行“楼板：建筑”命令，进入楼板绘制模式。属性栏中选择“楼板-150 mm”的楼板。

执行“绘制”面板中的“拾取墙”命令，依次拾取相关墙体自动生成楼板轮廓线，执行“绘制线”命令补充绘制楼板边界，单击“完成编辑模式”完成楼板的创建。如图5-40和图5-41所示。

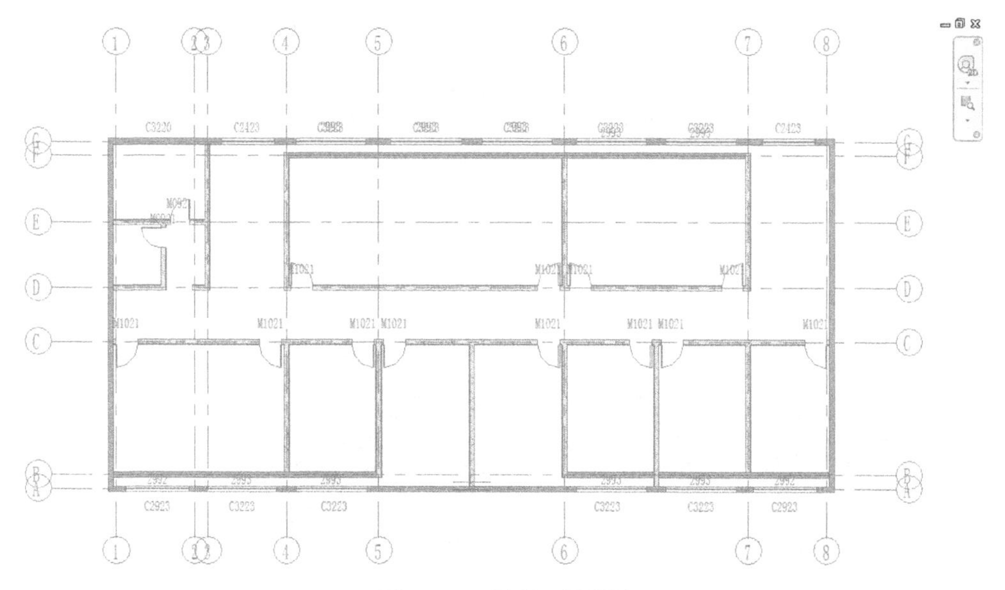

图5-40　绘制二层楼板

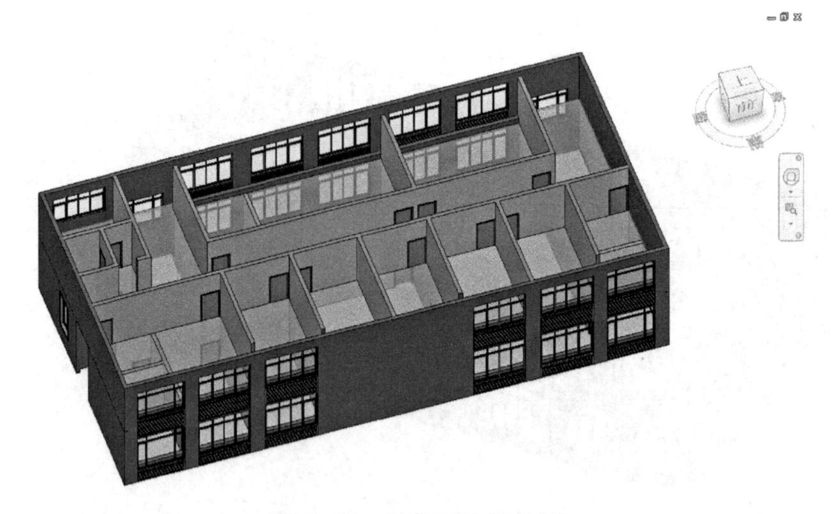

图 5-41 完成二层楼板创建

5.11 创建三层外墙、内墙

三层墙体和二层墙体变化较大，可以单独绘制，也可以在二层墙体通过“剪贴板”进行复制粘贴，然后进行编辑来创建。但是通过对 CAD 图纸的识读，发现三层的窗户和首层的基本一致，所以本案例的三层墙体从一层通过“剪贴板”来创建。

首先点击项目浏览器中“立面-南”进入南立面，框选首层构件，打开“过滤器”，选中“墙”“窗”“门”后确定。如图 5-42 所示。

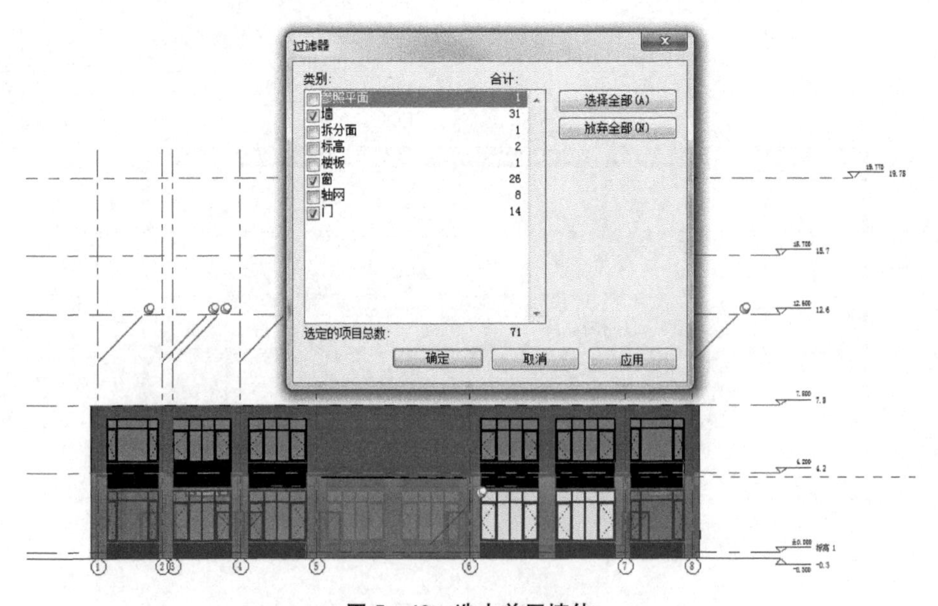

图 5-42 选中首层墙体

执行“修改”菜单下的“复制到剪贴板”命令，再点击“从剪贴板粘贴”按钮，选中“与选定标高对齐”。选择标高“7.8”后确定。如图 5－43 所示。

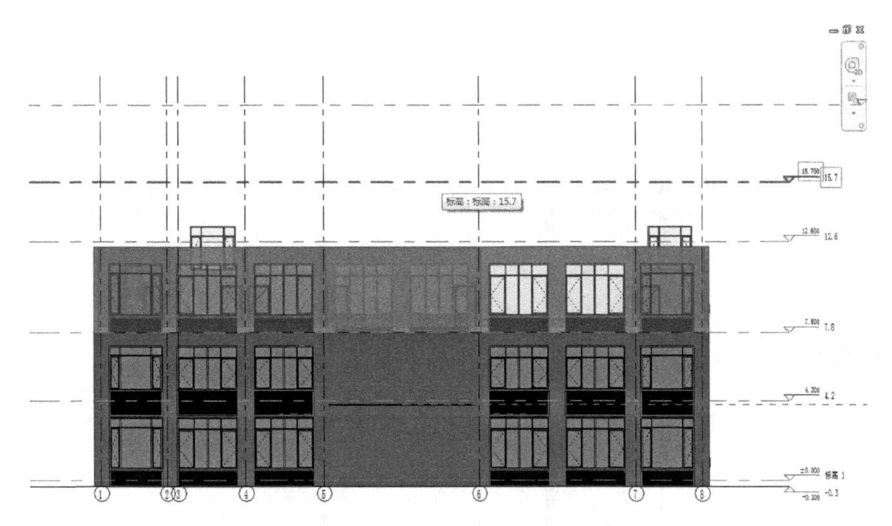

图 5－43　粘贴至第三层(标高 7.8)

打开“过滤器”，选中“墙”后确定，如图 5－44 所示。在属性栏中设置“底部约束：7.8”“底部偏移：0”“顶部约束：直到标高：12.6”“顶部偏移：0”，如图 5－45 所示。

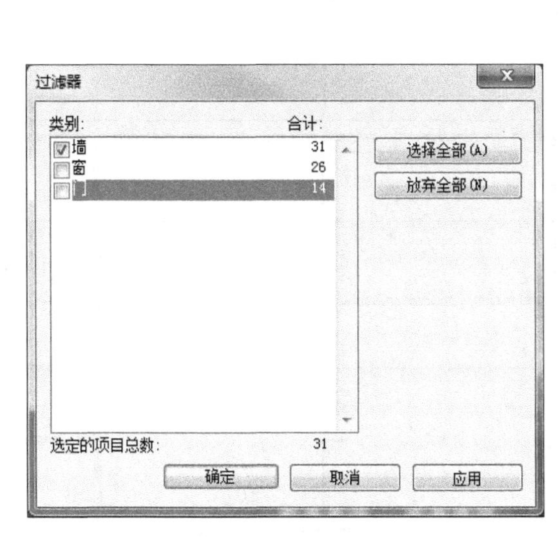

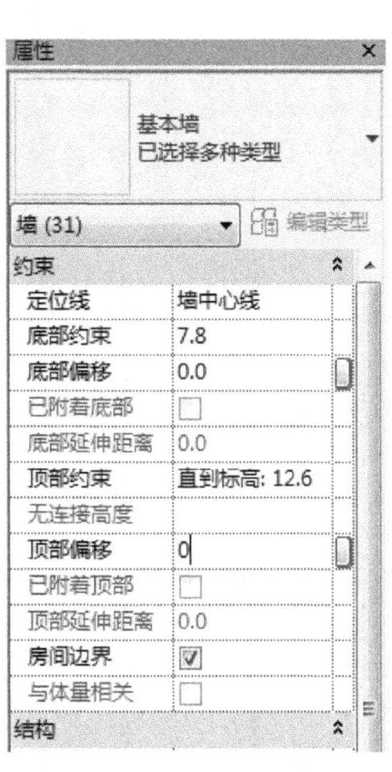

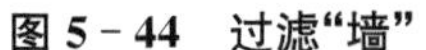

图 5－44　过滤“墙”　　　　图 5－45　设置三层墙属性

切换到“楼层平面：7.8”。选中“飘窗窗下墙”后删除掉。点击 A 轴线和 G 轴线的外墙并按住左键，拖动墙体到轴线 B 和轴线 F。在 1 轴线和 8 轴线内侧距离轴线 250 mm 处画参照平面，如图 5－46 所示。通过“修改”菜单的“对齐”命令，将 1 轴线和 8 轴线对齐到参照平面，删除 8 轴线的门，将 8 轴线的外墙替换为“基本墙-外墙”。删除 1 轴线的门和 C－D 轴线间的墙，补齐 1 轴线外墙。如图 5－47 所示。

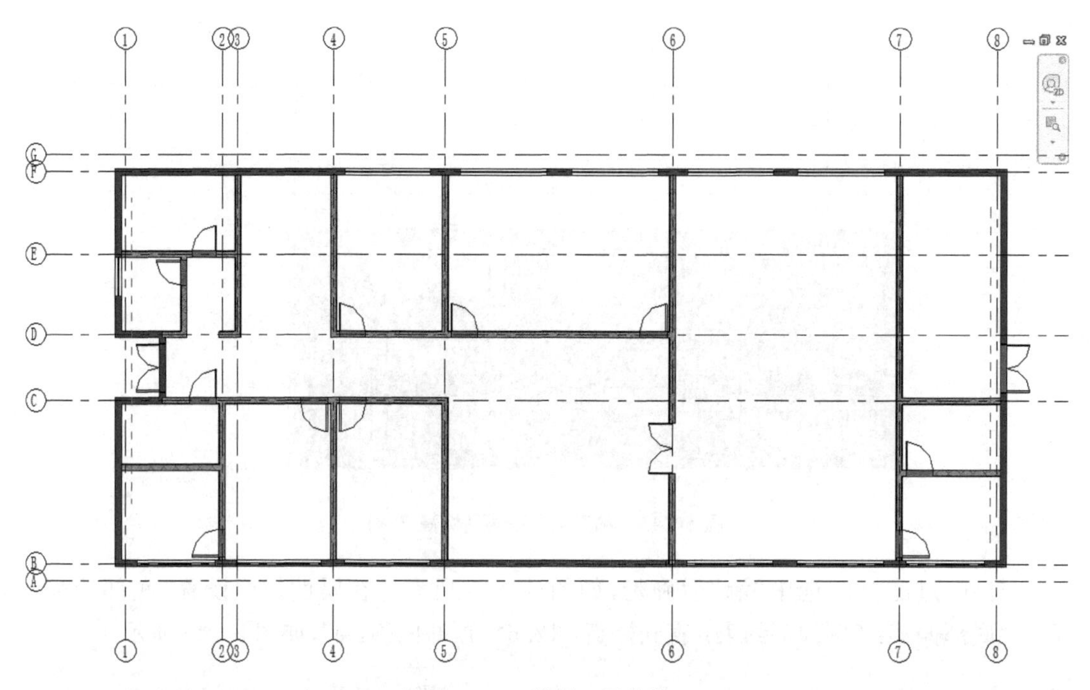

图 5－46　编辑三层外墙

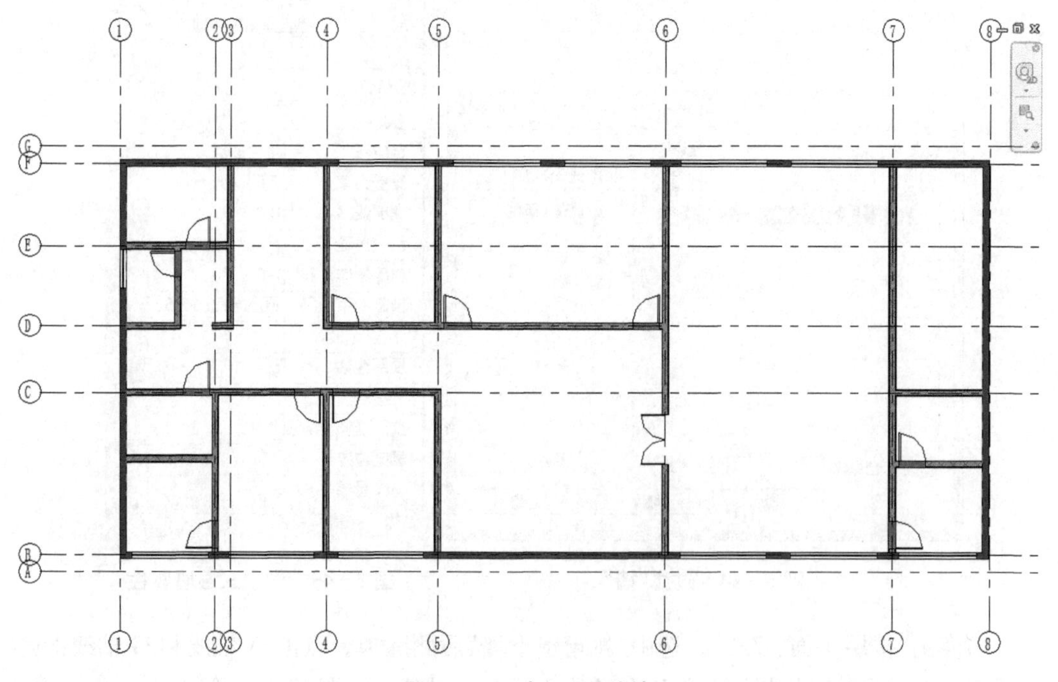

图 5－47　对齐三层外墙

删除三层多余的内墙，如图 5 - 48 所示。补齐其他内墙，如图 5 - 49 所示。

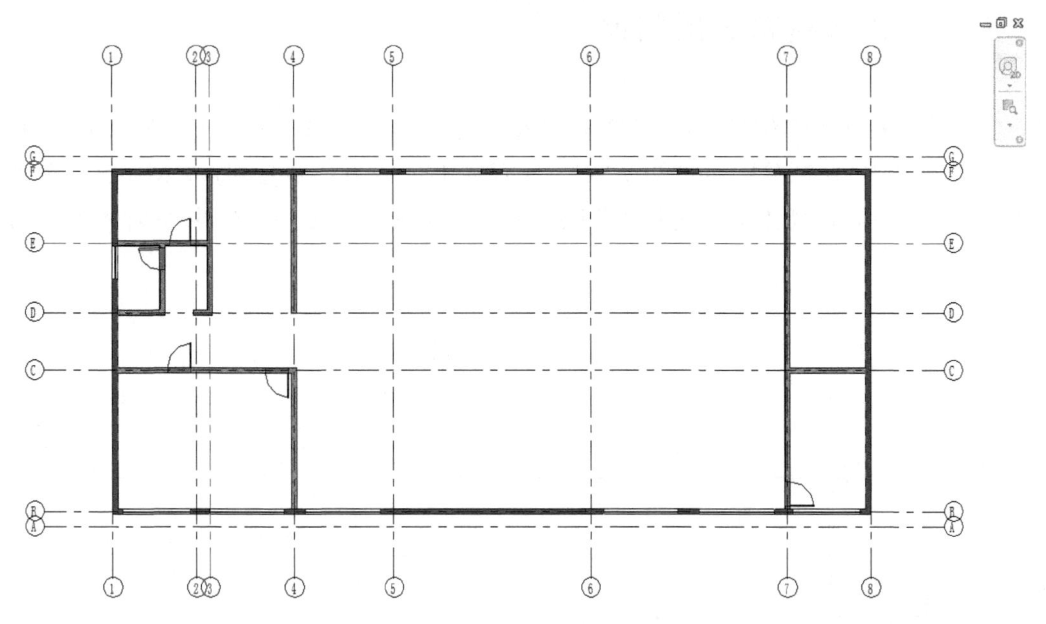

图 5 - 48　删除三层多余内墙

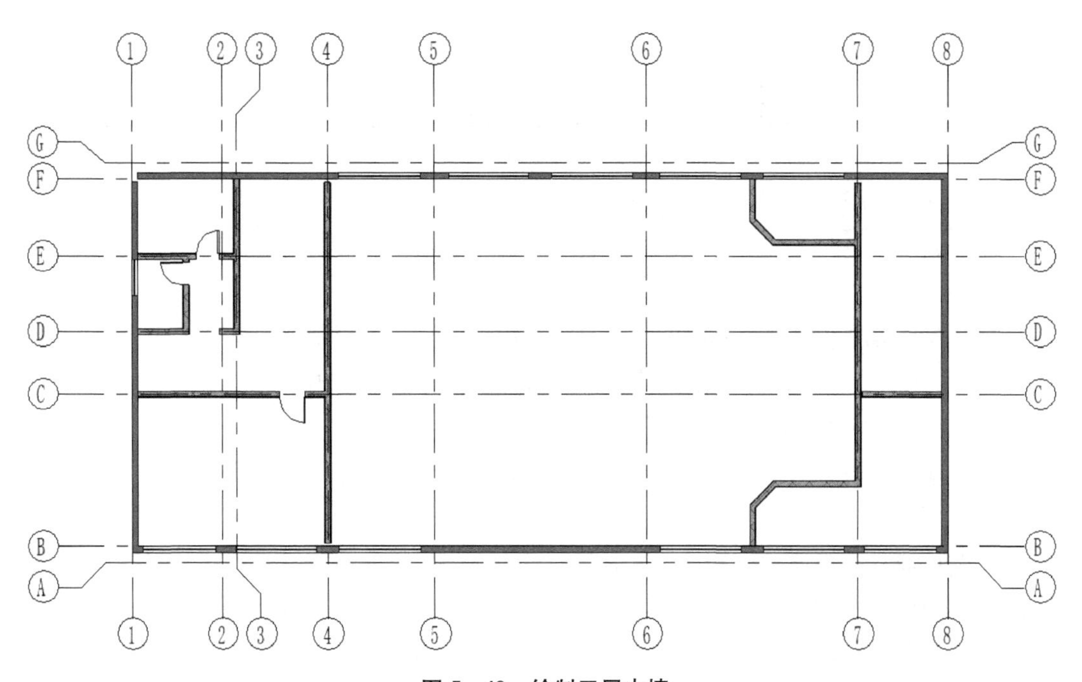

图 5 - 49　绘制三层内墙

5.12 放置和编辑三层门窗

右击 4 轴线“M1021”，选择“创建类似实例”，布置 1 轴线和 6/7 轴线位置的“M1021”。单击“建筑-门”，选择“M1821”，布置在 4/C－4/D 中间。选择“M1521”，布置在 6/A－7/A 中间墙体上。选择“FM 乙 1821”，布置在 7/C－8/C 中间墙体上。如图 5－50 所示。

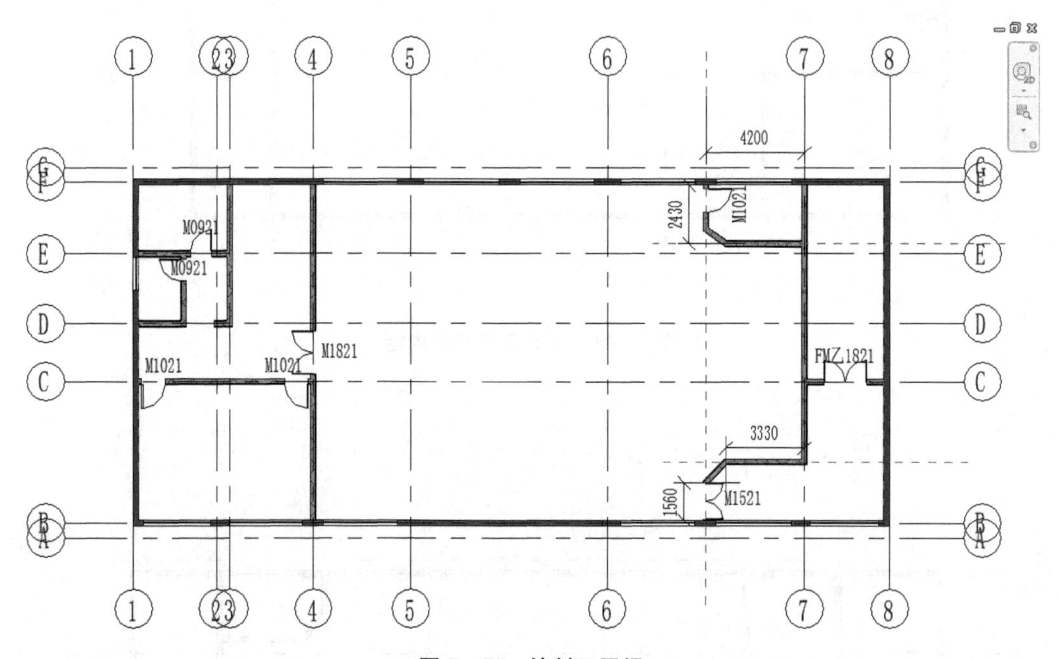

图 5－50　绘制三层门

双击打开楼层平面视图标高“7.8”，单击“注释-标记-全部标记”，弹出“标记所有未标记对象”对话框，选中“窗标记”后确定，完成本层视图里所有窗户的标记，删除三层所有百叶窗。本层窗户均为“底高度：900”。

检查 B 轴线的窗户。修改 4－5 轴线上的“C3227”为“C3227'”，在 5－6 轴线间均布两个“C3227'”。

检查 F 轴线上的窗户。将 1－2 轴线间的“C3220”替换为“C3227”，同时修改“底高度：900”。在 2－4 轴线和 7－8 轴线间的“C2423”修改为“C2427”，调整“底高度：900”，修改 4－5－6 轴线间的窗户“C3227”为“C3227'”，修改 7 轴线左侧窗户为“C3227”。

检查 1 轴线上的窗户。将 D－E 轴线的“C1426”修改为“C1427”，调整“底高度：900”，在 C－D 轴线间插入“C1827”。

检查 8 轴线上的窗户。在 C－D 轴线间插入“C1827”。完成窗户的绘制，如图 5－51 所示。三层门窗建模完成，总体三维效果如图 5－52 所示。

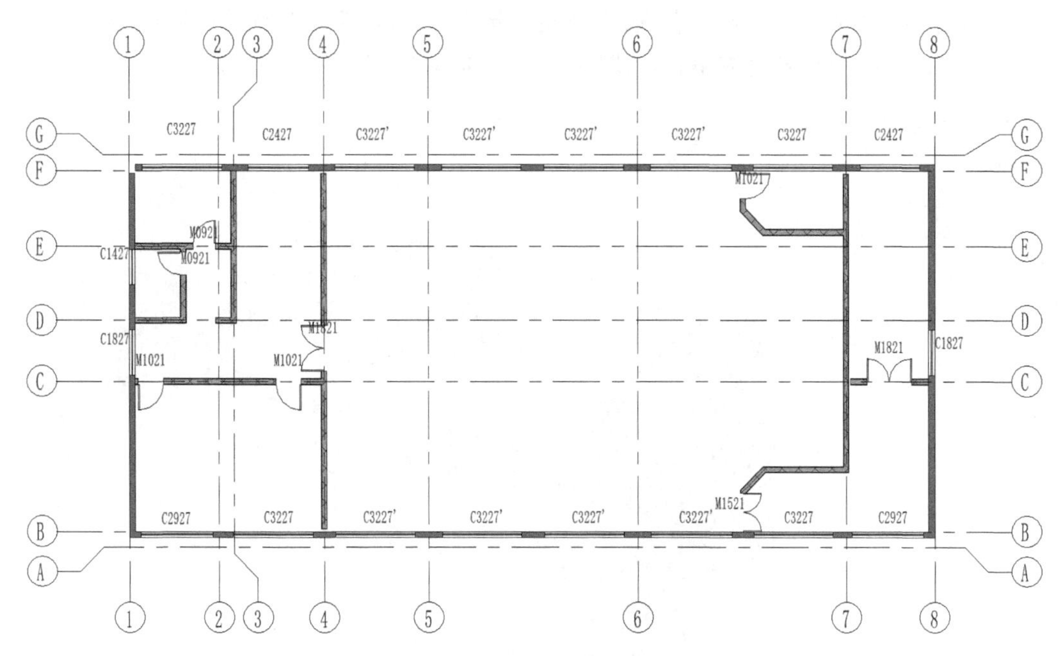

图 5－51　完成三层窗户的绘制

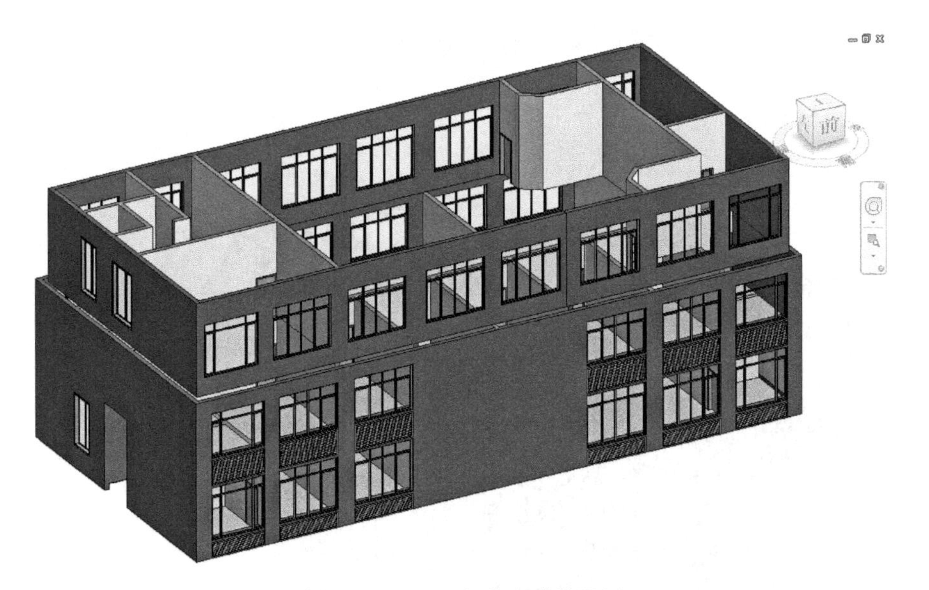

图 5－52　三层门窗完成效果图

5.13　创建三层楼板

由于三层的平面比二层小，有向内收缩，所以三层楼板在绘制时，可以选择在三维状态下完成。切换文件视图为“默认三维视图”。单击“建筑-楼板-楼板：建筑”，单击“绘

制-拾取墙”，鼠标放到二层外墙上，按 Tab 键全选二层外墙，修改“属性”|“标高”为“7.8”，如图 5－53 所示。单击“完成编辑模式”完成三层楼板的创建，如图 5－54 所示。

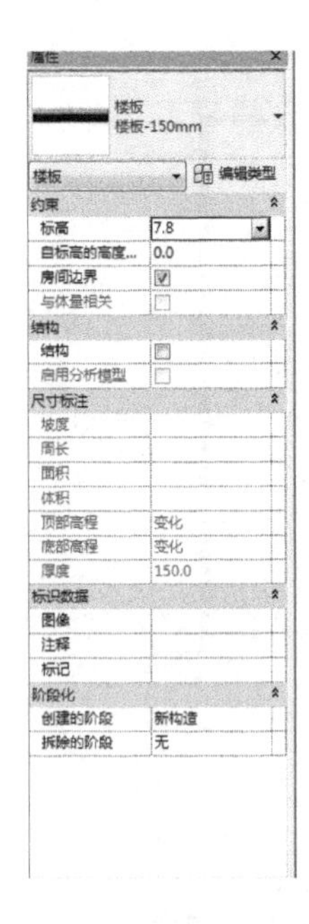

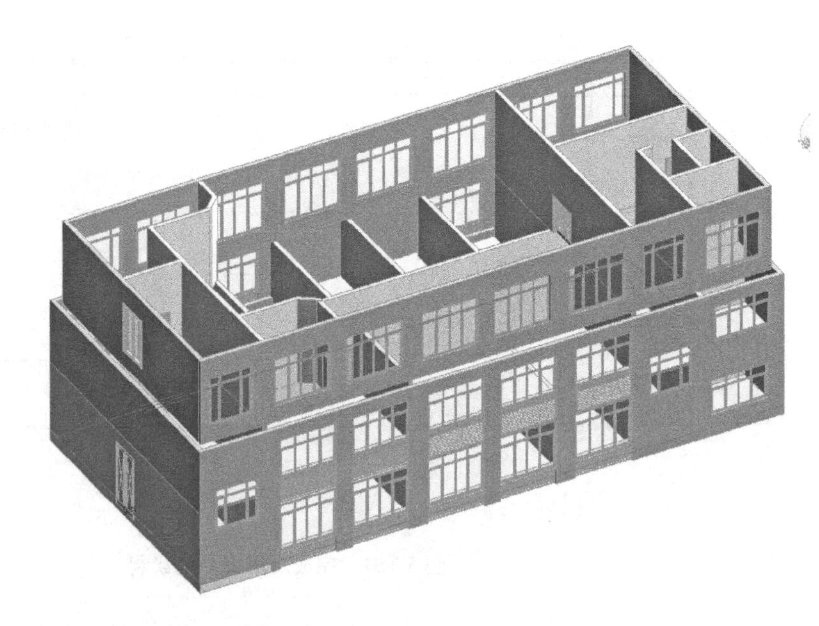

图 5－53　创建三层楼板

图 5－54　三层楼板完成效果图

第6章

创建玻璃幕墙

幕墙是建筑的外墙维护，附着在建筑结构上，但不承担建筑的楼板或屋顶荷载，是现代建筑设计中被广泛应用的一种建筑构件。在一般应用中，幕墙常常被定义为薄的、通常带铝框的墙，包含填充的玻璃、金属嵌板或薄石。

6.1 玻璃幕墙

幕墙由幕墙网格、竖梃和幕墙嵌板组成。可以使用默认 Revit 幕墙类型设置幕墙。这些墙类型提供三种不同的复杂程度，可以对其进行简化或增强。

幕墙：不存在网格或竖梃。且与此墙类型相关的规则缺失。该墙类型的灵活性最强。

外部玻璃：具有预设网格。如果设置不合适，可以修改网格规则。

店面：具有预设网格和竖梃。如果设置不合适，可以修改网格和竖梃规则。如图6-1所示，从左到右分别为“幕墙”“外部玻璃”“店面”。

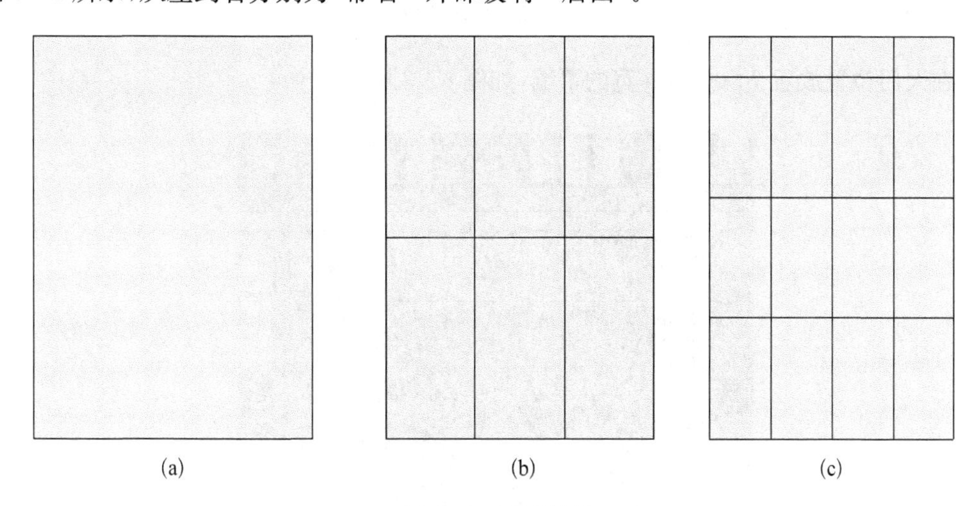

图6-1 玻璃幕墙

(a)幕墙；(b)外部玻璃；(c)店面

绘制幕墙的基本方法和绘制墙体一样，可以单击“建筑”选项卡，在“构建”面板中选择“墙”|“墙：建筑”，在类型选择器中选择墙体的类型为“幕墙”。

单击“编辑类型”按钮，打开“类型属性”对话框，复制一个新的类型，名称为“幕墙-MLC1”，勾选“类型参数”构造中的“自动嵌入”，类型标记改为“MLC1”，将属性对话框中的底部约束设置为“－0.3”、顶部约束设置为“直到标高：7.8”，如图 6－2 所示。

图 6－2　幕墙设置

在大门位置放置 7 900 mm 宽的幕墙，如图 6－3 所示。

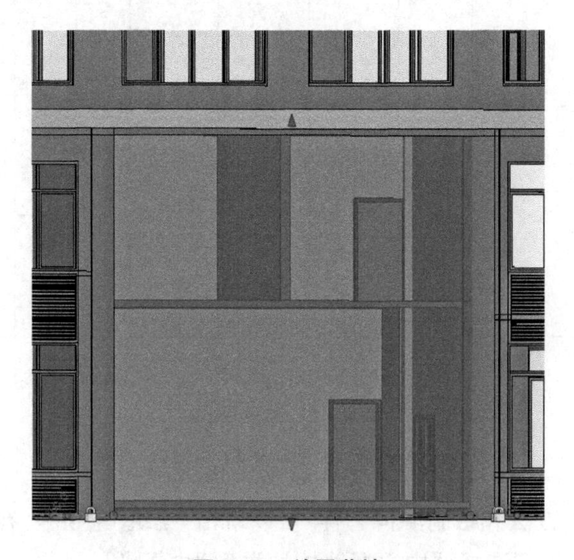

图 6－3　放置幕墙

本案例前面已经把大门位置画为墙体，也可以通过拆分图元将大门位置的墙体先进行拆分，如图 6 - 4 所示。

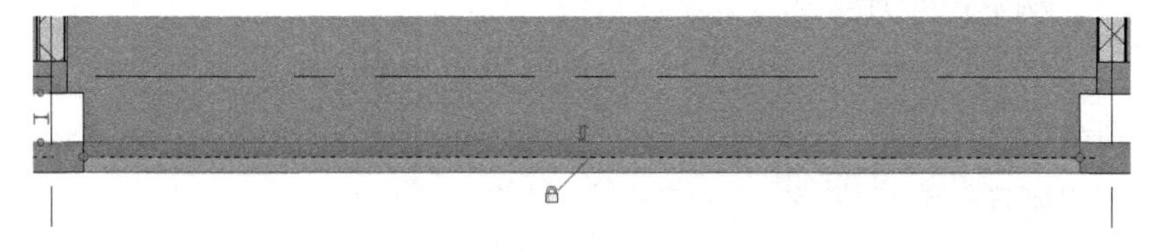

图 6 - 4　拆分墙

选中幕墙位置墙体，隔离图元，如图 6 - 5 所示。根据一层“MLC1”和二层“C7920”的位置和尺寸，绘制参照平面，如图 6 - 6 所示。

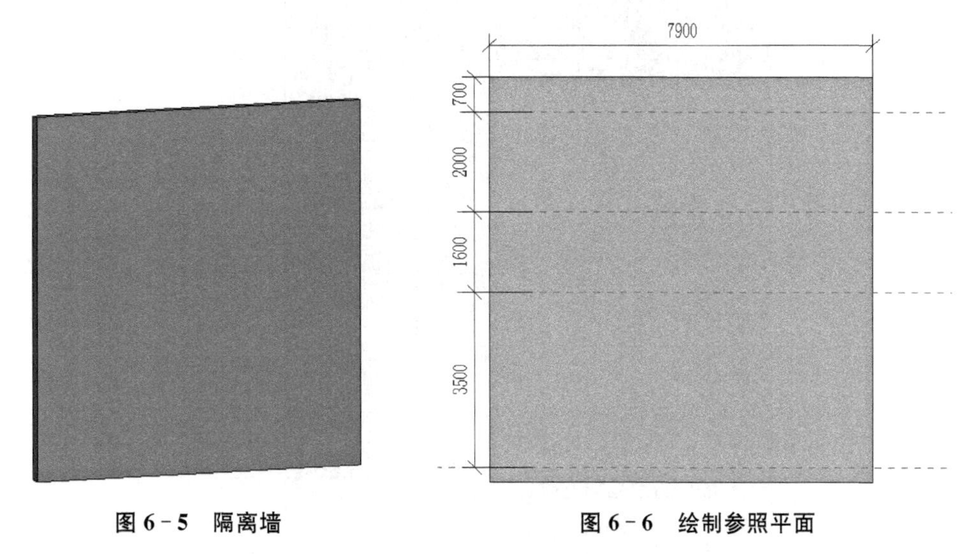

图 6 - 5　隔离墙　　　　图 6 - 6　绘制参照平面

在参照平面的位置将墙体进行拆分，并将一层“MLC1”和二层“C7920”位置墙体替换为幕墙，如图 6 - 7 所示。

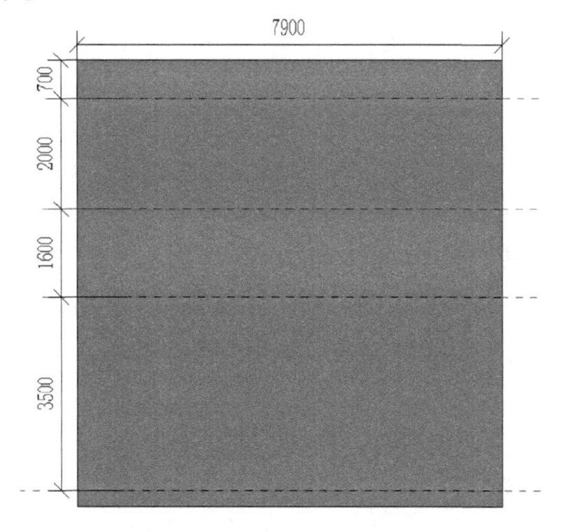

图 6 - 7　墙体替换为幕墙

6.2 幕墙网格划分

单击“建筑”选项卡，在“构建”面板中选择“幕墙网格”，在幕墙上放置网格，网格相关尺寸如图 6-8 所示。

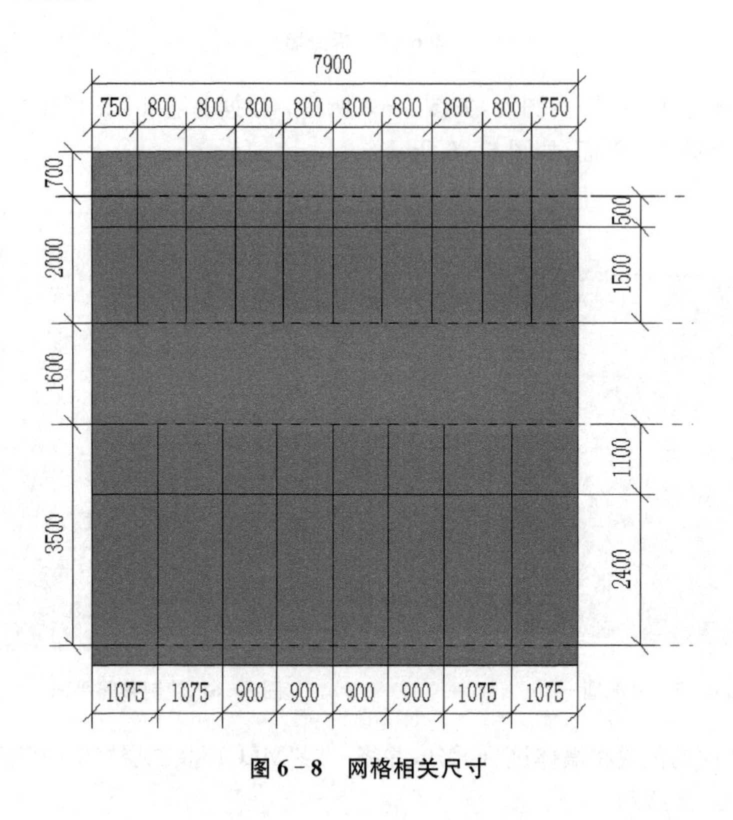

图 6-8　网格相关尺寸

6.3 竖梃

单击“建筑”选项卡，在“构建”面板中选择“竖梃”，单击“编辑类型”按钮。打开“类型属性”对话框，复制一个新的类型，名称为“竖梃-100×50 mm”，在“类型属性”对话框中将厚度由“150”改为“100”，如图 6-9 所示。在“修改”|“放置竖梃”上下文选项卡中执行“全部网格线”命令，单击幕墙放置竖梃，效果如图 6-10 所示。

选择幕墙顶部和底部的竖梃，执行“修改|幕墙竖梃”上下文选项卡中的“结合”命令，对竖梃进行调整，最终效果如图 6-11 和图 6-12 所示。

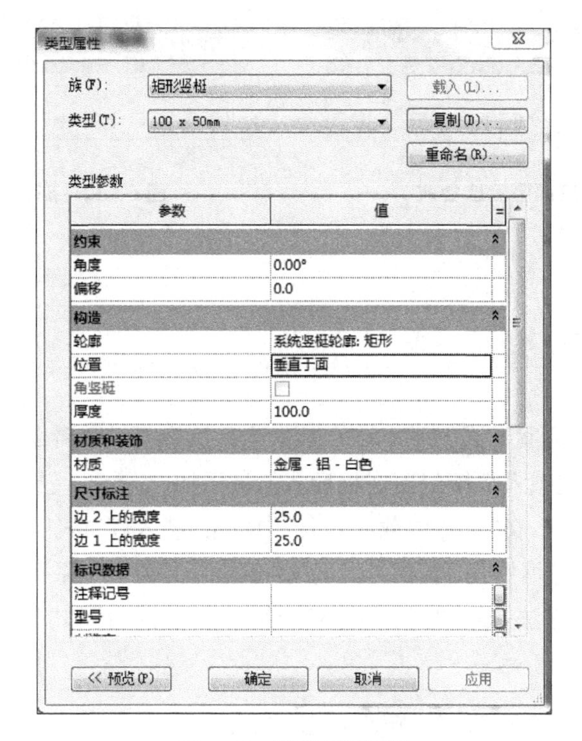

图 6－9　竖梃类型属性

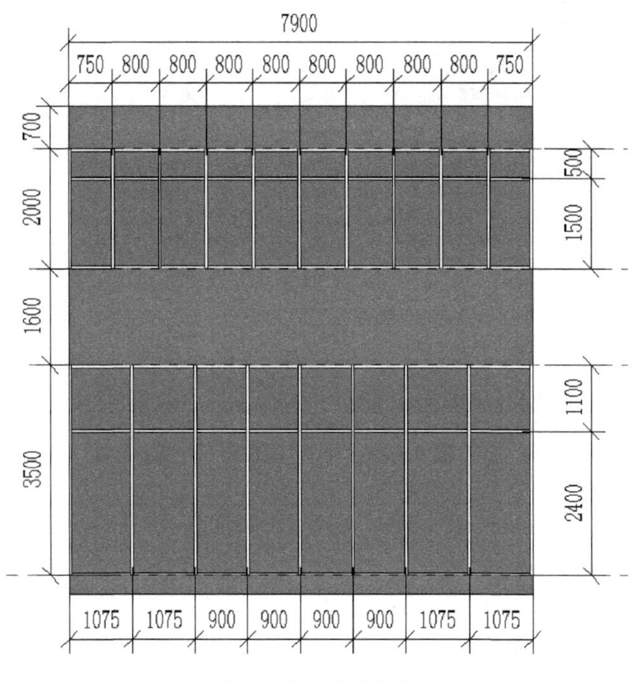

图 6－10　放置竖梃

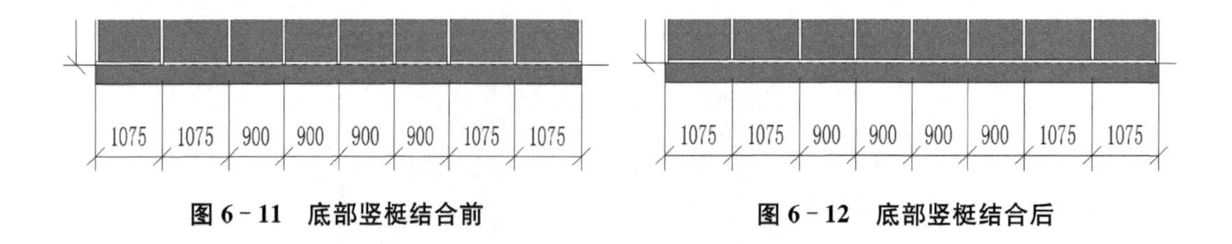

图 6 - 11　底部竖梃结合前　　　　图 6 - 12　底部竖梃结合后

6.4 幕墙门窗

幕墙门窗的添加方案不同于基本墙。基本墙是执行了门窗命令以后直接在墙体上放置，而幕墙门窗则须先载入幕墙门窗嵌板后才能被添加。

单击“插入”选项卡，在“从库中载入”面板中单击“载入族”按钮，在弹出的“载入族”窗口中，双击“建筑”-“幕墙”-“门窗嵌板”里的“窗嵌板 70 - 90 系列双扇推拉铝窗”。如图 6 - 13 所示。同样做法，插入“门嵌板_双扇平开无框铝门”和“窗嵌板_单扇平开无框铝窗”。

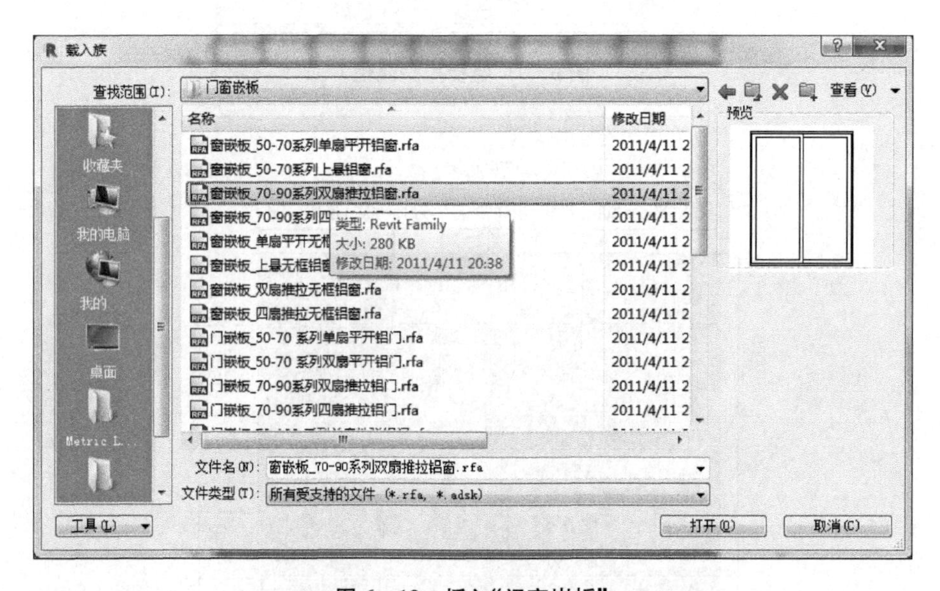

图 6 - 13　插入“门窗嵌板”

选中需要删除的竖梃，并按 Delete 键删除。选中对应位置的网格线，选择激活“修改”|“添加”|“删除线段”命令，然后单击需要删除的网格线后确认，效果如图 6 - 14 所示。

鼠标放在需要放窗嵌板的区域，单击 Tab 键切换至选中该局部幕墙，属性窗口中选对应窗嵌板，效果如图 6 - 15 所示。同样插入其他窗嵌板，效果如图 6 - 16 所示。

最终效果如图 6 - 17 所示。

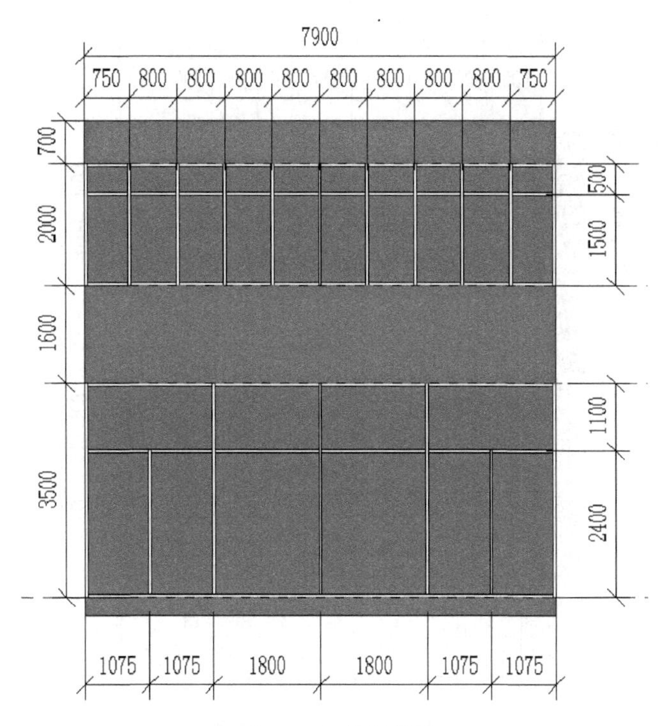

图 6－14　编辑幕墙

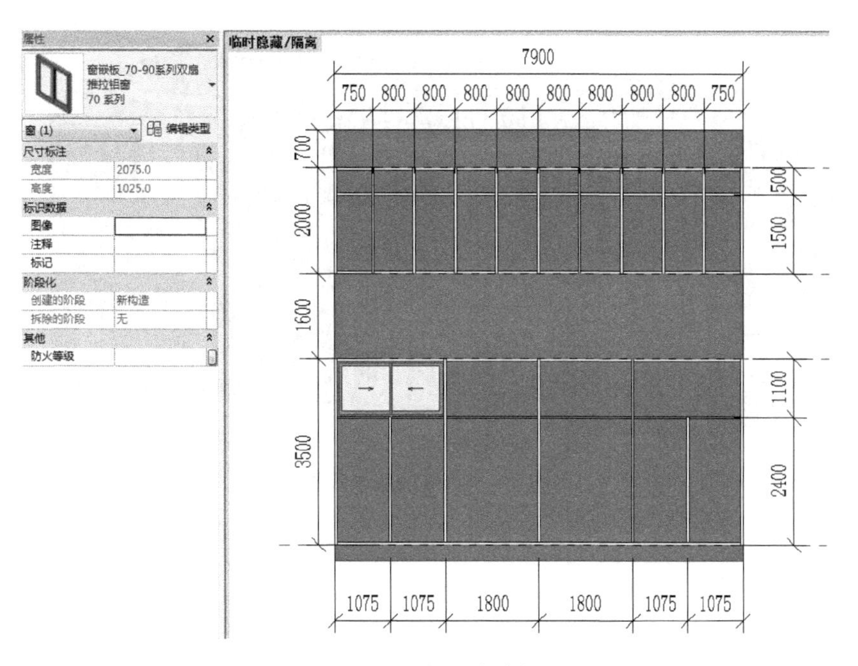

图 6－15　插入窗嵌板

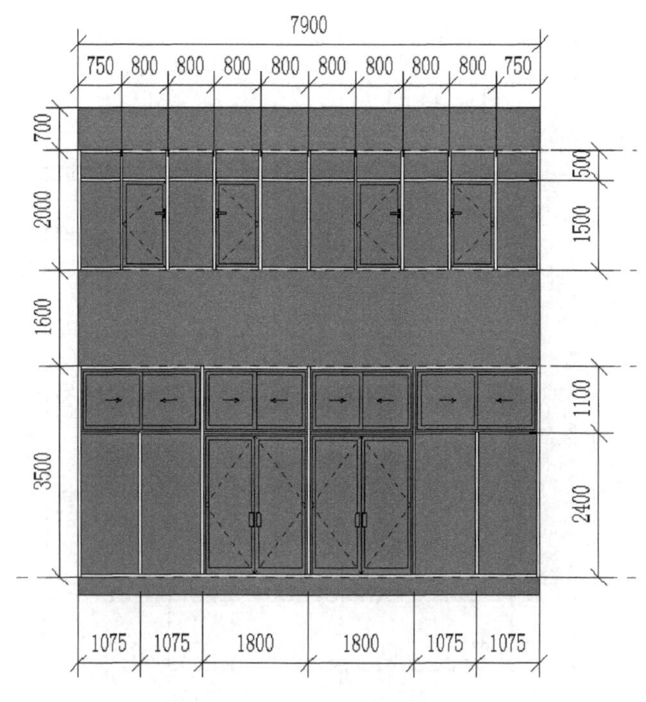

图 6-16 插入门、窗嵌板

图 6-17 幕墙整体效果

第 7 章

创 建 屋 顶

Revit 提供了多种创建屋顶的方法。如：迹线屋顶、拉伸屋顶、面屋顶、玻璃斜窗等。对于一些特殊造型的屋顶，也可以通过内建模型的工具来创建。

7.1 创建拉伸屋顶

下面利用拉伸屋顶命令创建入口区域的雨篷。

7.1.1 绘制屋顶

(1) 在“项目浏览器”中双击“楼层平面”|“标高 1”，打开标高 1 的视图。单击“建筑”选项卡，在“工作平面”面板中，执行“参照平面”命令，在图 7-1 的虚线显示位置中绘制 4 个参照平面。

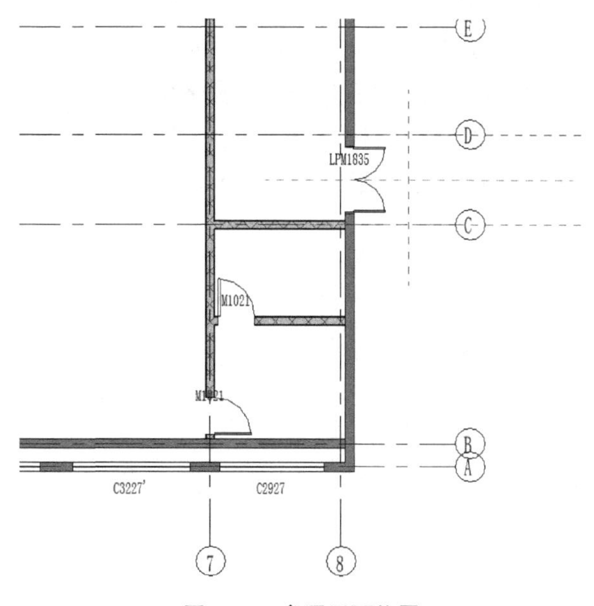

图 7-1 参照平面位置

(2) 单击“建筑”选项卡，在“构建”面板中，执行“屋顶”|“拉伸屋顶”命令，系统会弹出

“工作平面”对话框，提示指定新的工作平面，选择“拾取一个平面”，单击“确定”按钮，如图 7－2 所示。选择刚绘制的与 8 轴平行的参照平面，弹出“转到视图”对话框，选择“立面：东”，并单击“打开视图”按钮，如图 7－3 所示。

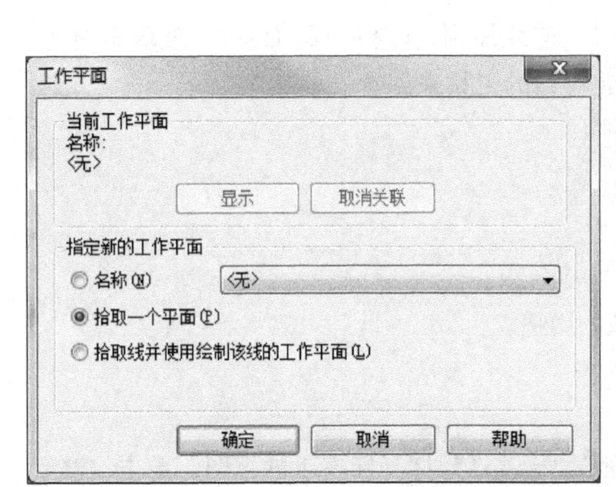

图 7－2 “工作平面”对话框

图 7－3 “转到视图”对话框

在弹出的“屋顶参照标高和偏移”对话框中，标高选择“4.2”，偏移值设置为“0”。

(3) 单击“绘制”面板中的“线”按钮，在属性对话框中单击“编辑类型”按钮，打开“类型属性”对话框，复制一个新的类型，命名为“屋顶-琉璃瓦”。单击“类型参数”中结构后的“编辑”，打开“编辑部件”对话框，将结构的材质改为“默认屋顶”，厚度修改为 125 mm，“表面填充图案”设置为“屋面|筒瓦”，按图 7－4 所示，绘制拉伸屋顶截面形状线。

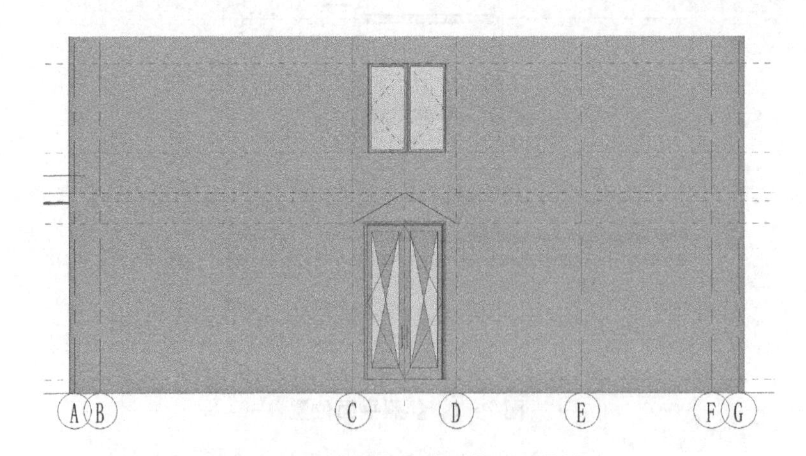

图 7－4 绘制拉伸屋顶截面形状线

7.1.2　修改屋顶

选择刚绘制完成的屋面，单击 View Cube 中的“上”，模型的俯视图如图 7-5 所示。将该屋顶的边缘拖拽到 8 轴墙体边缘，完成拉伸屋面的绘制（见图 7-6）。

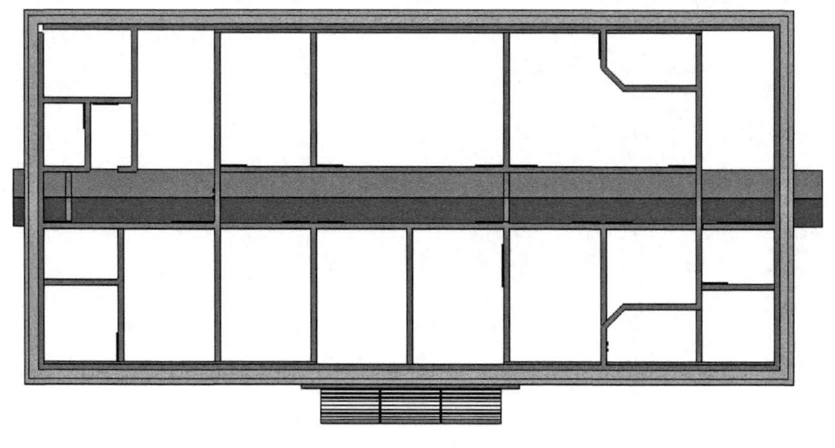

图 7-5　俯视图

图 7-6　完成拉伸屋面的绘制

7.2　创建多坡屋顶

下面使用“迹线屋顶”命令创建项目中三层的屋顶。

在“项目浏览器”中双击“楼层平面”|“12.6”，打开楼层平面视图。

单击“建筑”选项卡，在“构建”面板中执行“屋顶”|“迹线屋顶”命令，选择“屋顶-琉璃

瓦”,将属性对话框中的“基线”中的“范围:底部标高”设置为“12.6”,截断标高设置为“15.7”,截断偏移“-400”。

在“修改|创建屋顶迹线”上下文选项卡的“绘制”面板中选择“线”,在属性框中勾选“定义坡度”,取消勾选“链”,偏移值设置为“0”,如图7-7所示。单击“完成编辑模式”,完成屋顶边界线的绘制。

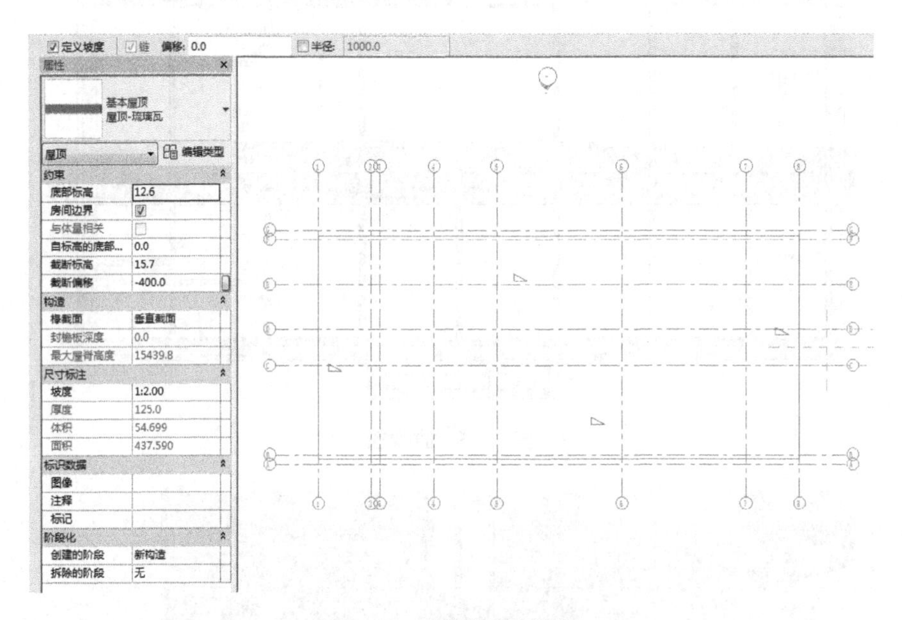

图7-7 迹线轮廓和设置

在属性对话框中将尺寸标注中的“坡度”改为“1∶2”。单击“完成编辑模式”,完成屋顶放坡段的绘制。如图7-8所示。

图7-8 屋顶放坡段

Revit 允许向草图中添加坡度箭头，“坡度箭头”可以指定坡度箭头头尾的高度，也可以使用属性输入坡度值。

选择屋顶，在“修改”|“屋顶”选项卡中的“模式”面板执行“编辑迹线”命令进入屋顶迹线编辑模式，执行“修改”面板中的“拆分图元”命令，在图 7－9 所示位置拆分图元，并取消勾选相关迹线的“定义坡度”。

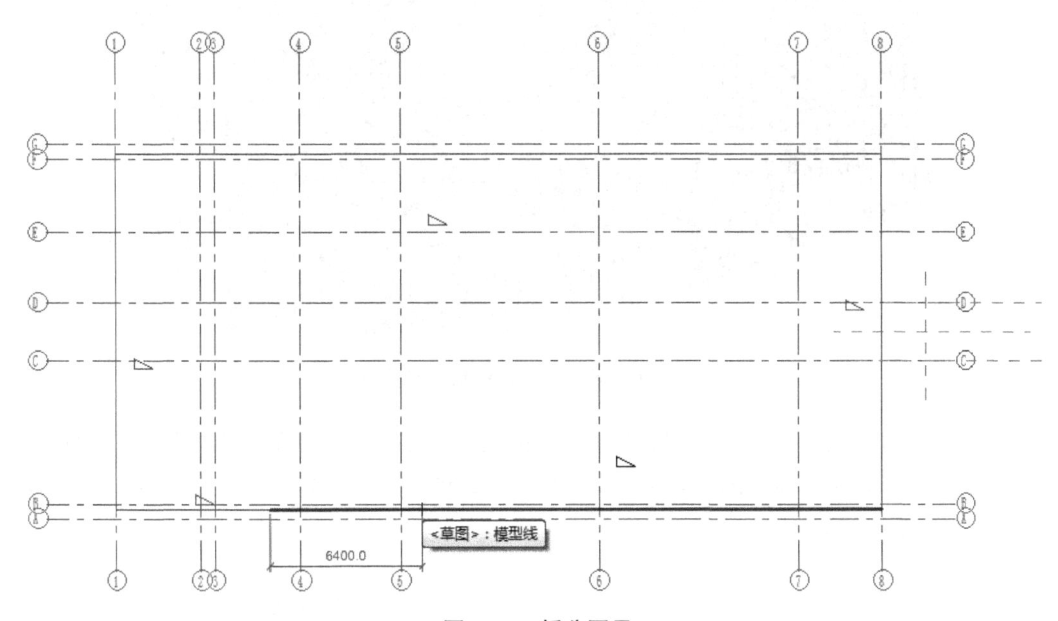

图 7－9　拆分图元

单击“修改|屋顶”|“编辑迹线”|“绘制”面板中的“坡度箭头”按钮，如图 7－10 所示，绘制两条坡度线，坡度线“头高度偏移”设置为“2 000”。坡度箭头绘制前后屋顶的变化如图 7－11 所示。

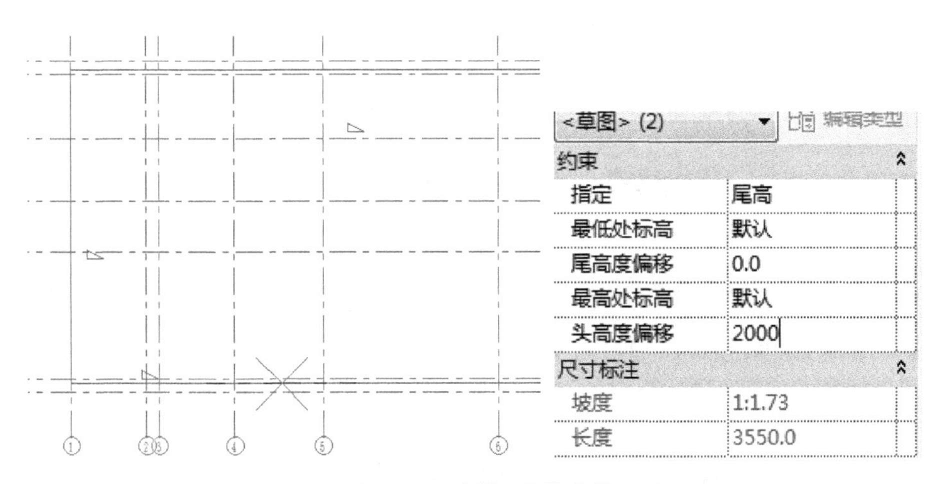

图 7－10　绘制两条坡度线

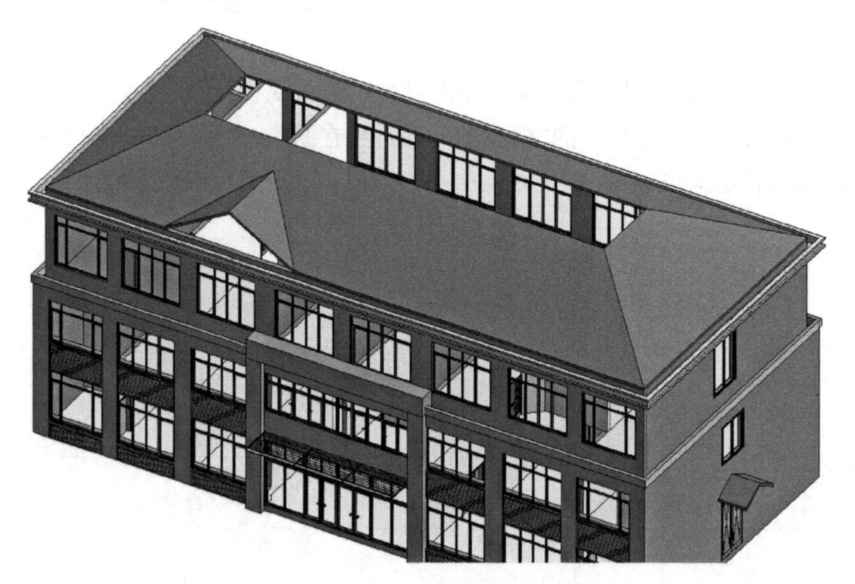

图 7-11　坡度箭头绘制后屋顶变化

双击屋顶,进入屋顶编辑状态,去除坡度箭头。单击“楼层平面：15.7”,把属性栏中的“视图范围”调整为“底部偏移：−300”,“视图深度-标高偏移：−300”,如图 7-12 所示。显示出屋顶模型。

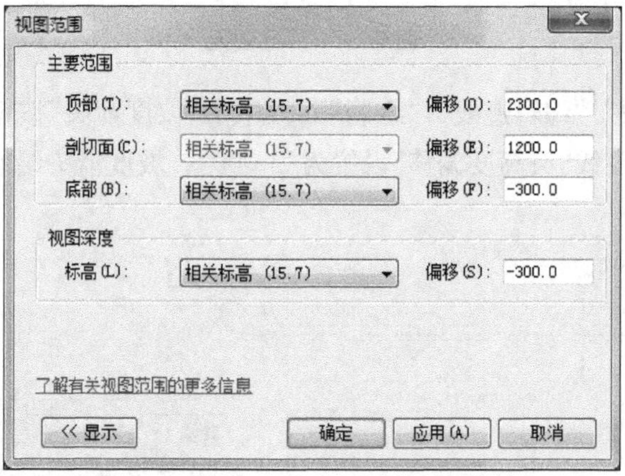

图 7-12　视图范围调整

单击“建筑|屋顶|迹线屋顶”,在属性栏中单击“编辑类型”按钮,创建水平屋顶结构类型。执行“绘制|边界线|矩形”命令,取消选中“定义坡度”,在属性栏中设置“底部标高：15.7”,“自标高的底部偏移：−400”,在平面图中绘制平屋顶部分的边界,如图 7-13 所示。

单击“插入”菜单,执行“从库中载入”|“载入族”命令,依次选择“结构”|“框架”|“混凝土”|“混凝土矩形梁”并打开,向项目文件内载入矩形梁族。

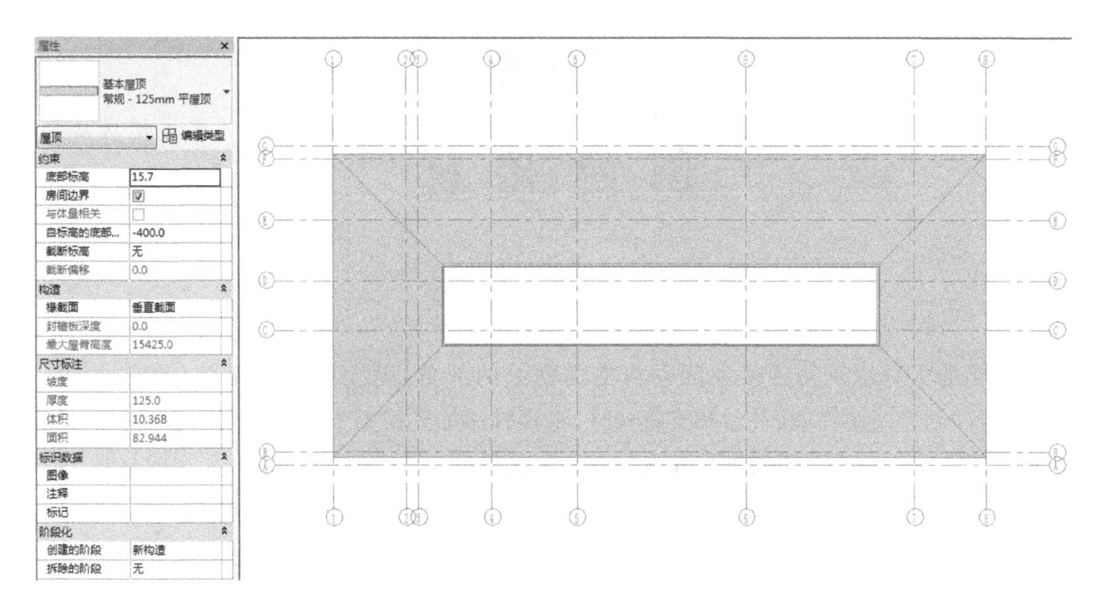

图 7－13　绘制平屋顶

单击“结构”菜单，选择“梁”，在属性栏里选择矩形梁后，编辑类型，将梁截面修改为 120 mm×400 mm。依次连接平屋顶边界后确认，完成屋顶绘制。效果如图 7－14 所示。

图 7－14　完成屋顶绘制

第 8 章

创 建 楼 梯

楼梯是负责建筑物各楼层间垂直交通联系的部分，是楼层人流疏散必经的道路。Revit 通过创建通用梯段、平台和支座构件，将楼梯添加到模型中。创建大多数楼梯时，可在楼梯部件编辑模式下添加常见和自定义绘制的构件。

8.1 创建室内楼梯

3～4 轴线间楼梯的具体绘制步骤如下：

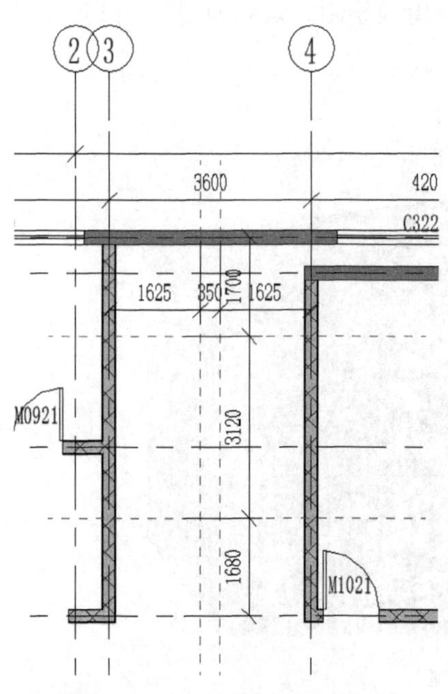

图 8-1 绘制楼梯间的参照平面

（1）进入“标高 1”视图，单击“建筑”选项卡，在“楼梯坡道”面板中执行“楼梯”命令，在类型选择器下拉列表中选择“组合楼梯 190 mm 最大踢面 250 mm 梯段”类型。

（2）绘制参照平面，单击“工作平面”面板中的“参照平面”按钮，按照图 8-1 所示的尺寸定位来绘制参照平面。

（3）在实例属性对话框中，设置“底部标高”为“标高 1”，“顶部标高”为“4. 2”，“所需踢面数”为“26”，“实际踏板深度”为“260”。单击“构件”面板中的“梯段”|“直梯”，在选项栏中选择定位线为“梯段：右”，设置“实际梯段宽度”为“1 505”，勾选“自动平台”前的复选框，如图 8-2 所示。

（4）移动光标至右下角起点位置，单击该点作为楼梯第一跑的起点位置，向上移动光标至参照平面右上角交点位置，下方出现灰色显示“创建了 13 个踢面，剩余 13 个”的提示字样和蓝色的临时尺寸。单击捕捉该交点，作为第一跑终点位置，软件自动绘制了第一跑的踢面。

（5）移动光标到左上角参照平面与墙体的交点位置，单击捕捉作为第二跑的起点位置，向下移动光标到参照平面端点外，下方出现灰色，显示“创建了 13 个踢面，剩余 0 个”

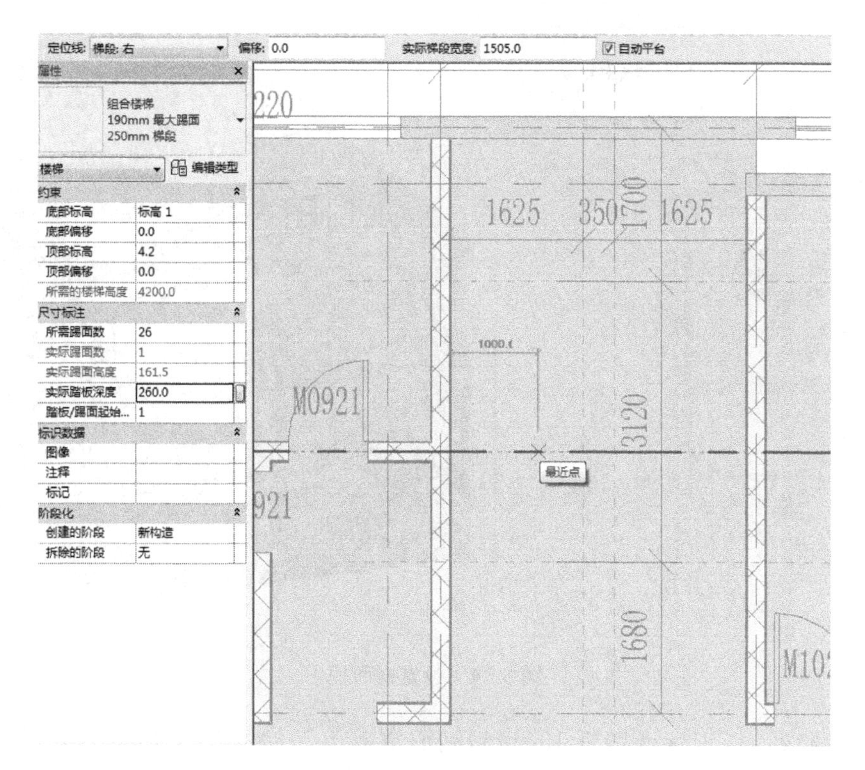

图 8-2　设置楼梯

的提示字样和蓝色的临时尺寸，单击捕捉该交点，软件会自动创建休息平台和第二跑楼梯。

(6) 分别选中梯段和平台，利用"造型操纵柄"微调平台及梯段宽度，使其与墙体内侧边界重合，如图 8-3 所示，单击"完成编辑模式"按钮，完成楼梯的绘制。

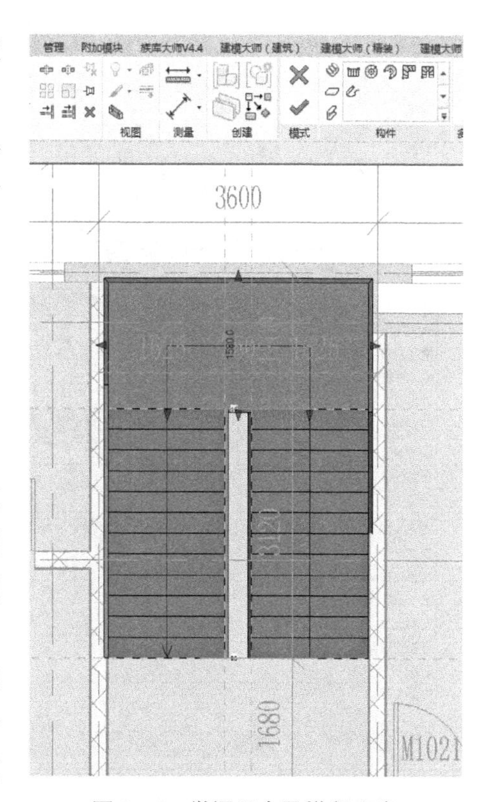

图 8-3　微调平台及梯段宽度

8.2　剖面框的应用

在完成楼梯绘制后，把界面切换到"默认三维视图"，选中属性栏中"范围"|"剖面框"，将剖面框移动至剖切的楼梯间，如图 8-4 所示。同时，删除楼梯的外侧栏杆。

选中楼梯，单击"编辑类型"按钮，打开"类型属性"对话框，在"类型属性"对话框中单击"构造"|"梯段类型"后的隐藏按钮，并打开该梯段类型的"类型属性"对话框，复制一个新的

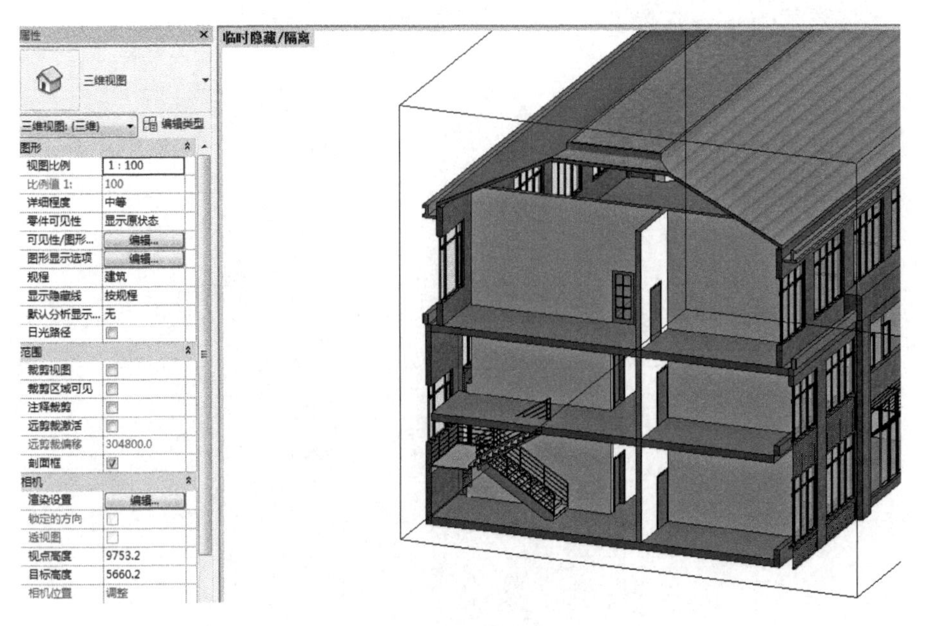

图 8-4　设置剖面框

类型，并重命名为“50 mm 踏板 13 mm 踢面-混凝土”，如图 8-5 所示。分别单击“踏板材质”“踢面材质”后的隐藏按钮，将材质设置为“混凝土-现场浇筑混凝土”。如图 8-6 所示。

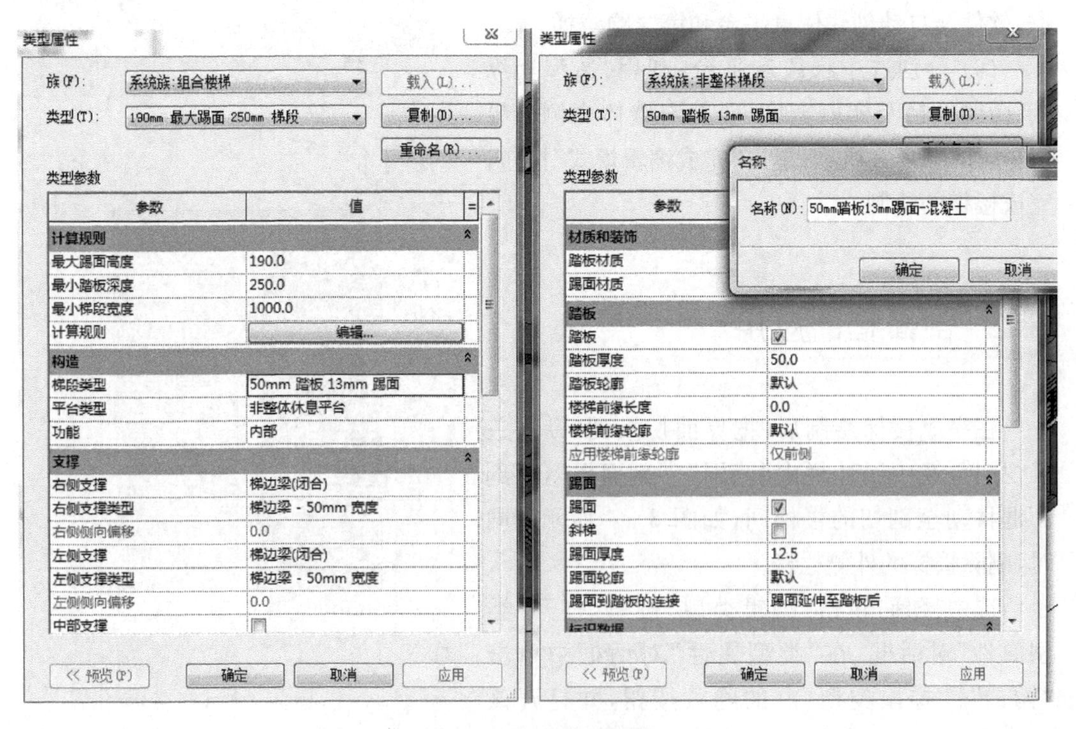

图 8-5　梯段类型属性

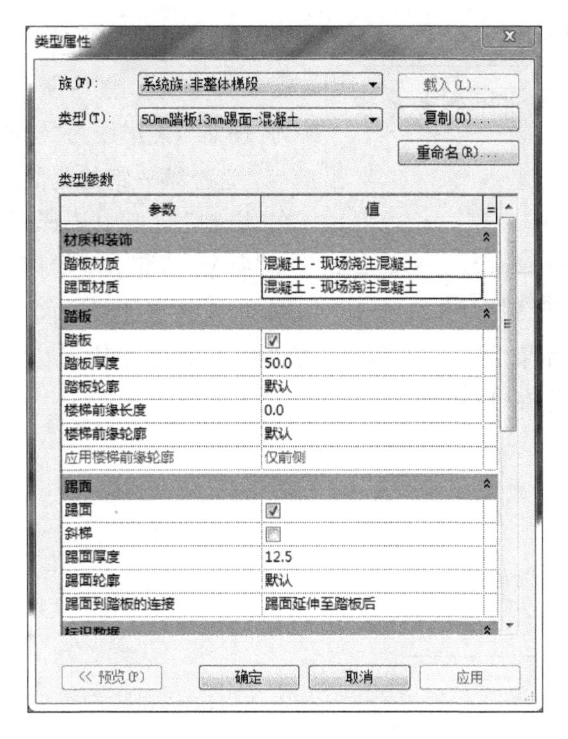

图 8-6　设置梯段材质

8.3　编辑室内楼梯

单击“楼层平面：标高 1”，进入平面视图。选中 3～4 轴线间的楼梯，单击“修改”|“复制”按钮，捕捉基点后向右移动至 7～8 轴线间合适位置后，单击鼠标放置楼梯。选中 7～8 轴线间楼梯，单击属性栏，切换为整体现浇楼梯，调整“属性-尺寸标注-所需梯面数：26”，调整“属性-尺寸标注-实际踏板深度：260”。

在 7～8 轴线中间绘制参照平面，利用“修改-移动”命令，设置楼梯居中对正。双击楼梯，进入编辑模式，如图 8-7 所示。分别利用梯段和平台的“造型操纵柄”调整梯段和平台的尺寸，和四周墙体对齐。

双击楼梯，选中 8 号轴线侧梯段，单击“修改”|“工作平面”|“转换”按钮，将该梯段转换为草图模式。此时将弹出提醒，如图 8-8 所示。确认本转换操作不可逆，单击“关闭”，完成转换，此时该梯段的“造型操纵柄”消失。

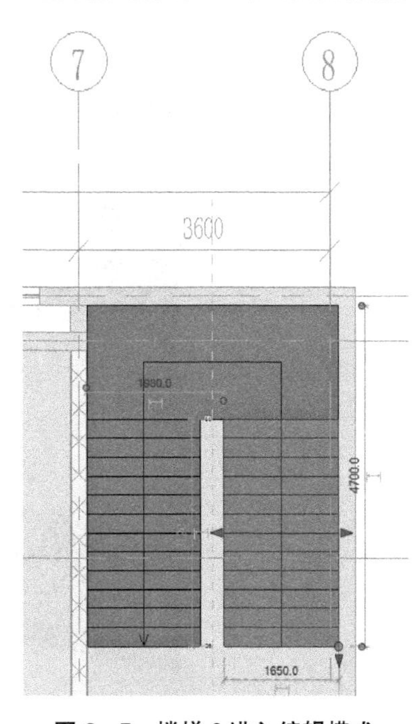

图 8-7　楼梯 2 进入编辑模式

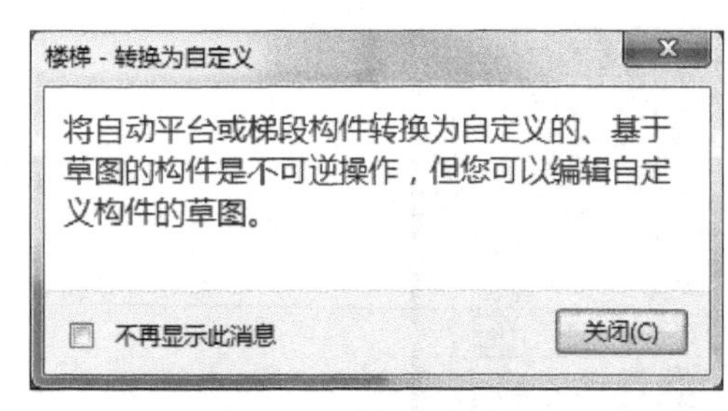

图 8-8　楼梯转换提醒

双击该梯段，进入“草图编辑模式”，如图 8-9 所示。图中灰色线为“边界”，黑色线为“踢面”，黑虚线为“楼梯路径”。

选择第一跑的踢面线，按 Delete 键删除，在“绘制”面板中选择“踢面”，执行“三点画弧”命令，捕捉水平参照面左右两边的踢面线端点，再捕捉弧线中间的一个端点，绘制一段圆弧，复制该圆弧踢面，如图 8-10 所示。在“模式”面板中执行“完成楼梯”命令，即可创建圆弧踢面楼梯，如图 8-11 所示。

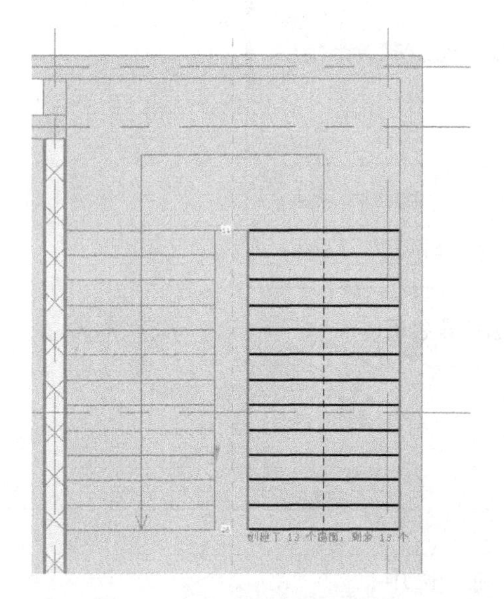

图 8-9　进入“草图编辑”模式

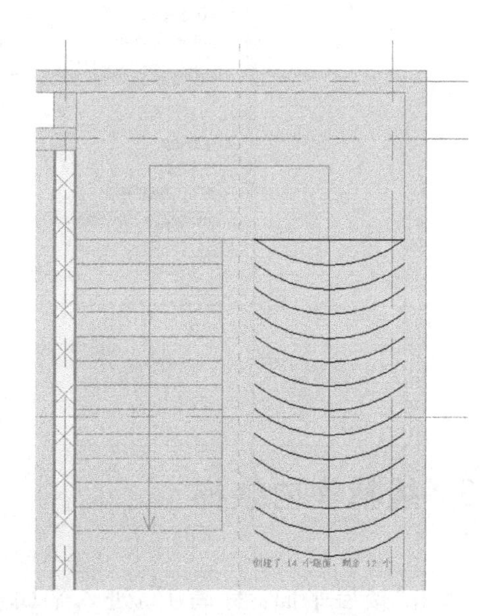

图 8-10　复制楼梯踢面

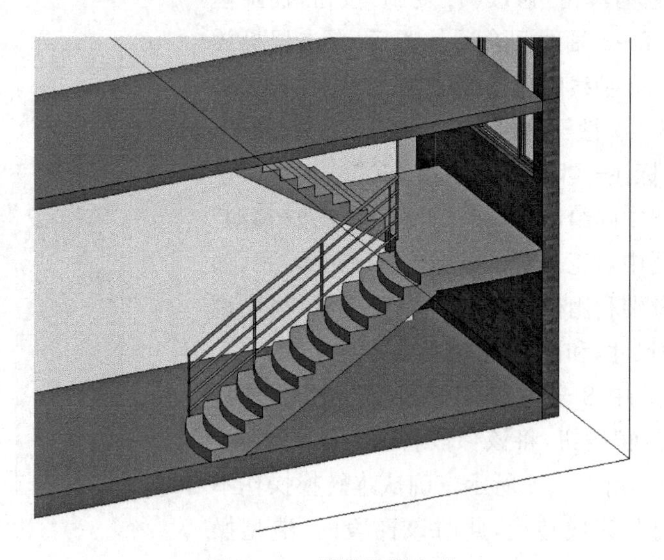

图 8-11　楼梯编辑完成

8.4　多层楼梯的应用

在“项目浏览器”中双击“楼层平面”选项下的“标高 1”，打开首层平面视图。选择一层的楼梯，单击“修改”|“多层楼梯”|“连接标高”，弹出“转到视图”对话框，如图 8-12 所示。选中“立面：北”确定，转到北视图，如图 8-13 所示。

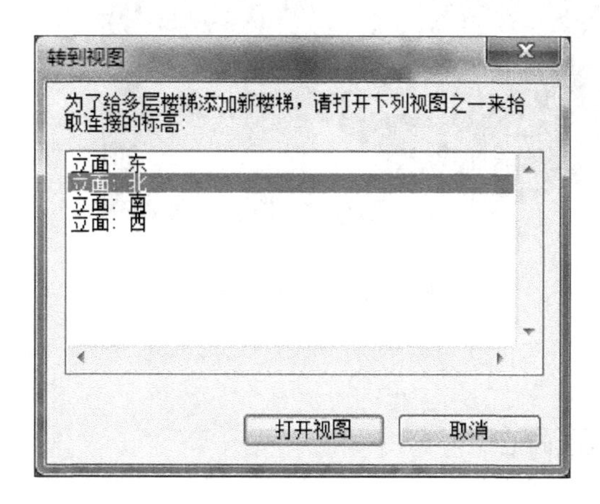

图 8-12　转到视图

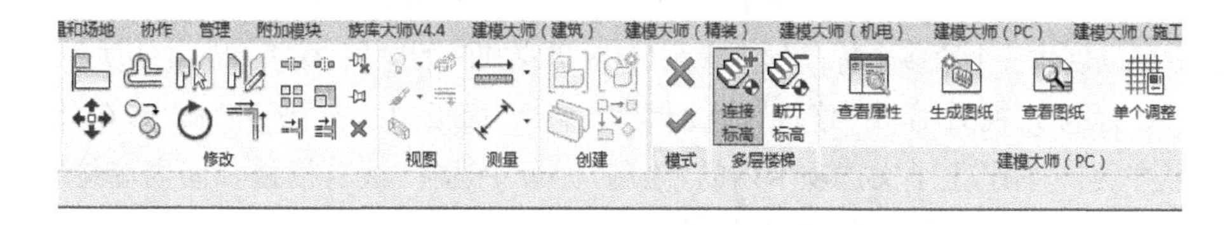

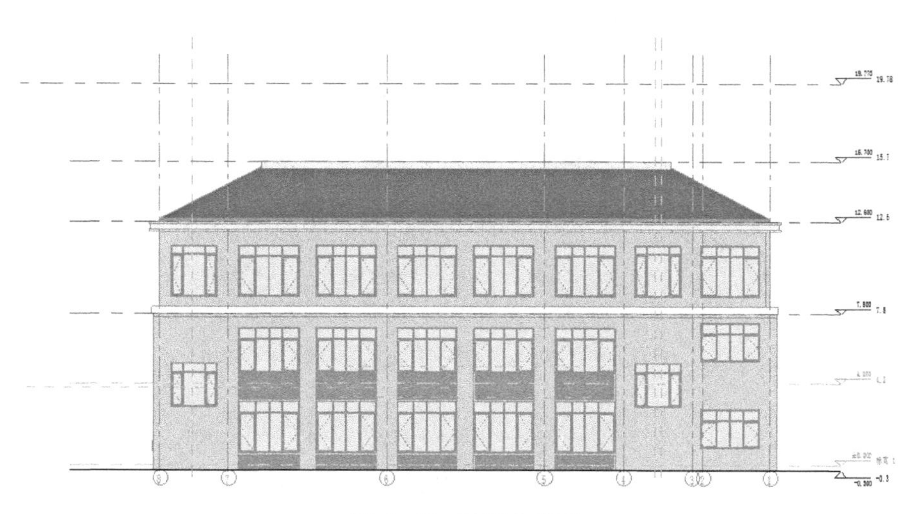

图 8-13　转到北视图

按住 Ctrl 键，选择要连接的标高“7.8”，完成编辑。效果如图 8-14 所示。采用相同的做法，完成 7～8 轴线间二楼楼梯的创建。

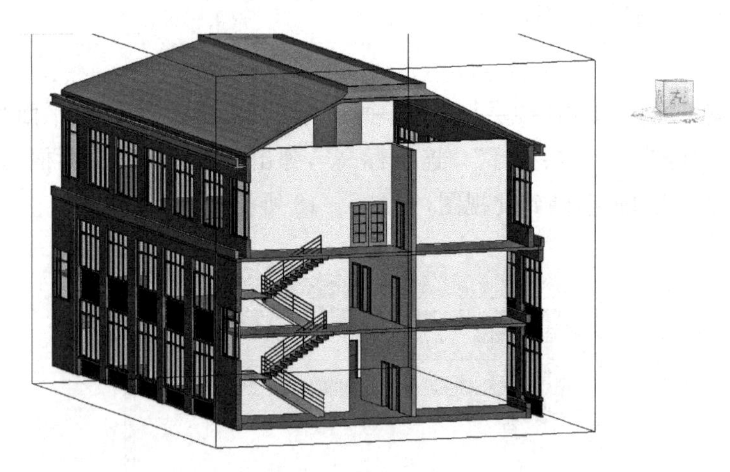

图 8-14 完成多层楼梯

8.5 创建楼梯间洞口

根据绘制完成楼梯的情况，楼梯在二层楼板处不可见，须在楼梯间开设洞口。使用“竖井”命令可以创建一个跨多个标高的垂直洞口，对贯穿其间的屋顶、楼板和天花板进行剪切。

进入“标高 1”视图，单击“建筑”选项卡，在“洞口”面板中执行“竖井”命令，在“修改”|“创建竖井洞口草图”上下文选项卡内的“绘制”面板中选择“线”，沿楼梯间内墙绘制一个多边形，单击“完成编辑模式”，完成竖井绘制。相关设置如图 8-15 所示。

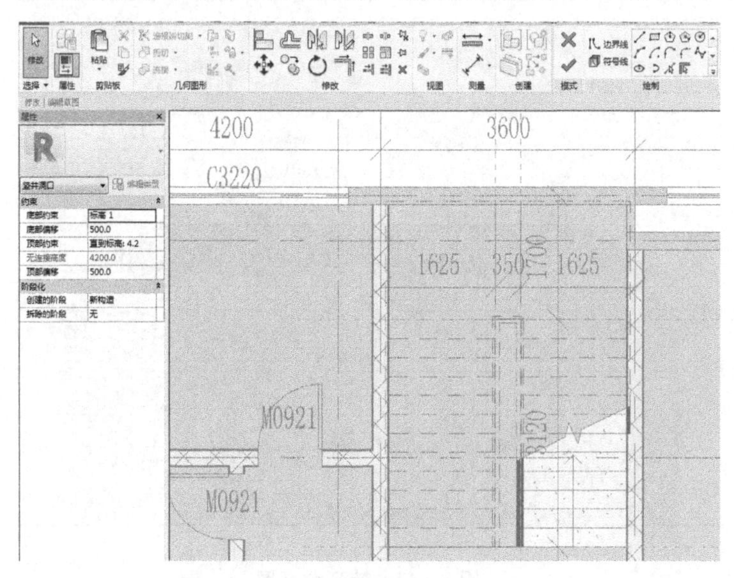

图 8-15 首层楼梯间“竖井”

进入标高“4.2”视图，单击“建筑”选项卡，在“洞口”面板中执行“竖井”命令，在“修改”|“创建竖井洞口草图”上下文选项卡内的“绘制”面板中选择“线”，沿楼梯间内墙绘制一个多边形，单击“完成编辑模式”完成竖井绘制。相关设置如图 8－16 所示。

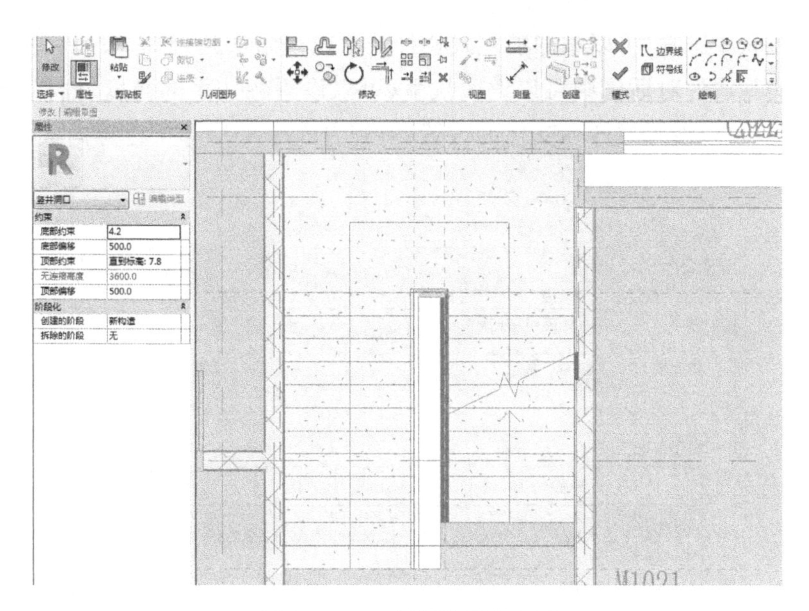

图 8－16　二层楼梯间“竖井”

竖井创建完成后的效果如图 8－17 所示。

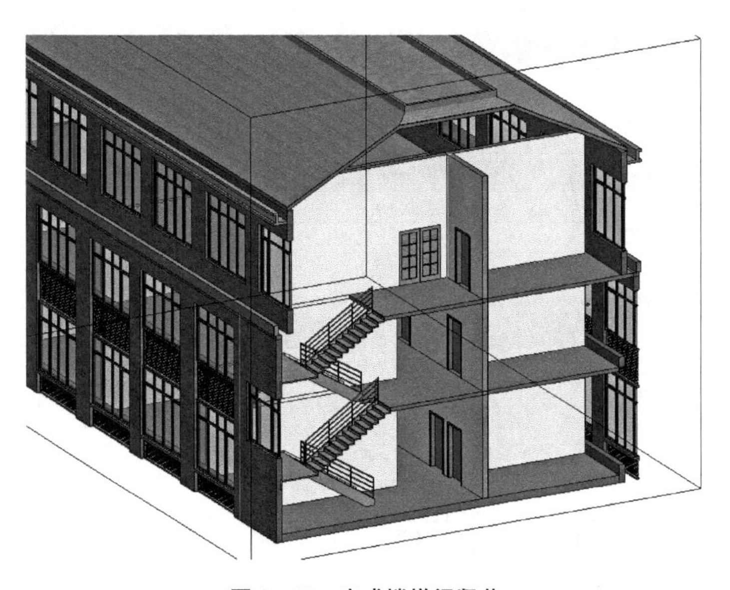

图 8－17　完成楼梯间竖井

8.6 编辑室内楼梯的栏杆扶手

使用栏杆扶手工具，可以添加独立式栏杆扶手或是附加到楼梯、坡道和其他主体上。在栏杆扶手类型属性对话框中可以编辑扶手（可以设置各扶手的高度、偏移、轮廓、材质等）、栏杆位置（可以设置栏杆和支柱的位置、对齐方式等）、顶部扶栏等内容，如图 8－18 所示。

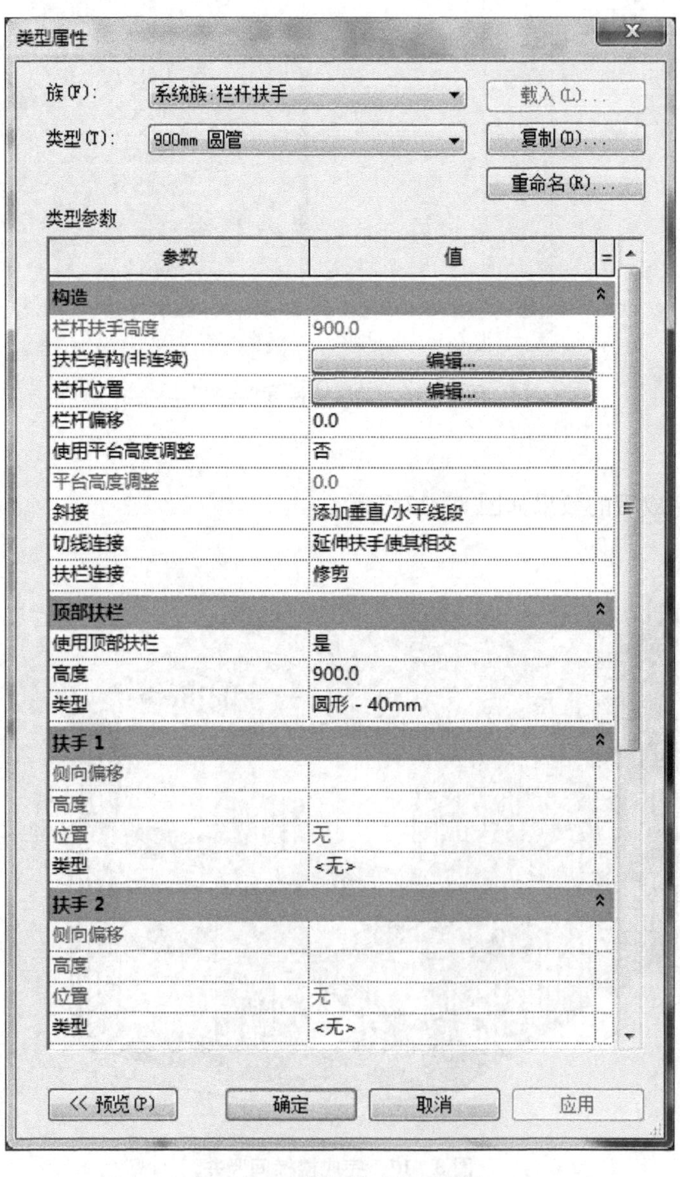

图 8－18　栏杆扶手类型属性

在图 8 - 18 类型属性对话框中单击“顶部扶栏”类型右侧的隐藏按钮，在新打开的“类型属性”对话框中复制重命名为“顶部扶栏类型文件”。

在“顶部扶栏类型文件”的类型属性对话框中，将“延伸(起始/底部)”的“延伸样式”设置为“无”，“长度”设置为“0”；将“延伸(结束/顶部)”的“延伸样式”设置为“无”，“长度”设置为“0”；“轮廓”设置为“椭圆形扶手：40×30 mm”；“材质”设置为“胡桃木”，如图 8 - 19 所示。楼梯编辑的整体效果如图 8 - 20 所示。

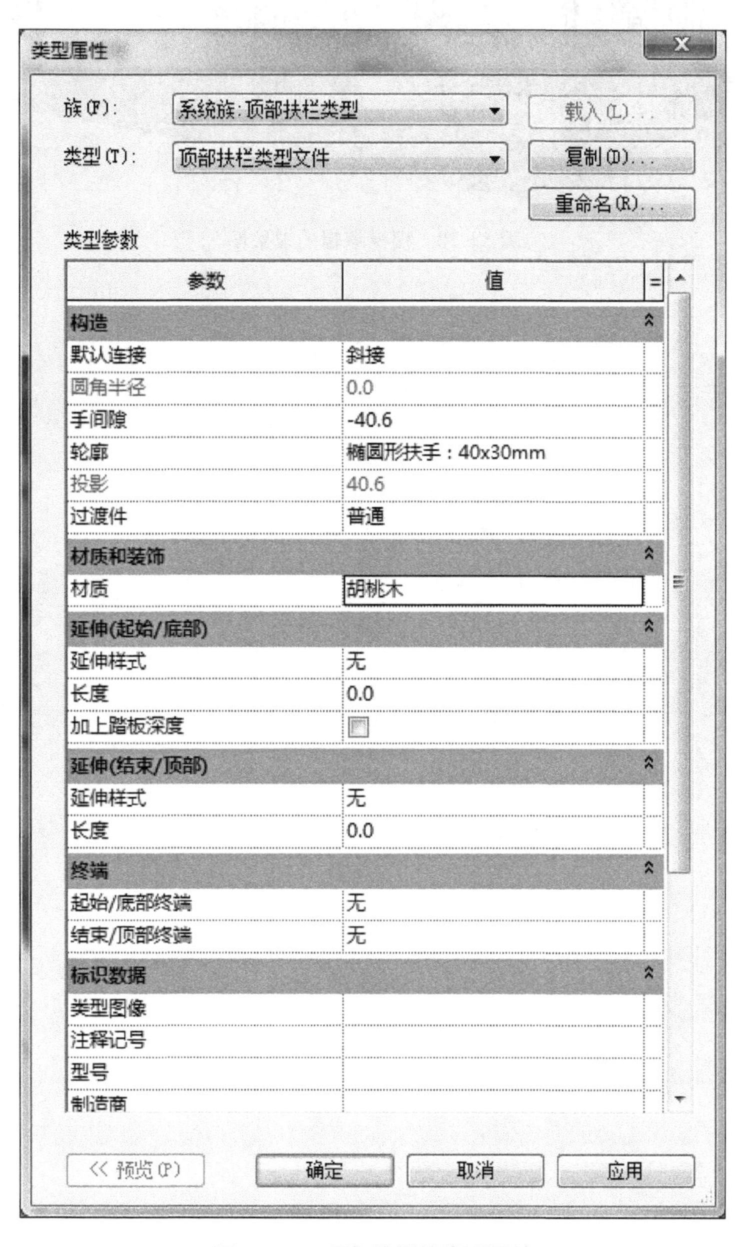

图 8 - 19　顶部扶栏的类型属性

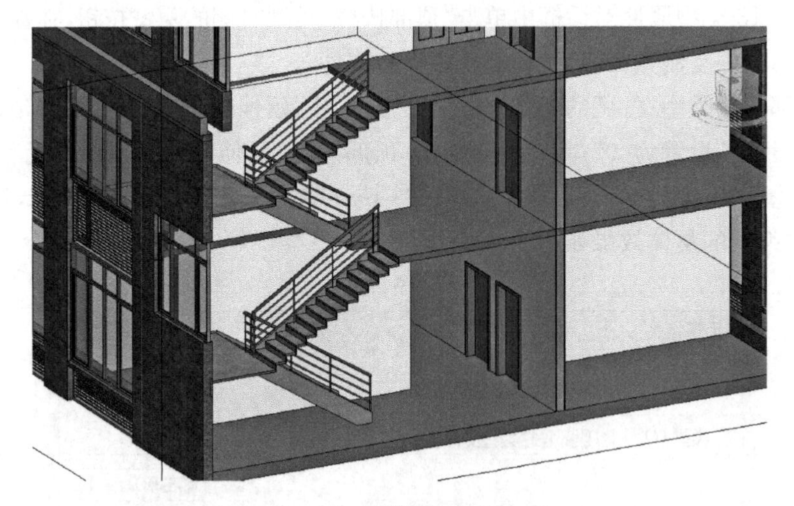

图 8-20　楼梯编辑的效果图

第 9 章

创建台阶和坡道

台阶和坡道属于建筑的垂直交通设施，用于连接室外和室内不同标高的楼面、地面，其中台阶是供人行的阶梯式交通道，坡道是供人行或车行的斜坡式交通道。本章主要学习台阶和坡道的绘制。

9.1 创建室外台阶

创建大门位置处的入户台阶。执行“建筑-楼梯坡道-楼梯”命令，根据图 9-1 所示，设置相关属性。

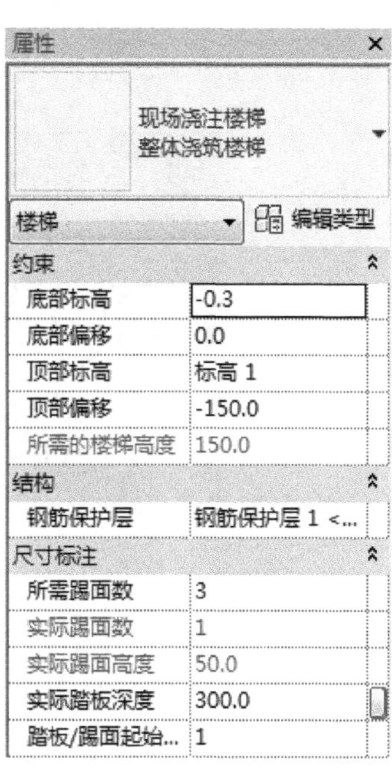

图 9-1　入户台阶属性设置

在 5～6 轴线间绘制梯段。复制该梯段并移至 $1/C-1/D$ 和 $8/C-8/D$ 之间。利用“修改”|“旋转”命令调整梯段的方向。

选中 5～6 轴线间的梯段，调整距离门外边线的临时标注为 1 800，如图 9-2 所示。利用“造型操纵柄”调整梯段宽度至合适位置，如图 9-3 所示。用同样的方法来调整其他两个室外梯段，如图 9-4 所示。

删除室外台阶的栏杆扶手，执行“建筑-楼板-楼板：建筑”命令，在合适位置布置室外台阶的平台，如图 9-5 所示。室外台阶的效果如图 9-6 所示。

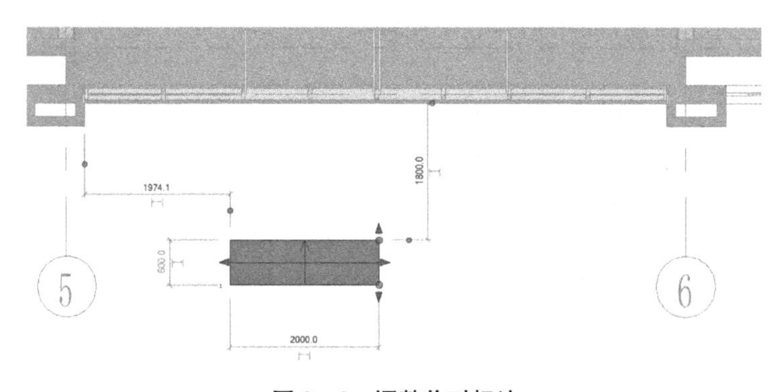

图 9-2　调整临时标注

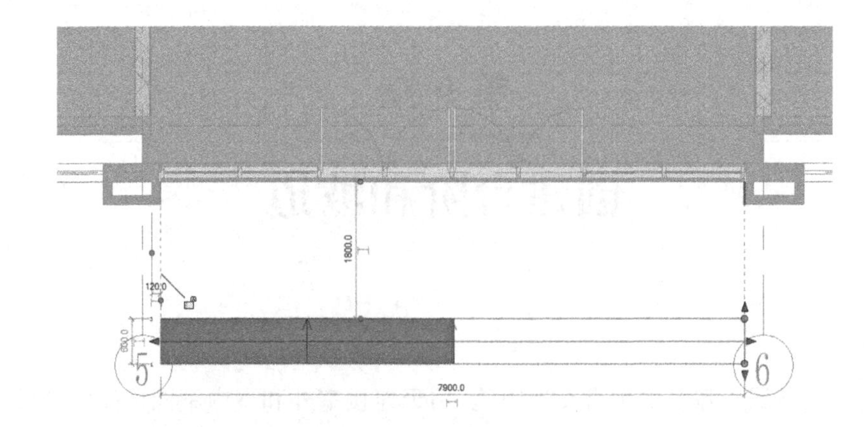

图 9－3 调整梯段宽度

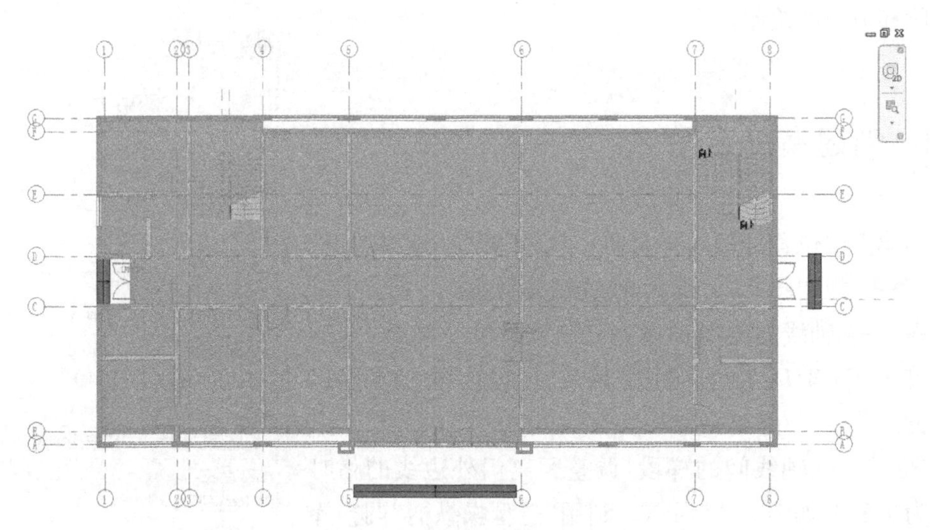

图 9－4 调整梯段位置和尺寸

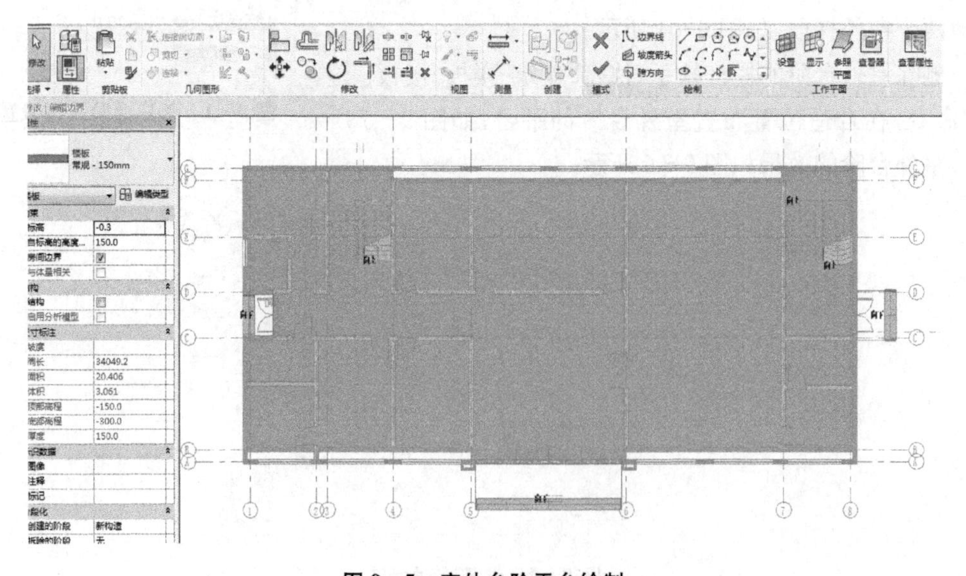

图 9－5 室外台阶平台绘制

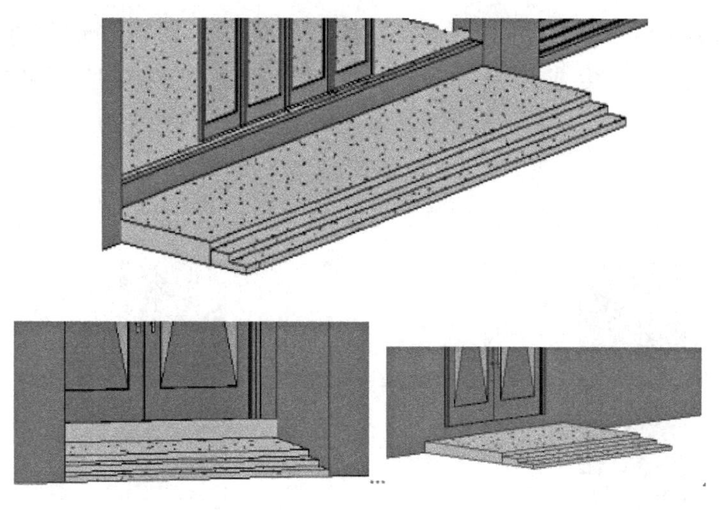

图 9－6　室外台阶

9.2　创建室外楼梯

进入“标高 1”视图，单击“建筑”选项卡，在“楼梯坡道”面板中执行“楼梯”命令，在类型选择器下拉列表中选择“整体浇筑楼梯”。在属性对话框中，将“底部标高”设置为“标高 1”，“顶部标高”设置为“标高 1”，“顶部偏移”设置为“650”，“所需踢面数”设置为“4”，“实际踏板深度”设置为“280”，选项栏中将“实际梯段宽度”设置为“2 000”，勾选“自动平台”。如图 9－7 所示。

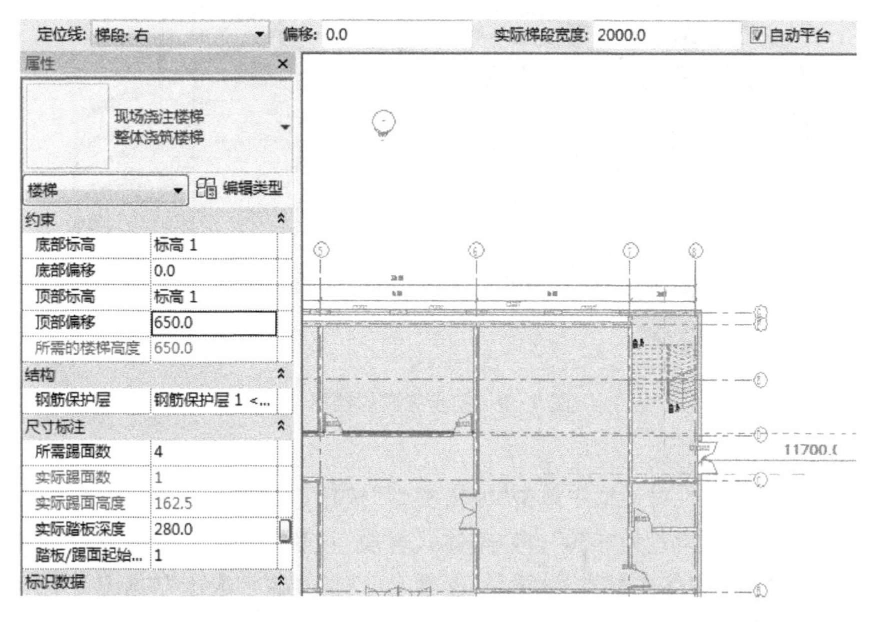

图 9－7　室外楼梯设置

通过“梯段”命令绘制第一段梯段，选择绘制好的梯段，执行“镜像”|“绘制轴”命令，绘制参照平面，生成另一梯段，修改两梯段之间的临时标注为“2 800”如图 9-8 所示。

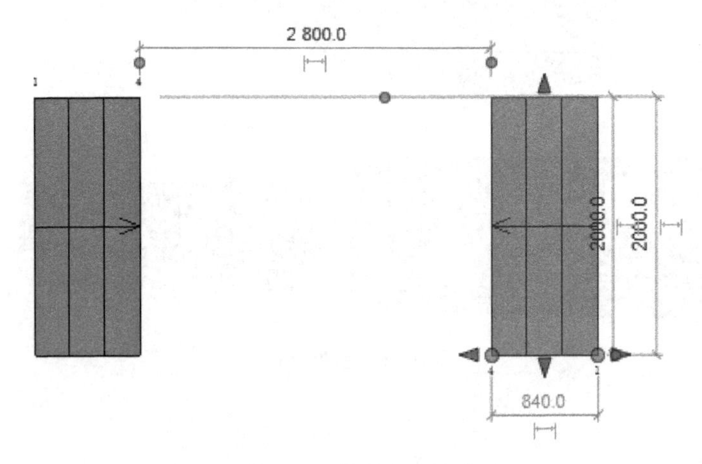

图 9-8　绘制室外楼梯

在“修改”|“创建楼梯”上下文选项卡内的“构件”面板中执行“平台”|“拾取两个梯段”命令，拾取两个梯段，单击“完成编辑模式”，自动生成楼梯、平台及栏杆。初步完成的楼梯如图 9-9 所示。

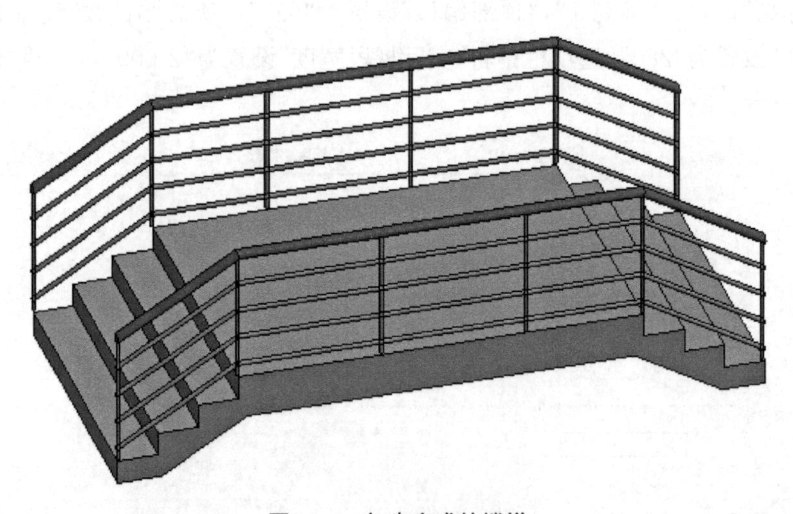

图 9-9　初步完成的楼梯

选中该楼梯，在属性对话框中单击“编辑类型”按钮，将“类型属性”对话框中的“平台类型”中的“整体厚度”设置为“650”；将“整体式材质”设置为“混凝土-现场浇筑混凝土”；在“梯段类型”中，将“整体式材质”设置为“混凝土-现场浇筑混凝土”（见图 9-10）。完成绘制后的效果如图 9-11 所示。

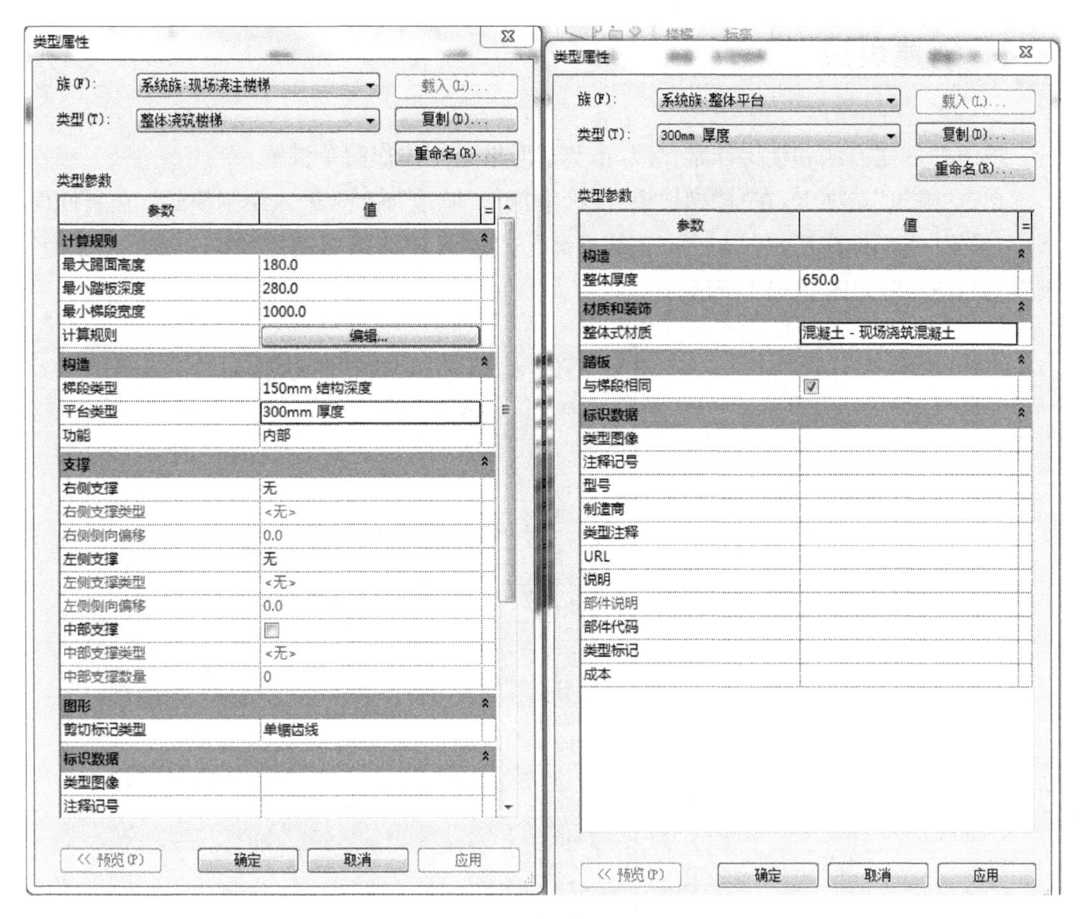

图 9 - 10　楼梯属性编辑

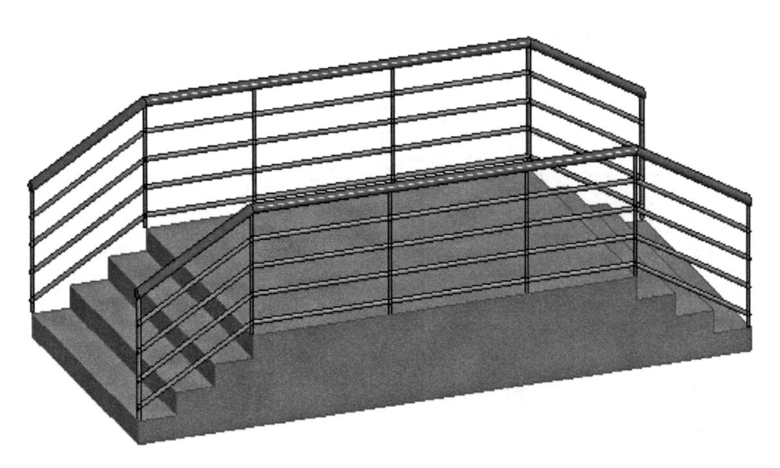

图 9 - 11　绘制完成后的室外楼梯

9.3　创建坡道

坡道的创建方法和楼梯非常相似，本节仅对坡道创建作简单讲解。

单击“建筑”选项卡，在“楼梯坡道”面板中执行“坡道”命令，进入绘制模式：在属性面板中，设置“底部标高”为“－0.3”，“顶部标高”为“标高1”，“顶部偏移”为“－150”，“宽度”设置为“1 500”，如图9－12所示。

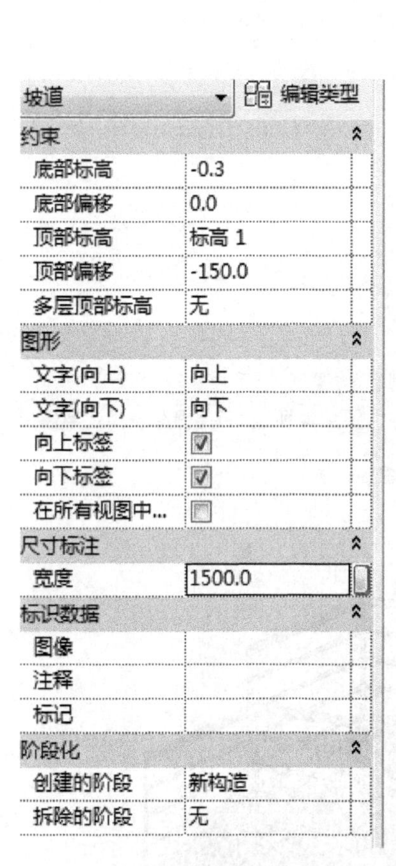

图9－12　坡道属性设置

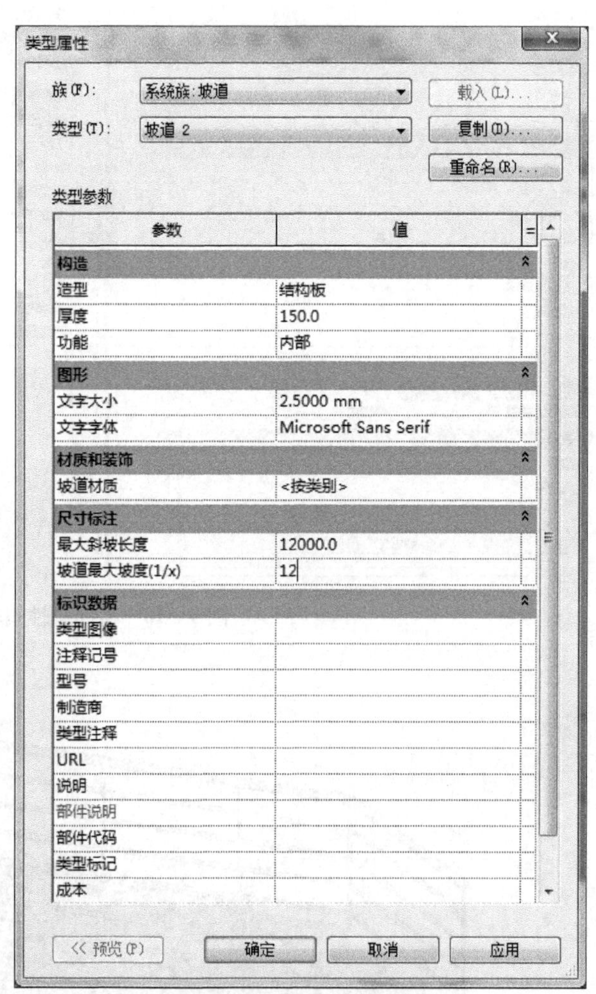

图9－13　坡道类型属性设置

单击“编辑类型”按钮，打开“类型属性”对话框，设置“造型”为“结构板”，坡道最大坡度设置为“12”，如图9－13所示。

单击“工具”面板中的“栏杆扶手”按钮，设置“栏杆扶手”类型为“无”，如图9－14所示。

图 9-14　坡道扶手设置

执行"绘制"面板中的"梯段"命令，选择"线"，移动光标到绘图区域，从上到下拖拽光标绘制坡道梯段，单击"完成编辑模式"按钮，创建坡道，单击"向上翻转楼梯的方向"箭头，调整坡道方向。创建的坡道如图 9-15 所示。

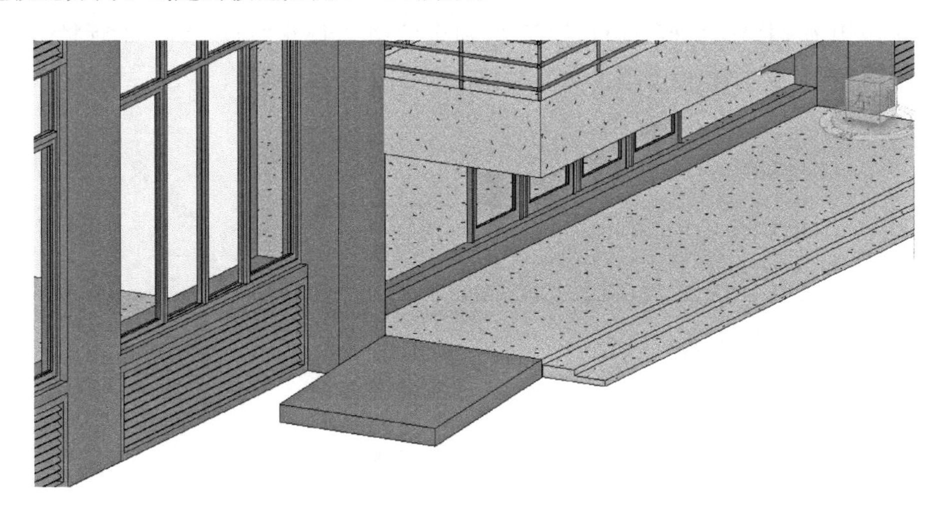

图 9-15　坡道绘制完成

第 10 章

创建结构模型

在 BIM 技术的应用中，结构建模是其中至关重要的一环。结构建模不仅能够提高设计的准确性和协调性，还能在施工阶段提供可靠的数据支持，从而减少误差和浪费。通过精确的结构建模，工程师和设计师能够提前识别和解决潜在问题，确保建筑物的安全性和可持续性。

10.1 创建项目文件

双击应用程序按钮，执行“项目”|“新建”命令，系统会跳出“新建项目”对话框，然后选择“结构样板”，完成“结构模型项目文件”的新建，如图 10－1 所示。

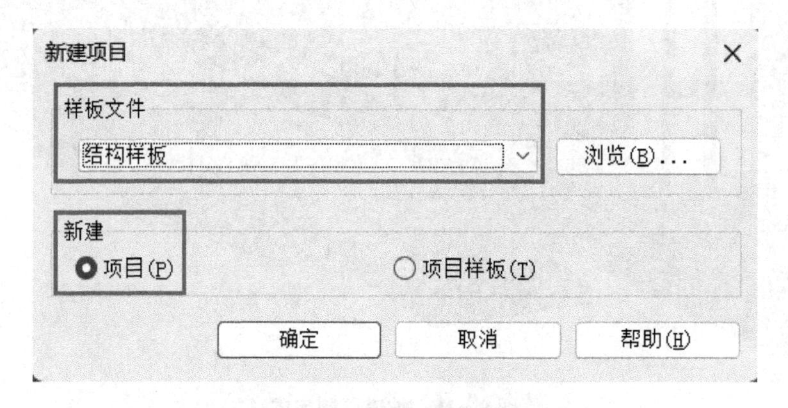

图 10－1　新建结构模型项目文件

10.2 结构楼层标高的创建

结构楼层标高的创建可以参考建筑楼层标高的创建方法，在这里不再详细讲解，绘制结果如图 10－2 所示。

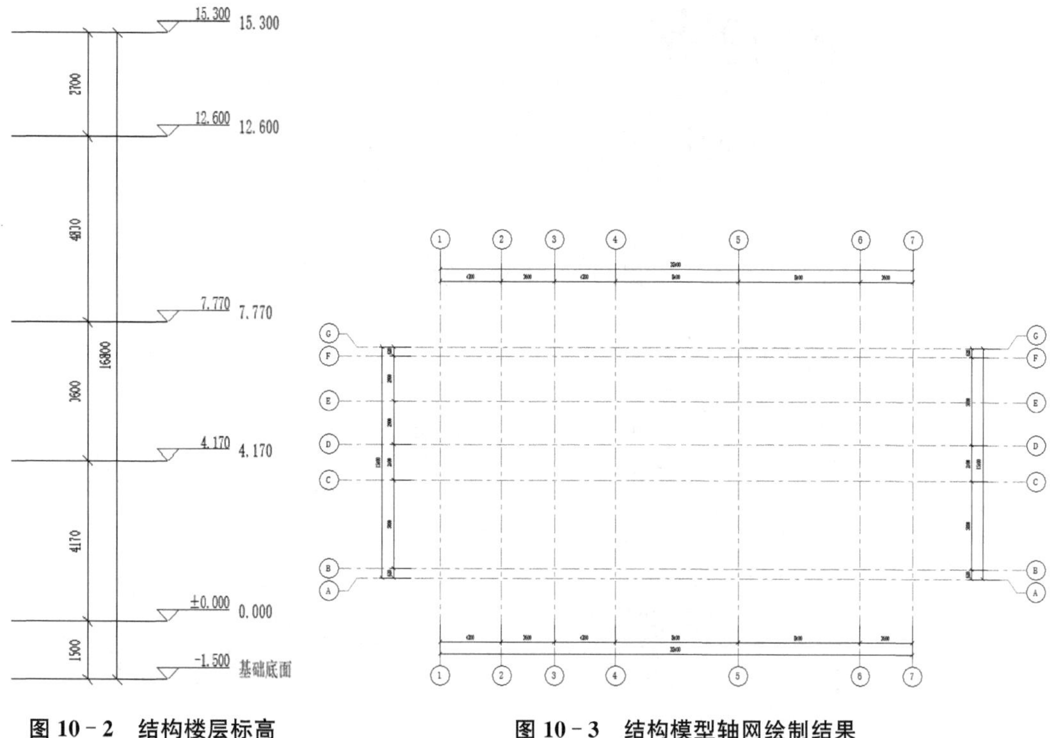

图 10－2　结构楼层标高绘制结果

图 10－3　结构模型轴网绘制结果

10.3　轴网的创建

结构模型轴网的创建可以参考建筑模型轴网的创建方法，在这里不再详细讲解，绘制结果如图 10－3 所示。

10.4　结构柱的创建

结构柱的绘制

（1）在项目浏览器中打开“±0.000 平面视图”。

（2）在“结构”选项卡下执行“结构”面板中的“结构柱”命令，进入“修改”|“放置结构柱”选项卡，如图 10－4 所示。

（3）在“属性栏”中执行“编辑类型”命令，打开“类型属性”对话框，再单击“复制”按钮，完成“KZ1_500X620_C30”结构柱的类型新建，修改“类型参数”列表中的“尺寸标注——b、h 参数值”，完成结构柱的新建，如图 10－5 所示。并同时完成其他柱类型的新建操作。

图 10－4　创建结构柱

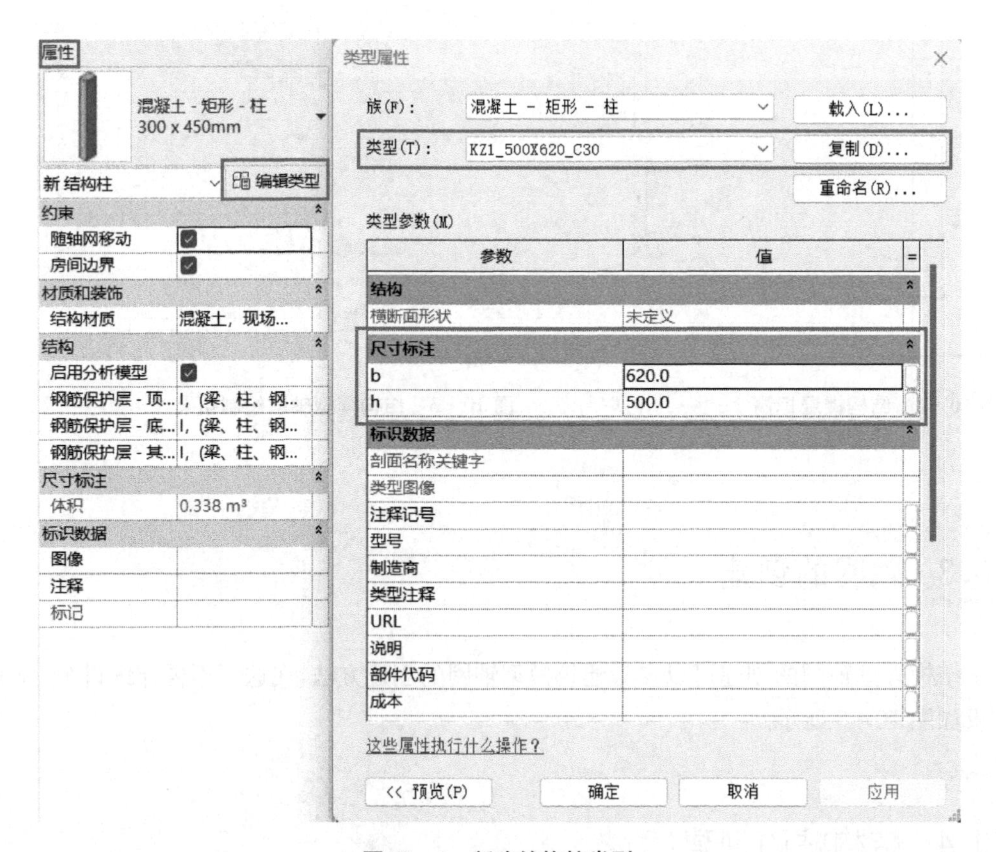

图 10－5　新建结构柱类型

(4) 在“属性栏”的类型选择器中选择“KZ1_500X620_C30”矩形柱，在选项栏里选择采用“高度”进行放置，对应标高为“4.170”；然后按图纸要求或在轴线交点处完成结构柱的布置，如图 10－6 所示。

(5) 修改结构柱的相关参数。在绘图区域中，选取需要修改的结构柱，在“属性栏”下的“约束”面板中可以完成柱顶和柱底参数的修改，在“材质和装修”面板中可以进行结构柱材质的修改，如图 10－7 所示。

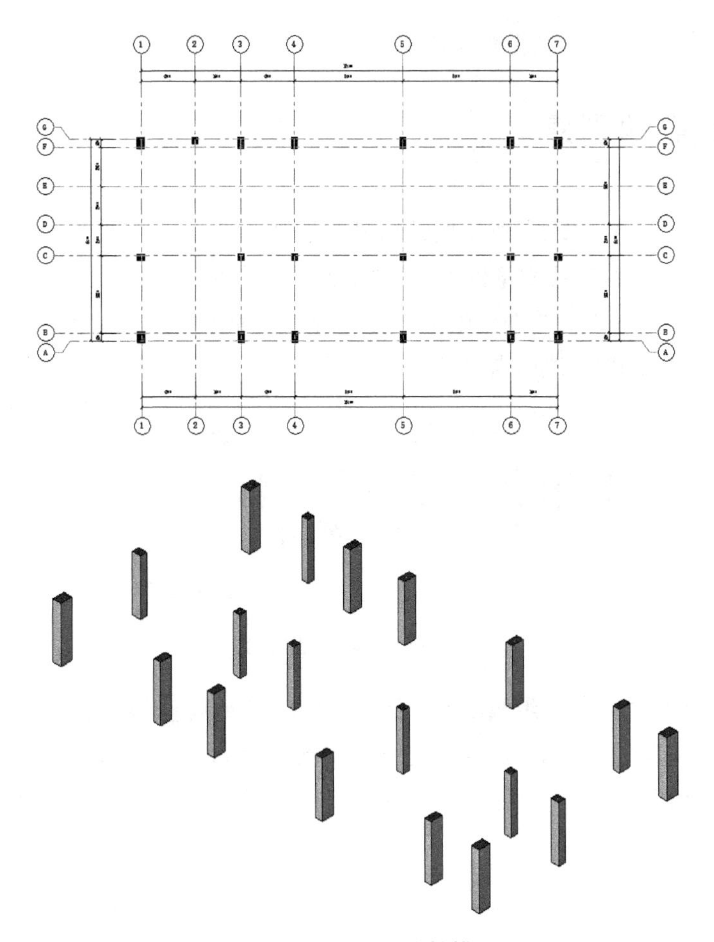

图 10－6　一层结构柱模型

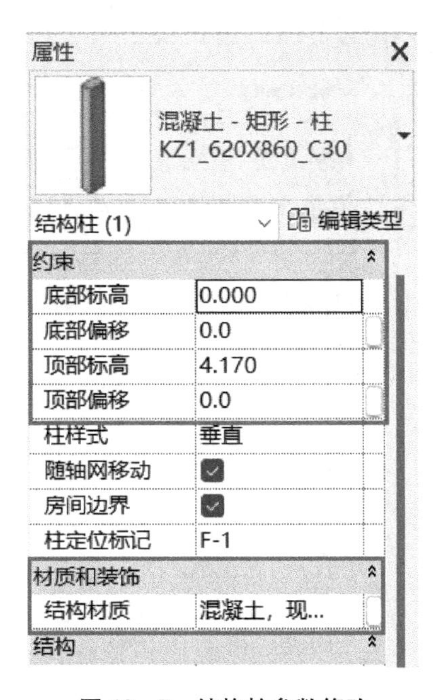

图 10－7　结构柱参数修改

10.5 结构梁的创建

结构梁的绘制

按图纸要求完成二层结构梁的绘制。

(1) 在项目浏览器中打开“±0.000 平面视图”。

(2) 在“结构”选项卡下执行“结构”面板中的“结构梁”命令，进入“修改”|“放置梁”选项卡，如图 10-8 所示。

图 10-8 创建结构梁

(3) 在“属性栏”中执行“编辑类型”命令，打开“类型属性”对话框，再单击“复制”按钮，完成“KL1(2)_350X620_C30”结构梁的类型新建，修改“类型参数”列表中的“尺寸标注——b、h 参数值”，完成结构梁的新建，如图 10-9 所示。并同时完成其他梁类型的新建操作。

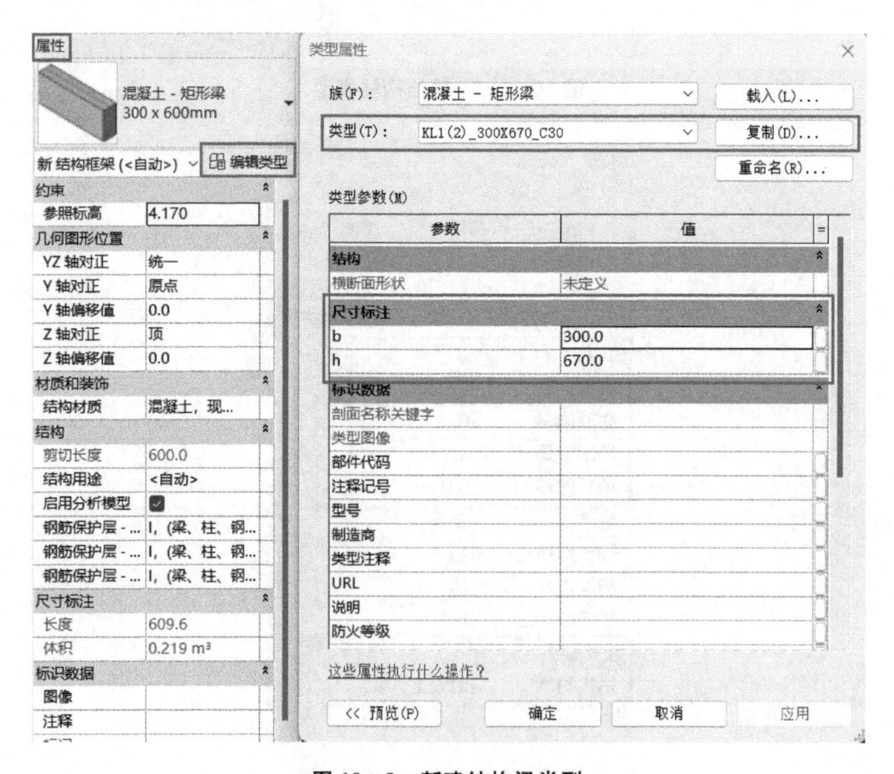

图 10-9 新建结构梁类型

(4) 在“属性栏”的类型选择器中选择“KL1(2)_350X620_C30”框架梁，在选项栏里修改“放置平面”为“标高：4.170”；然后按图纸要求或沿轴线完成结构梁的绘制，如图 10－10 所示。

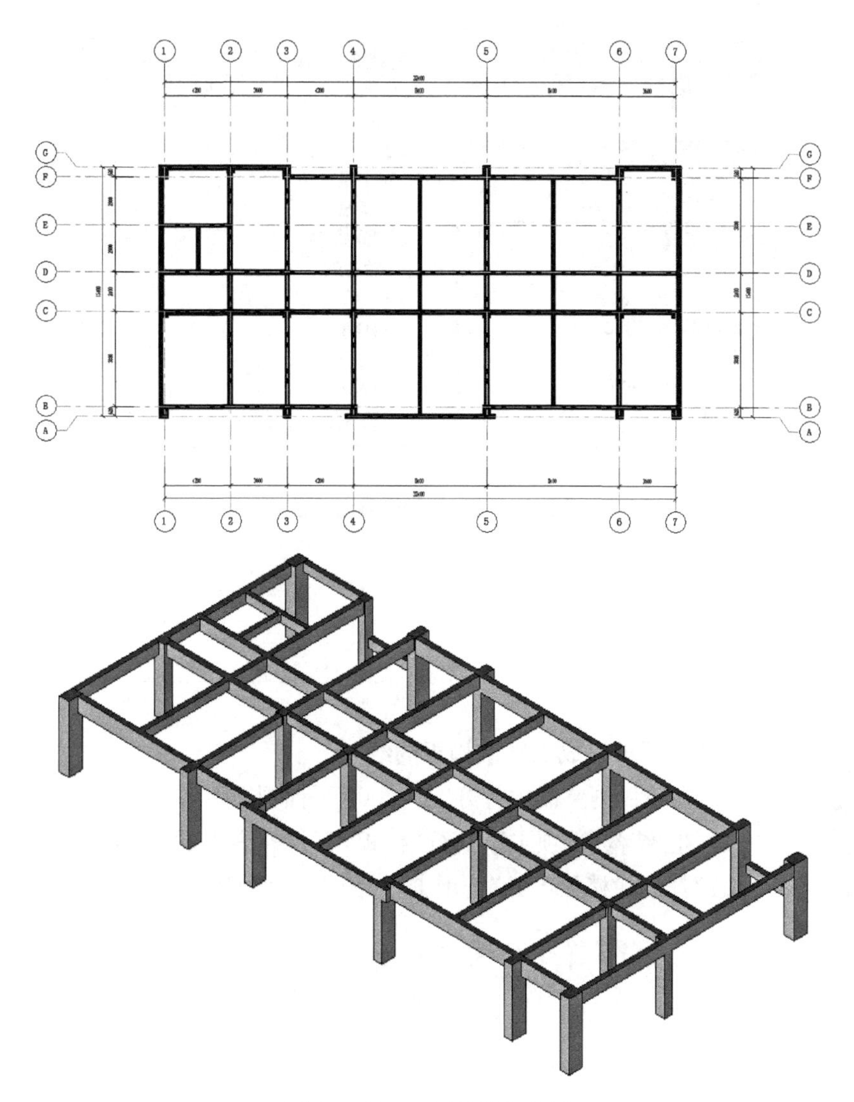

图 10－10　一层结构梁模型

(5) 修改结构梁的相关参数。在绘制过程中，可以通过修改“属性栏”里的“几何图形位置”面板中的参数完成结构梁标高的调整；也可以在绘制完成后，在绘图区域中，选取需要修改的结构梁，然后在“属性栏”下的“约束”面板中可以完成标高偏移参数的修改；在“材质和装修”面板中可以进行结构梁材质的修改。如图 10－11 所示。

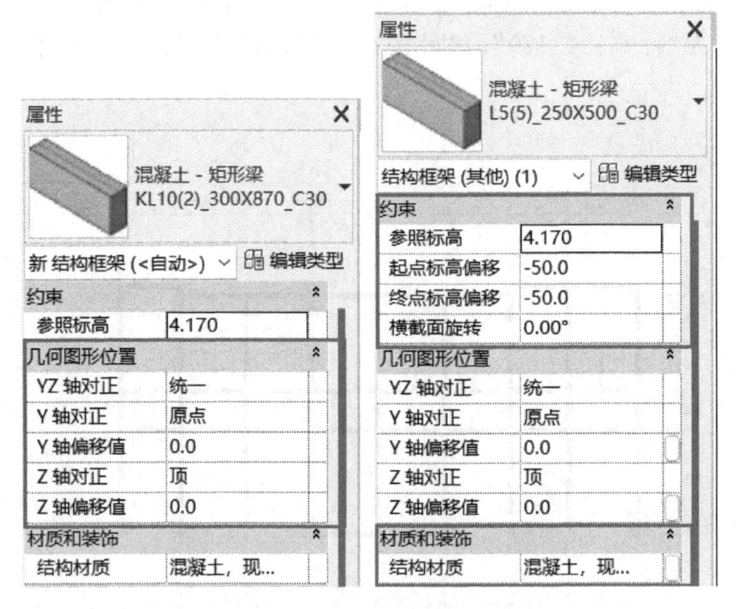

图 10-11　结构梁参数修改

10.6 结构板的创建

结构板的绘制

按图纸要求完成二层结构板的绘制。

(1) 在项目浏览器中打开“±0.000 平面视图”。

(2) 在“结构”选项卡下执行“楼板”下拉列表中的“楼板：结构”命令，进入“修改”|“创建楼板边界”选项卡，如图 10-12 所示。

图 10-12　创建结构板

(3) 在“属性栏”中点击“编辑类型”命令，打开“类型属性”对话框，然后执行“复制”命令，完成“LB_130_C30”结构板的类型新建，再单击“类型参数”列表中的“构造—结构—编辑部件”按钮，进行结构板材质的修改，即可完成结构板的新建，如图 10-13 所示。并同时完成其他板类型的新建操作。

(4) 在“属性栏”的类型选择器中选择“LB_130_C30”结构板，修改“约束”中的标高为“4.170”，然后沿结构柱和梁的边缘完成结构板的新建；如遇降板情况，可在“属性栏”中修

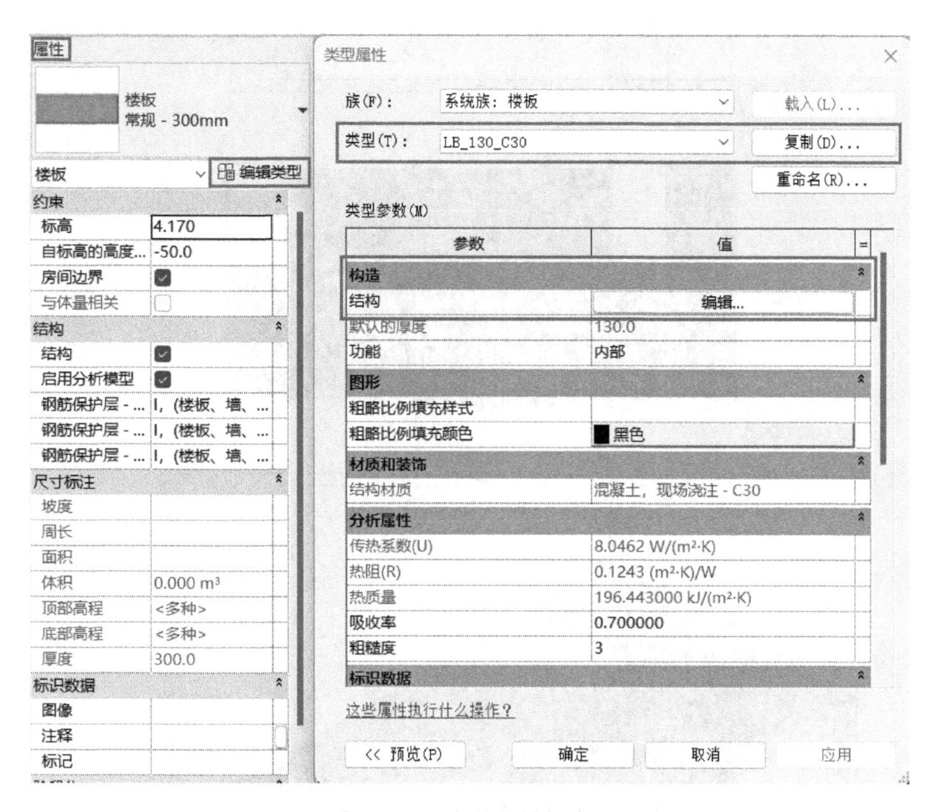

图 10 - 13　新建结构板类型

改“约束”中的“自标高的高度偏移”。如图 10 - 14 所示。再按照图纸要求完成其余结构板的绘制，如图 10 - 15 所示。

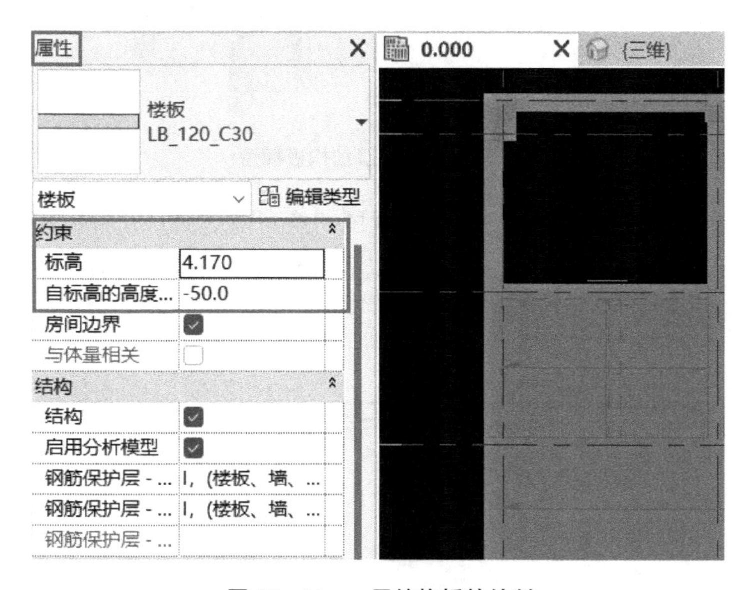

图 10 - 14　一层结构板的绘制

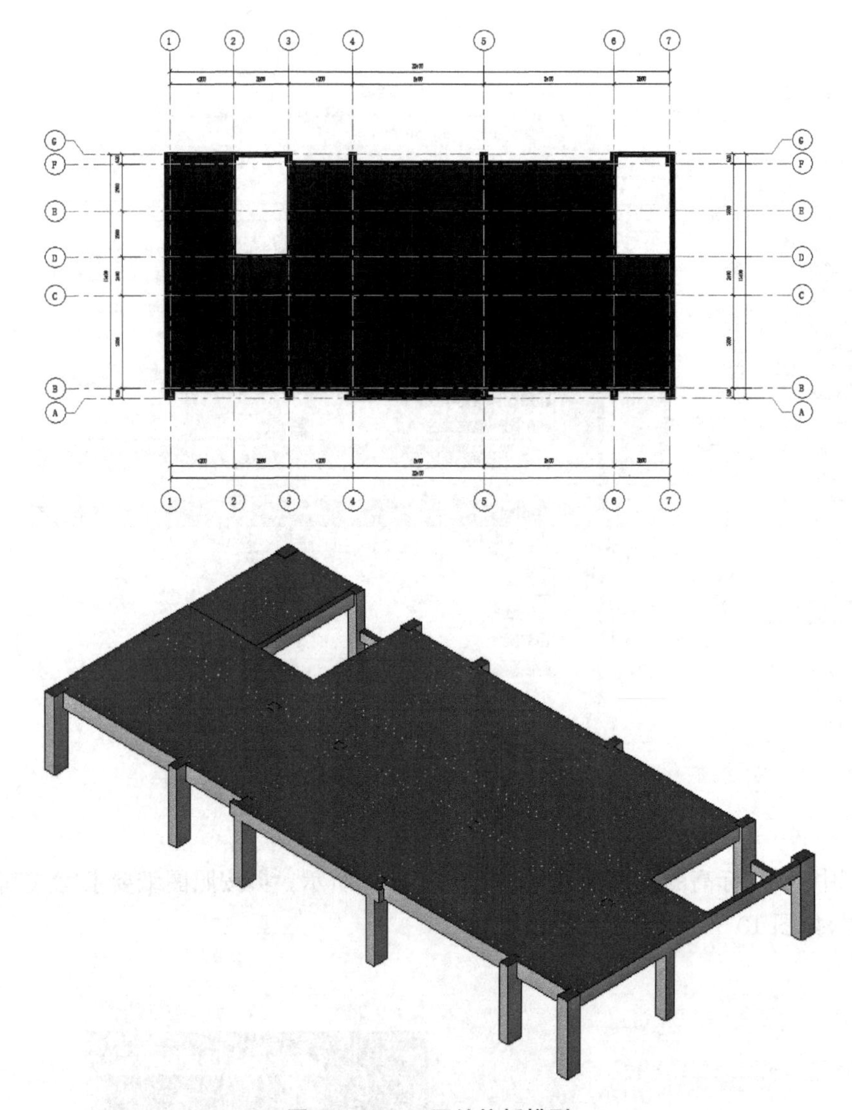

图 10－15　一层结构板模型

(5) 将视图调整至任意立面视图(如将视图切换到南立面),在视图控制栏中将当前视图的“视觉样式”设置为“线框”,这样就可以观察到楼板与柱、梁构件的相对位置关系,如图 10－16 所示。

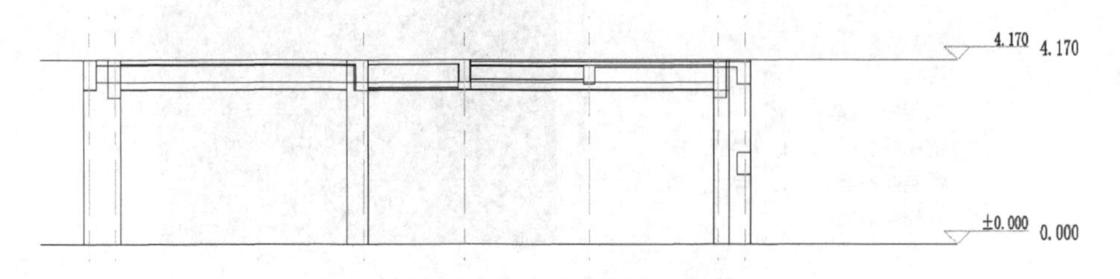

图 10－16　一层结构模型

10.7　独立基础的创建

按图纸要求完成各类型独立基础的创建。

独立基础的绘制

（1）在项目浏览器中打开“－1.500 基础底面视图”。

（2）在“结构”选项卡下执行“基础”面板中的“独立”命令，进入“修改”|“放置独立基础”选项卡，如图 10－17 所示。

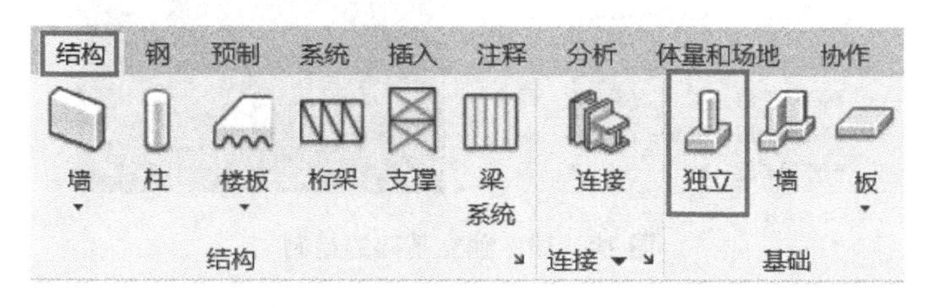

图 10－17　创建独立基础

（3）在“属性栏”中执行“编辑类型”命令，打开“类型属性”对话框，然后单击“复制”按钮，完成“CT－3”三桩承台的类型新建，再单击“预览”按钮，参照图纸尺寸完成“类型参数”列表中“尺寸标注”的参数修改，如图 10－18 所示。并完成其他类型独立基础的新建操作。

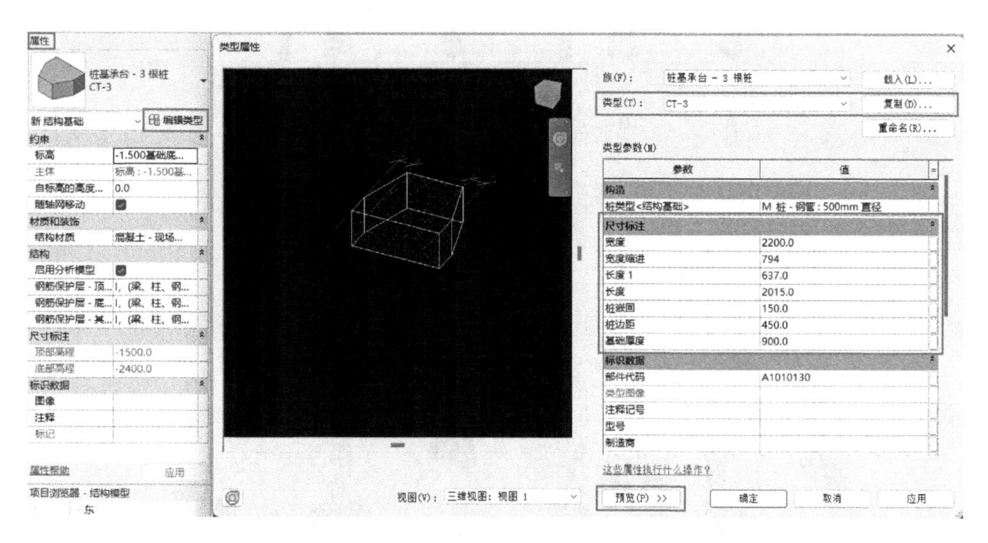

图 10－18　新建独立基础类型

（4）在“属性栏”的类型选择器中选择“CT－3”桩基承台，确认“约束”中的标高为“－1.500”，然后按图纸要求完成三桩承台的独立基础新建；如遇标高不同时，可在“属性栏”中修改“约束”中的“自标高的高度偏移”，并在“材质和装修”面板中修改独立基础的材质为“混凝土，现场浇筑－C30”。如图 10－19 所示。再按图纸要求完成其余独立基础的绘制，如图 10－20 所示。

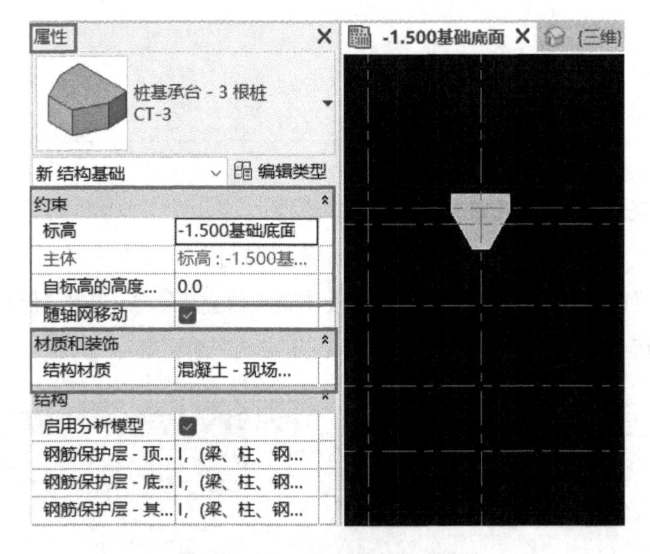

图 10－19　独立基础的绘制

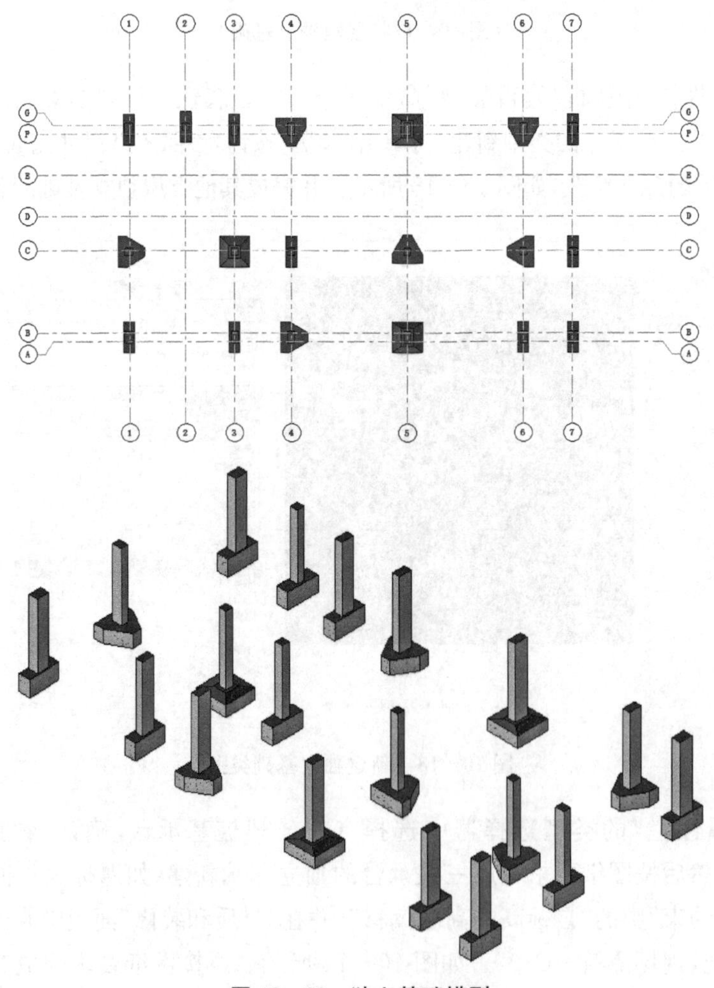

图 10－20　独立基础模型

(5) 给独立基础添加垫层。在“结构”选项卡下执行“基础—板”下拉列表中的“结构基础：楼板”命令，进入“修改”|“创建楼板边界”选项卡，如图 10 - 21 所示。

图 10 - 21　创建基础垫层

(6) 在“属性栏”中执行“编辑类型”命令，打开“类型属性”对话框，再单击“复制”按钮，完成“垫层 100”的类型新建。单击“类型参数”列表中的“构造—结构—编辑部件”，完成垫层材质的修改，如图 10 - 22 所示。

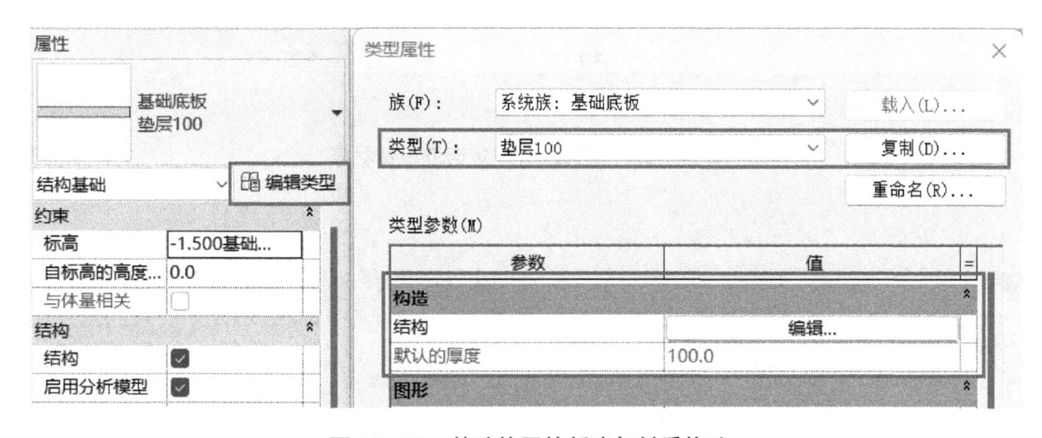

图 10 - 22　基础垫层的新建与材质修改

在“编辑部件”对话框中，单击“层”列表中的“结构层—按类别后面的矩形浏览图标”，软件会跳出“材质浏览器”对话框，然后选择材质“混凝土，现场浇注- C15”，最后单击确定，完成材质修改操作，如图 10 - 23 所示。

(7) 在“属性栏”的类型选择器中选择“垫层 100”构件，确认“约束”中的标高为“－1.500 基础底面”，然后沿独立基础的边缘偏移“100 mm”完成垫层的新建。如需调整标高，可在“属性栏”中修改“约束”中的“自标高的高度偏移”，如图 10 - 24 所示。再按图纸要求完成其余垫层的绘制，如图 10 - 25 所示。

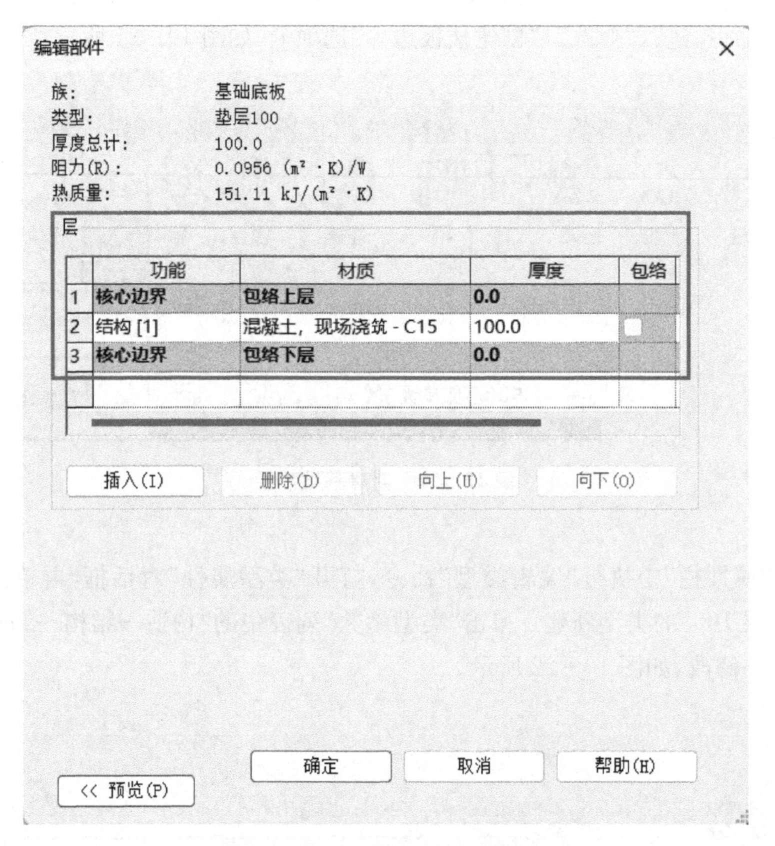

图 10-23 “编辑部件”对话框设置材质

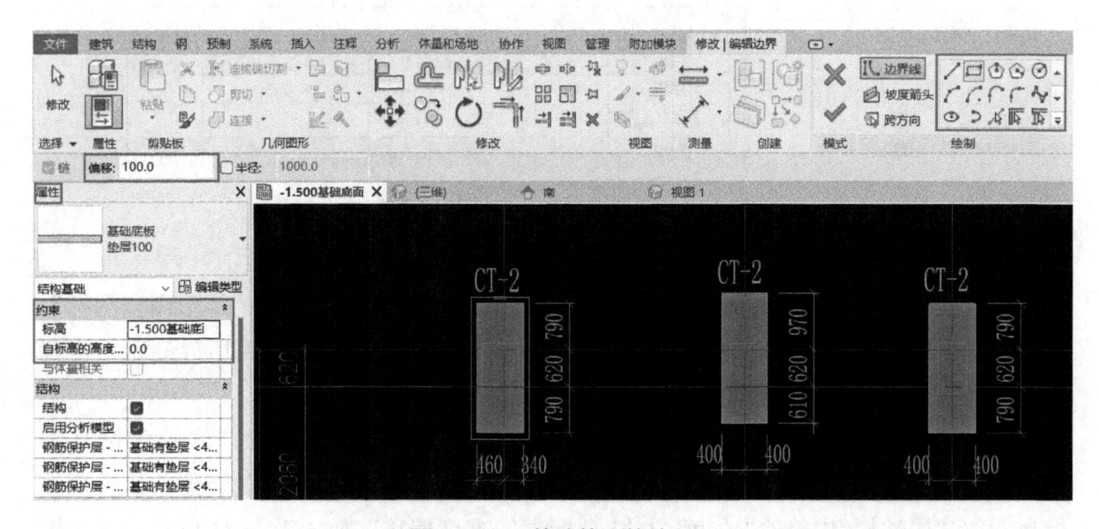

图 10-24 基础垫层的绘制

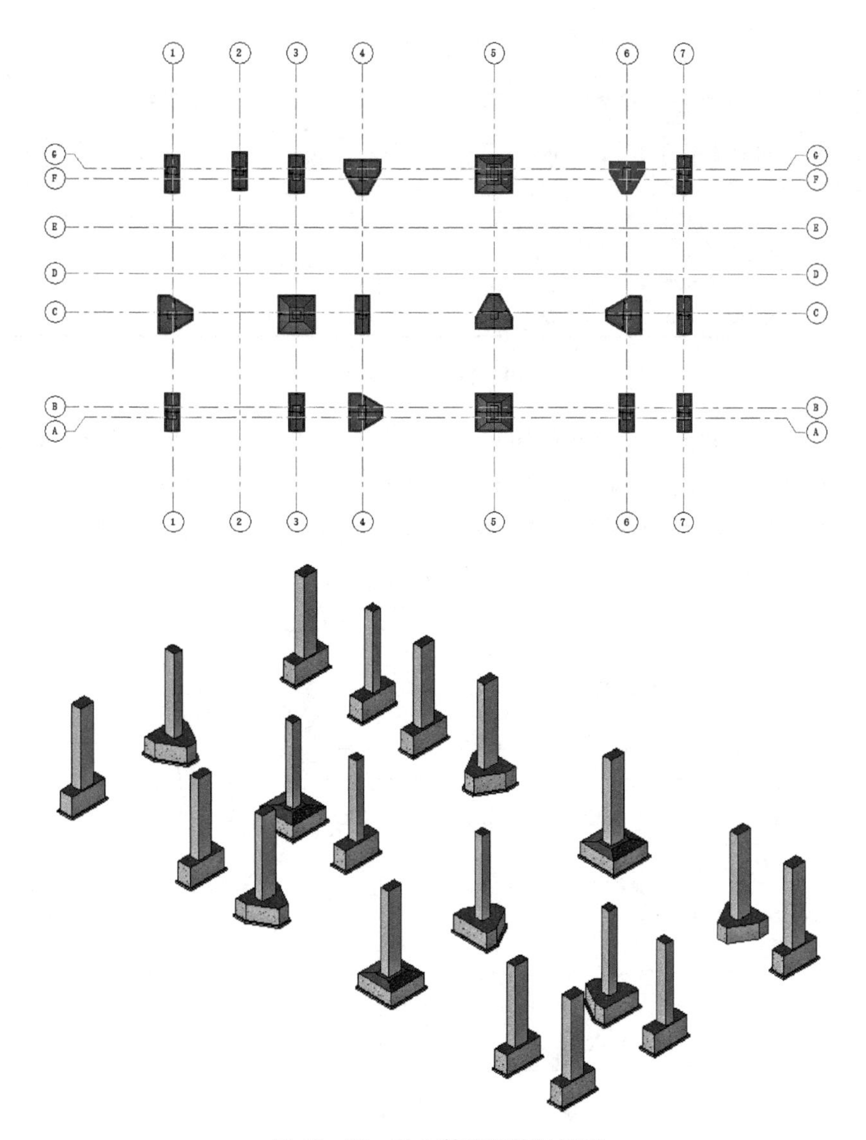

图 10-25　独立基础和垫层模型

10.8　结构钢筋的创建

Revit 支持对混凝土构件添加钢筋，下面将带领大家了解结构钢筋的绘制功能，完成项目中柱和梁的钢筋添加。

1. *混凝土保护层的设定*

Revit 软件已经参照相关要求对混凝土构件的保护层厚度进行了预先的设定，在“结构”选项卡下执行“钢筋”面板中的“保护层”命令，软件进入“编辑钢筋保护层”状态，如图 10-26 所示。

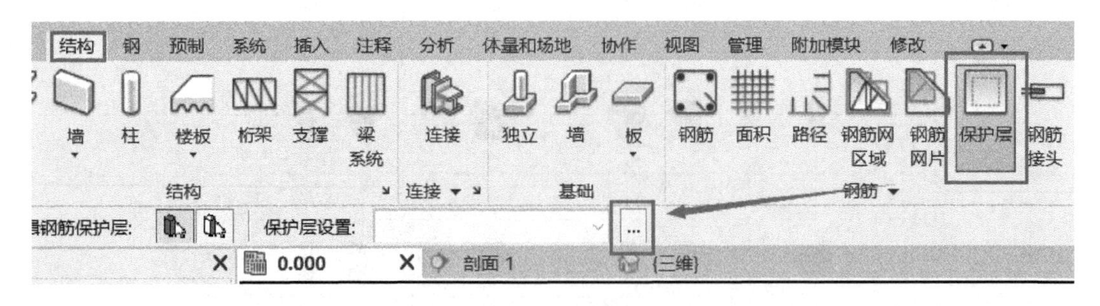

图 10－26　钢筋保护层

单击选项栏中的“保护层设置的矩形浏览图标”，打开“钢筋保护层设置”对话框。在对话框中通过“复制”“添加”和“删除”命令完成项目所需钢筋保护层厚度的设置；也可以在“说明”表格栏中选择已有钢筋类型，修改“设置”参数，改变混凝土构件的保护层厚度（见图 10－27）。本案例项目采用的钢筋保护层厚度如表 10－1 所示。

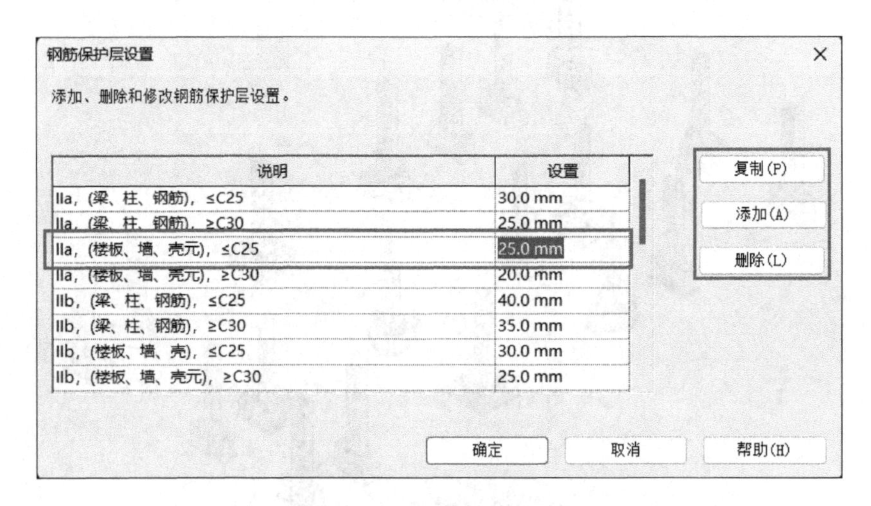

图 10－27　钢筋保护层设置

表 10－1　混凝土保护层厚度(最外层钢筋)　　单位：mm

环境类别	构件强度(板、墙、壳)		构件强度(梁、柱、杆)	
	≤C25	＞C25	≤C25	＞C25
一类	20	15	25	20
二类 a	25	20	30	25
二类 b	30	25	40	35

2. 完成构件的剖切

在项目浏览器中打开“±0.000 结构平面视图”。

在"视图"选项卡单击"创建"面板中的"剖面"命令，然后在绘图区域内，完成构件剖切面的添加，如图 10－28 所示。

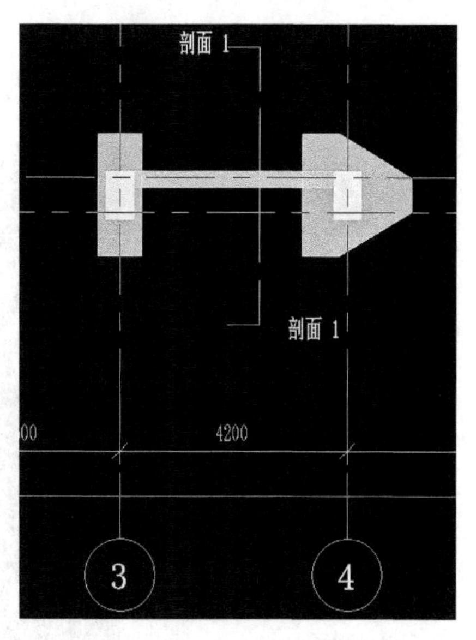

图 10－28　剖面的绘制

打开对应的剖面视图。在剖面视图中，选中表示剖面范围的边界线，通过拖动可以隐藏不希望显示的构件。

3. 结构构件箍筋的添加

在 Revit 软件里，钢筋属于三维实体构件，所以能够直接在各个视图中呈现或者被调用，并且也能在各个视图中添加钢筋。但需要明确放置平面与放置方向。以"KZ－4"为例，在"结构"选项卡中单击"钢筋"面板中的"钢筋"按钮，在"钢筋形状浏览器"中选择合适的钢筋形状，而后即可完成 KZ－4 的钢筋添加，如图 10－29 所示。

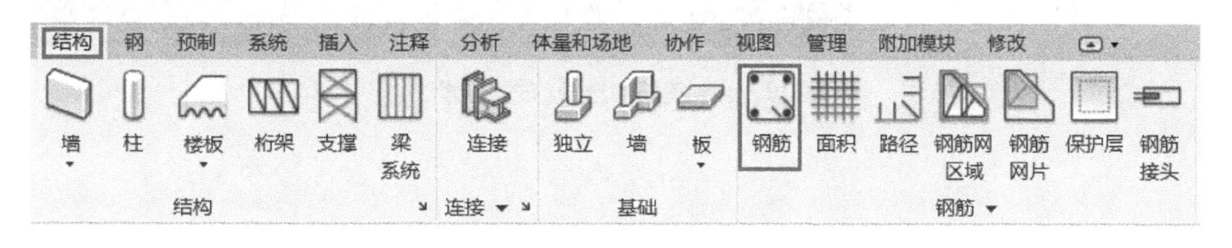

图 10－29　钢筋命令

在顶部工具栏中会显示对应于当前构件的操作选项，其中包括钢筋的放置方法、族、放置平面和放置方向等，在选项栏中可以单击"启动/关闭钢筋形状浏览器"，如图 10－30 所示。

图 10－30　启动/关闭钢筋形状浏览器

在"钢筋形状浏览器"对话框中选择"33 号"钢筋，直径和强度等级为 8HRB400，完成 KZ－4 钢筋的绘制。图中显示的虚线是软件为钢筋设置的混凝土保护层线，将鼠标移动至柱构件截面上，钢筋会自动贴合混凝土截面并布满该截面(在视图控制栏中，当前显示精度为精细)。选中已经添加的箍筋，在"属性栏"或"选项卡"中修改"钢筋集"参数，因箍筋锚固点需要错位放置，所以将"布局"修改为"间距数量"，"数量"修改为"23 根"，"间距"修改为"200.0 mm"，按相同操作方法完成错位箍筋放置，如图 10－31 所示。

使用同样的绘制方法完成 KZ－4 角筋的布置，角筋选用"1 号"钢筋，直径和强度等级为 25HRB400，放置平面选择"远/近保护层参照"，放置方向选择"垂直于保护层"，如图 10－32 所示。

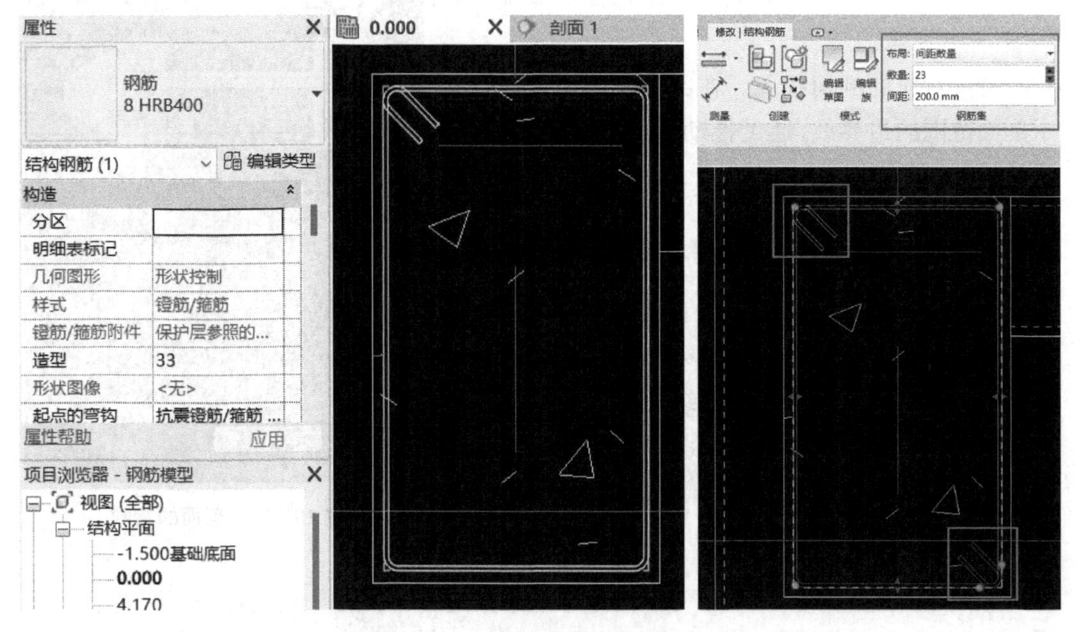

图 10 - 31　箍筋的选择、布置与修改

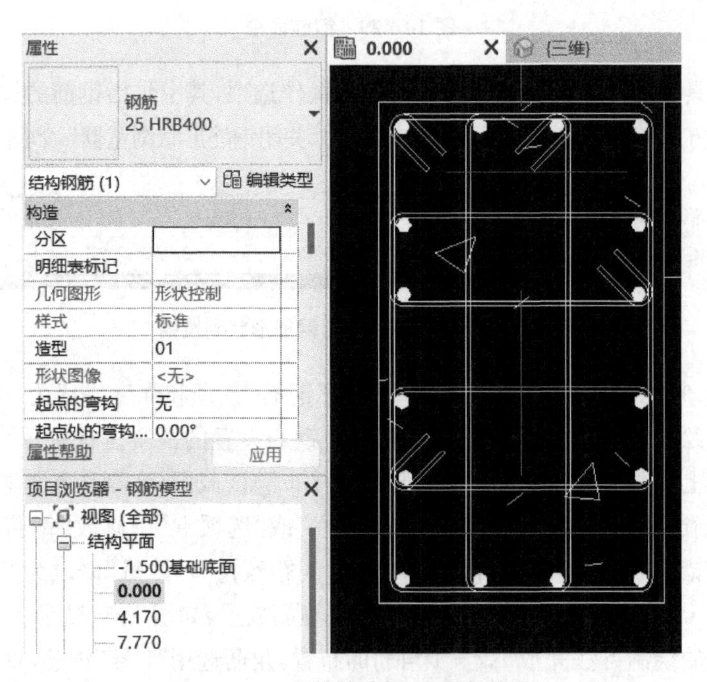

图 10 - 32　角筋的选择、布置与修改

4. 钢筋的显示

在平面视图中选择绘制完成的所有钢筋，在“属性栏”中单击“图形——视图可见性状态”的“编辑”按钮，软件会自动跳出“钢筋图元视图可见性状态”对话框，在对话框中可修改被选中钢筋在不同视图下的显示状态，如图 10－33 所示。（说明：清晰的视图是指钢筋不被保护层及其他构件表面所遮挡。）

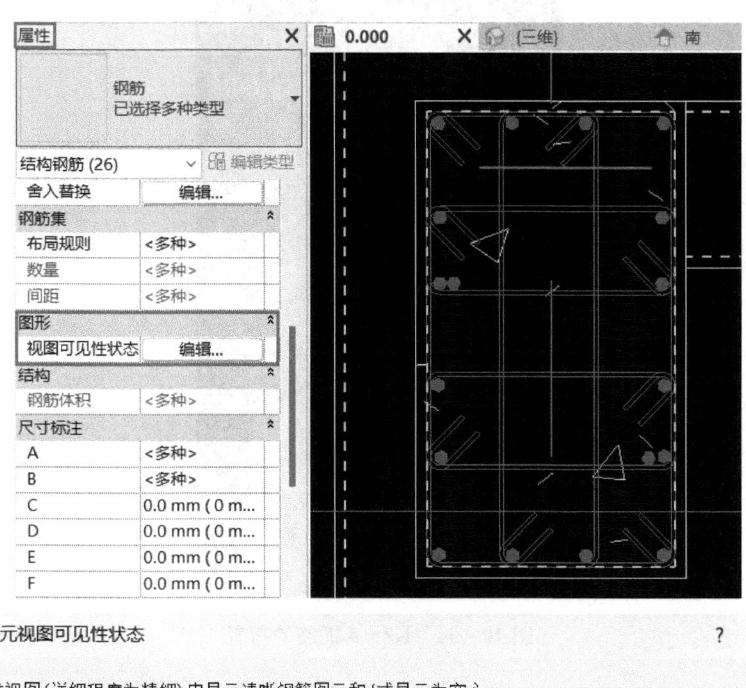

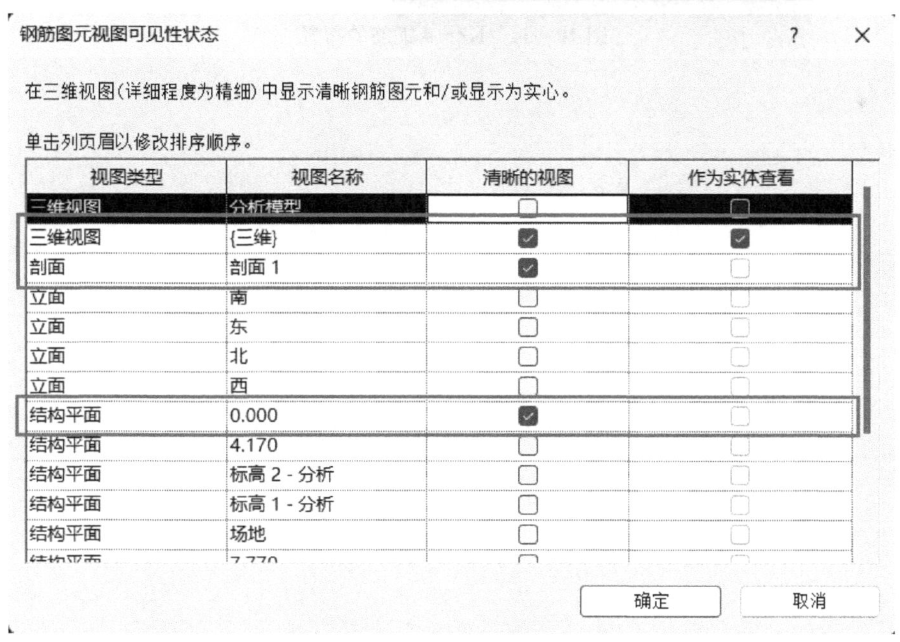

图 10－33　钢筋显示状态修改

将当前视图切换至三维视图，并将显示模式设置为“精细”和“线框”模式，便可查看 KZ-4 钢筋的布置情况，如图 10-34 所示。

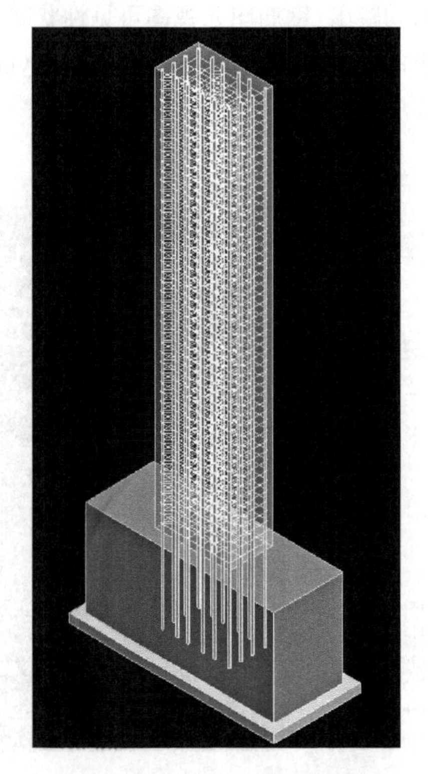

图 10-34　KZ-4 钢筋的布置

第 11 章

创 建 场 地

在 BIM 技术的广泛应用中，场地建模占据着重要的位置。场地建模不仅涉及对地形、地质和环境的详细分析，还需要考虑到建筑项目在实际场地中的适应性和可行性。通过 BIM 技术的场地建模，设计师能够更准确地模拟和评估场地条件，从而优化建筑布局和规划，避免潜在的环境和工程风险。

11.1 创建地形表面

地形表面是建筑场地地形或地块的图形呈现。一般情况下，地形表面构件不会在楼层平面视图中显示，而是能够在三维视图或场地平面视图中进行创建。“地形表面”的创建方法包括通过放置“点”或导入等高线数据来完成建模。

(1) 在项目浏览器中打开“场地平面视图”。在“体量和场地”选项卡中点击“场地建模”面板中的“地形表面”命令，进入“修改|编辑表面”选项卡，如图 11 - 1 所示。

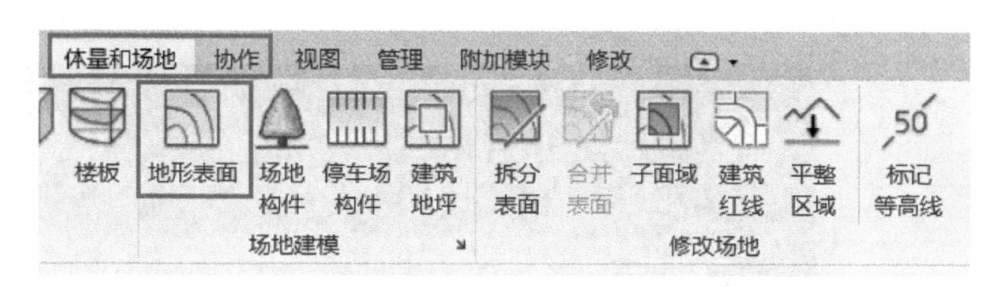

图 11 - 1　创建地形表面

(2) 在“修改|编辑表面”选项卡中点击“工具”面板中的“放置点”按钮，如图 11 - 2 所

图 11 - 2　放置高程点

示。在选项栏中修改"高程"数值为"－300"(单位：mm),在绘图区域内放置四个高程为"－300"的点,单击"完成表面",如图 11－3 所示。

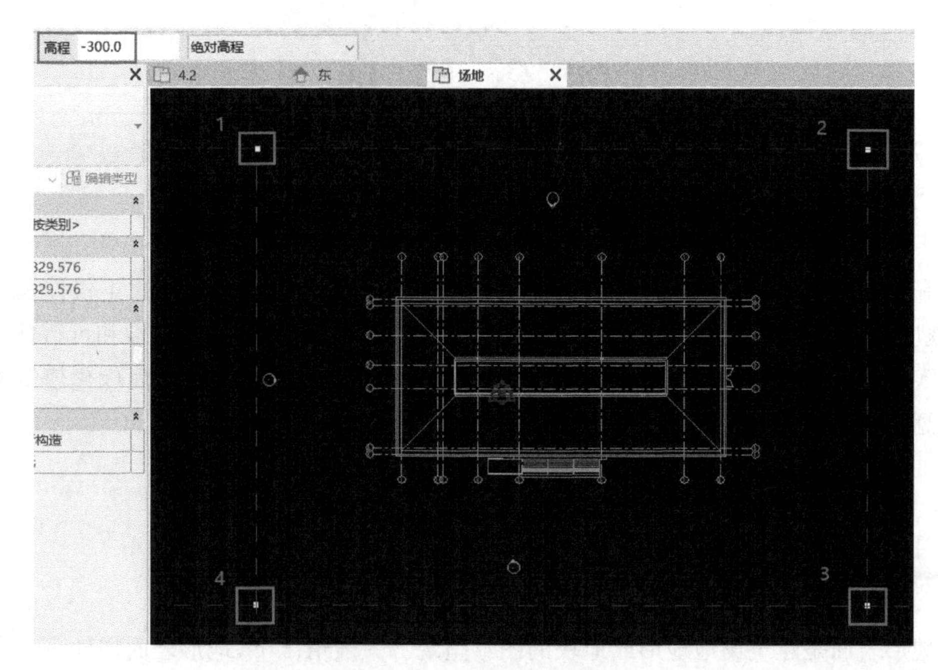

图 11－3　设置高程及放置点

(3) 接下来进入三维视图,选中绘制完毕的场地模型,在"属性栏"中将材质设置为"场地-草",这就完成了场地表面的材质修改操作,如图 11－4 所示。

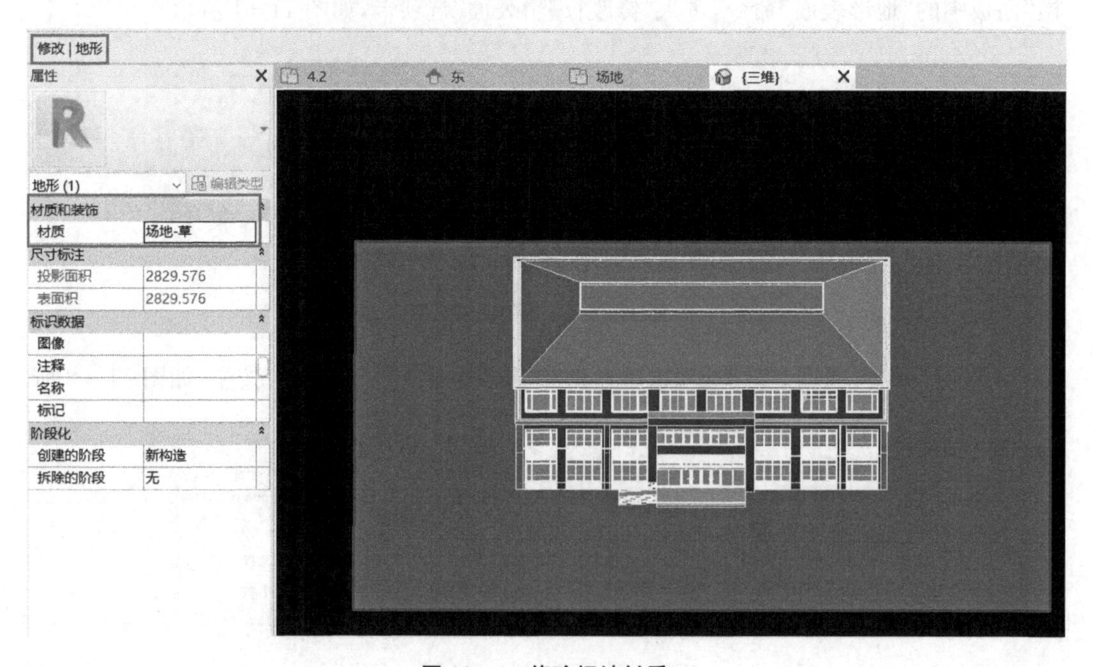

图 11－4　修改场地材质

11.2　创建建筑地坪

建筑地坪

“建筑地坪”工具适用于快速创建水平地面，如室内地坪、室外停车场、场地设施区域平整等，可以为地形表面添加建筑地坪，然后修改地坪的结构和深度。

（1）在项目浏览器中打开“场地平面视图”。在“体量和场地”选项卡中单击“场地建模”面板中的“建筑地坪”按钮，进入建筑地坪草图绘制模式，如图 11－5 所示。执行“绘制”面板中的“拾取墙”命令，设置偏移值为“1 800”，选取墙体完成轮廓线的绘制，在 A 轴与 5、6 轴交汇处的主入户门位置进行修剪操作，绘制完成后的效果如图 11－6 所示。

图 11－5　建筑地坪

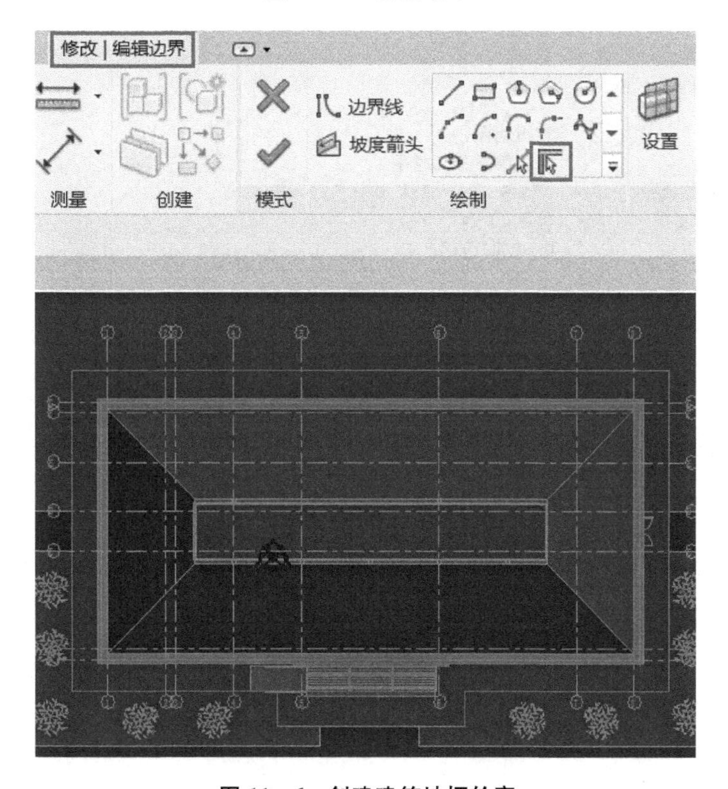

图 11－6　创建建筑地坪轮廓

(2) 单击“完成编辑模式”,即可完成建筑地坪的创建;再选中创建完成的建筑地坪,在“属性栏”中单击“编辑类型”按钮,打开“类型属性”对话框,再单击“复制”按钮,完成“文化中心建筑地坪”的类型新建。单击“类型参数”列表中的“构造—结构—编辑部件”,完成建筑地坪材质的修改,如图 11－7 所示。

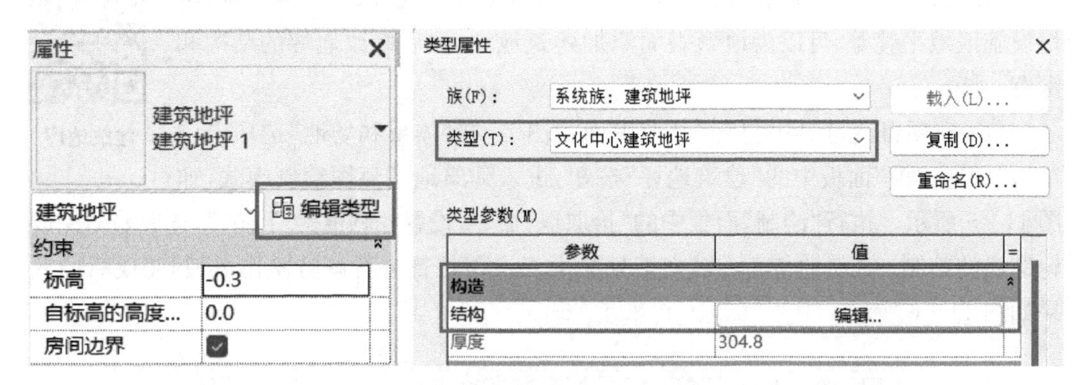

图 11－7 新建建筑地坪类型

(3) 在“编辑部件”对话框中,单击“层”列表中的“结构层—按类别后面的矩形浏览图标”,软件会跳出“材质浏览器”对话框,然后选择材质“场地-碎石”,最后单击“确定”,完成材质修改操作,如图 11－8 所示。

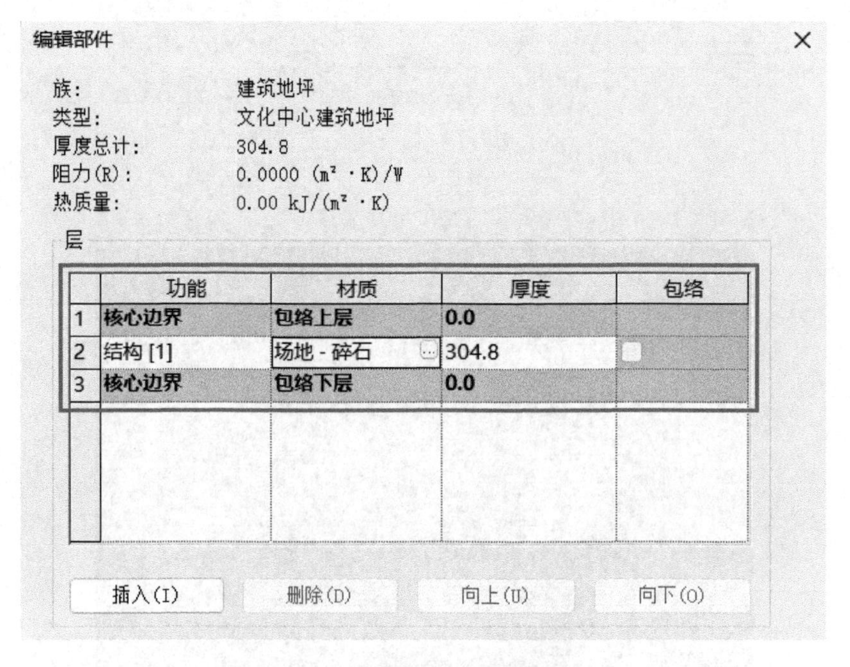

图 11－8 “编辑部件”对话框设置材质

11.3　创建子面域(道路)

“子面域”命令是在已经绘制完成后的地形表面中再次绘制区域。例如，可以使用子面域功能在地形表面里绘制道路或绘制停车场区域。

子面域(道路)

“子面域”功能和“建筑地坪”功能有所不同,“建筑地坪”功能可以创建出单独的水平表面,并完成地形的剪切;而“子面域”功能不能生成单独的地平面,而是依附于地形表面上所圈定的某一区域,进而对其定义不同的属性集(如材质)。

(1) 在项目浏览器中打开“场地平面视图”。在“体量和场地”选项卡中单击“修改场地”面板中的“子面域”按钮,进入“修改”|“创建子面域边界”选项卡,如图 11－9 所示。

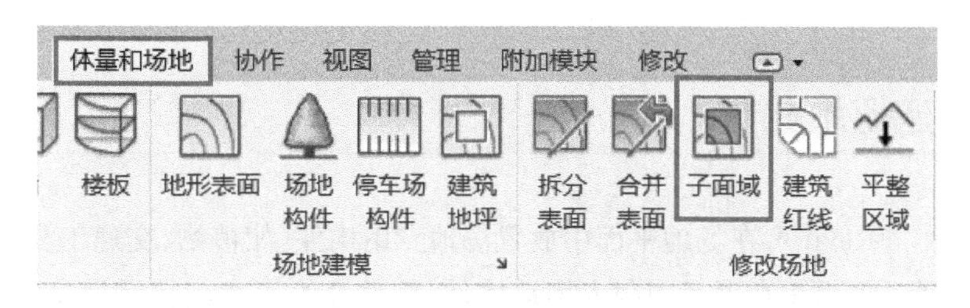

图 11－9　子面域

(2) 进入草图绘制模式后,在“绘制”面板中单击“直线”按钮,绘制如图 11－10 所示的子面域轮廓。先绘制东侧侧入户门处的道路,从 C 轴、D 轴处开始绘制,东侧道路边界线

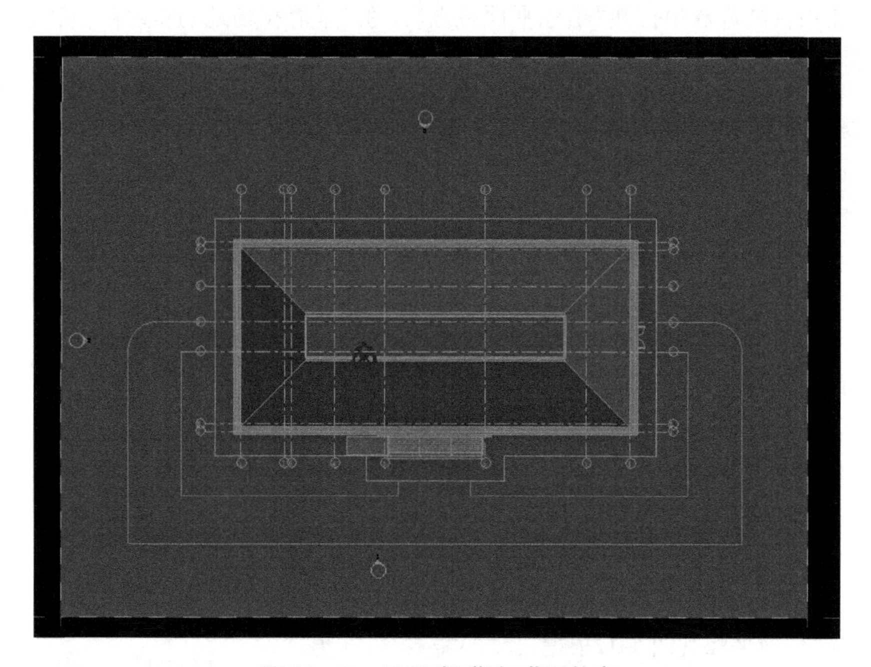

图 11－10　子面域(道路)草图轮廓

距离建筑地坪尺寸分别是2 700 mm和7 200 mm，南侧道路边界线距离建筑地坪尺寸分别是3 300 mm和7 200 mm，主入户门处道路宽6 000 mm，然后通过使用“镜像”命令完成西侧道路的绘制。

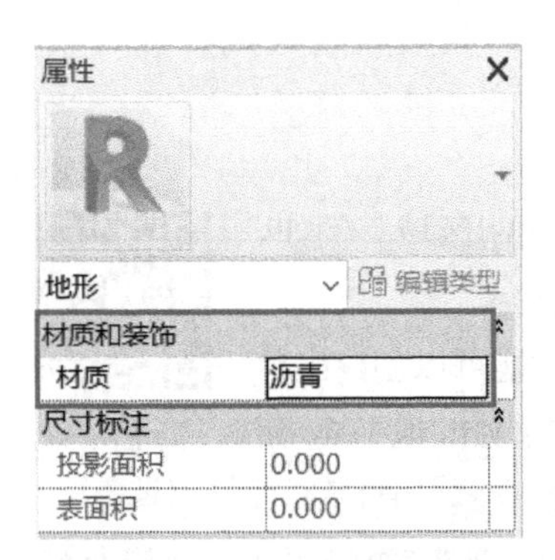

图 11-11 子面域(道路)材质修改

(3) 在绘制到弧线时，可在“绘制”面板中单击“起点-终点-半径弧”按钮，将圆弧半径值设置为2 500 mm。绘制完弧线后，在“绘制”面板中单击“直线”按钮，切换回直线绘制模式继续完成绘制。

(4) 在“属性栏”选项板中单击“材质”后的矩形浏览图标，系统会跳出“材质浏览器”对话框，在对话框材质列表中选择“沥青”，完成子面域构件的材质修改(见图 11-11)。单击“完成”按钮，即可完成子面域道路的绘制。

11.4 创建场地构件

场地构件

Revit可在场地平面中放置场地专用构件，如植物、交通工具和设施设备等。如果未在项目中载入场地构件，软件会给出相应提示消息“尚未载入相应族”。如果创建了地形表面和道路，再配上生动的花草、树木、车等场地构件，可以使整个场地建模的场景更加丰富。场地构件的绘制同样在“场地平面视图”中完成。

(1) 在项目浏览器中打开“场地平面视图”。在“体量和场地”选项卡中单击“场地建模”面板中的“场地构件”按钮，进入场地构件放置状态，如图 11-12 所示。

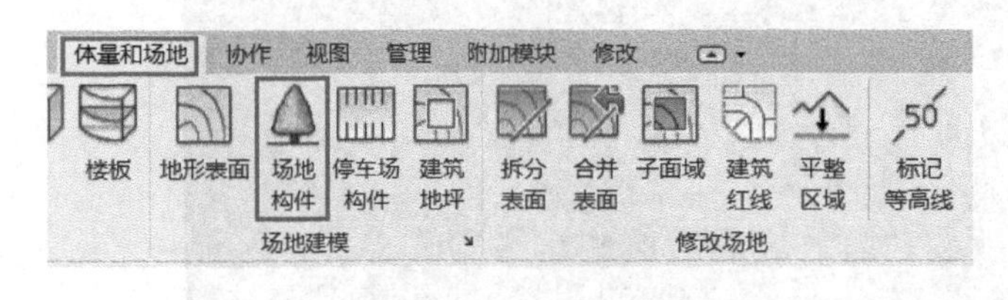

图 11-12 场地构件

(2) 在“属性栏”选项卡下单击类型选择器，选择需要的构件，如图 11-13 所示；也可从“模式”面板中执行“载入族”命令，软件会跳出“载入族”对话框，如图 11-14 所示。

(3) 将“载入族”对话框定位到“植物”文件夹，再双击“灌木”文件夹，选择“灌木 43D. rfa”族文件，单击“打开”按钮，将族载入到项目中。

(4) 在“场地平面视图”中，根据自己的需要，可在道路和已建建筑文化活动中心周围添加场地构件树。

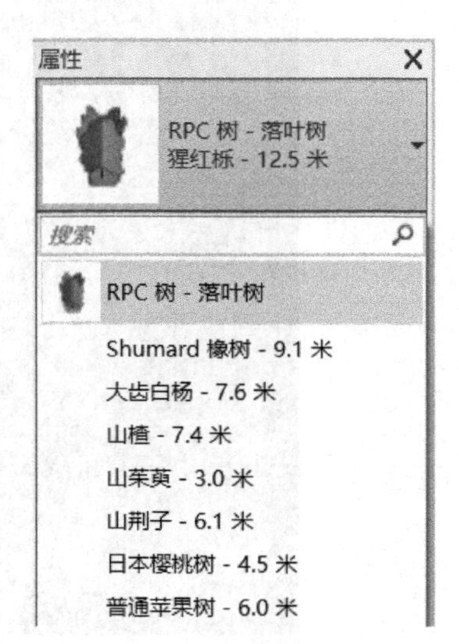

图 11-13 场地构件“属性”下拉菜单

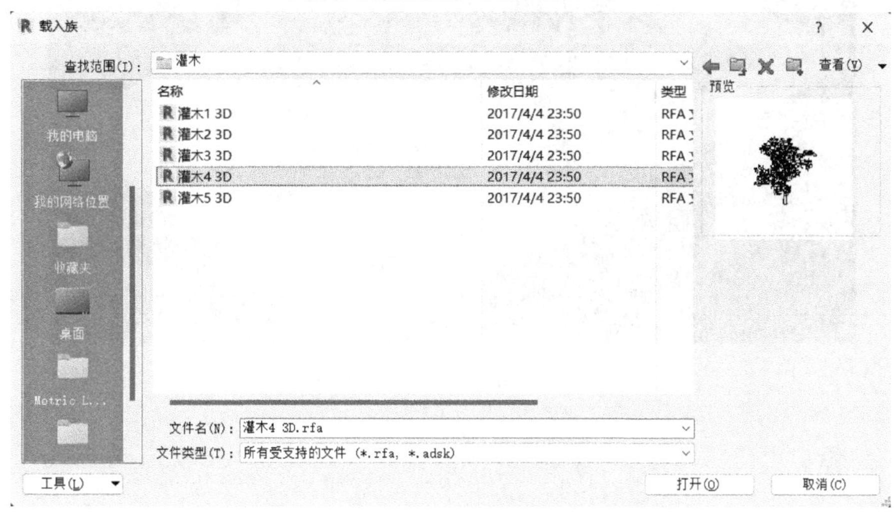

图 11 - 14　“载入族”对话框

(5) 使用同样的方法,在“载入族”对话框中打开“配境”文件夹,载入“甲壳虫小汽车.rfa”并放置在场地中,如图 11 - 15 所示。

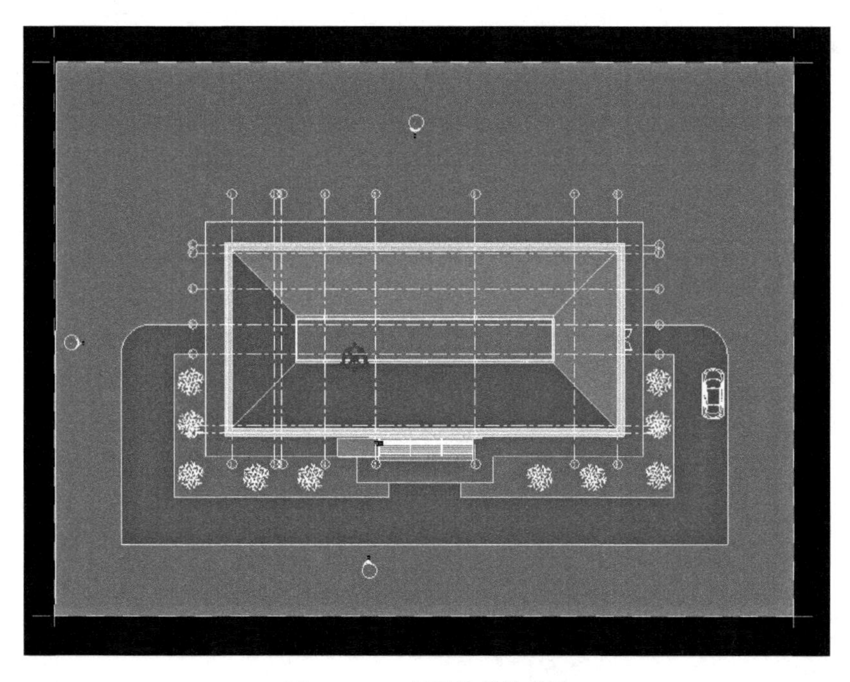

图 11 - 15　场地构件的放置

场地构件建模已全部完成，如图 11 - 16 所示。

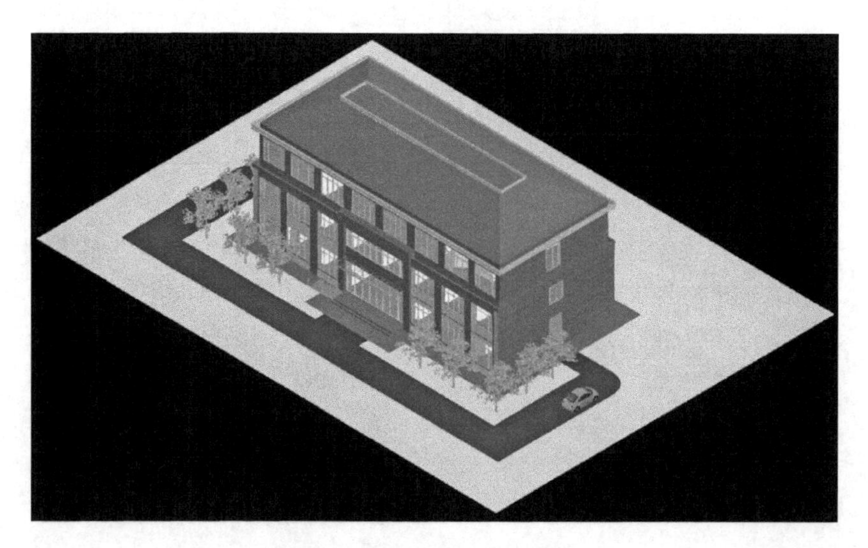

图 11 - 16 场地建模效果图

第 12 章

渲染及漫游

Revit 可以生成使用“真实”视觉样式构建模型的实时渲染试图，也可以使用“渲染”工具创建模型的照片级真实感图像，还可以使用不同的效果和内容来渲染三维视图。本章主要介绍相机视图、渲染和漫游的相关知识。

12.1 相机视图

12.1.1 创建相机

打开一个楼层的平面视图。在“视图”选项卡中单击“三维视图”下拉列表中的“相机”按钮，如图 12－1 所示。在绘图区域内选择适合的点位单击，放置相机，然后将鼠标拖拽到目标建筑物处，再次单击，即可完成相机放置，如图 12－2 所示。

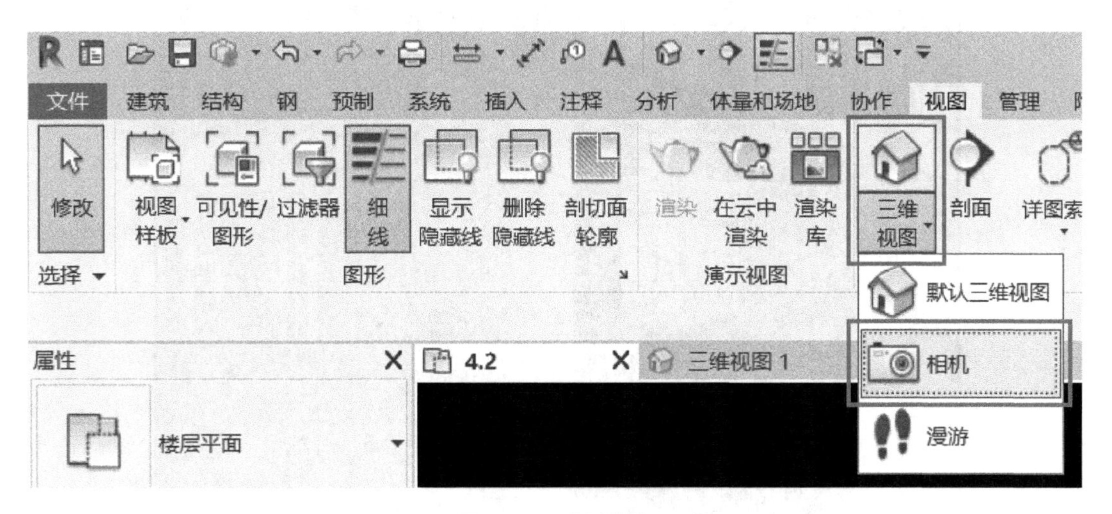

图 12－1　创建相机

如果勾选选项栏中的“透视图”选项，则创建的视图是透视图，而不是正交三维视图，如图 12－3 所示。

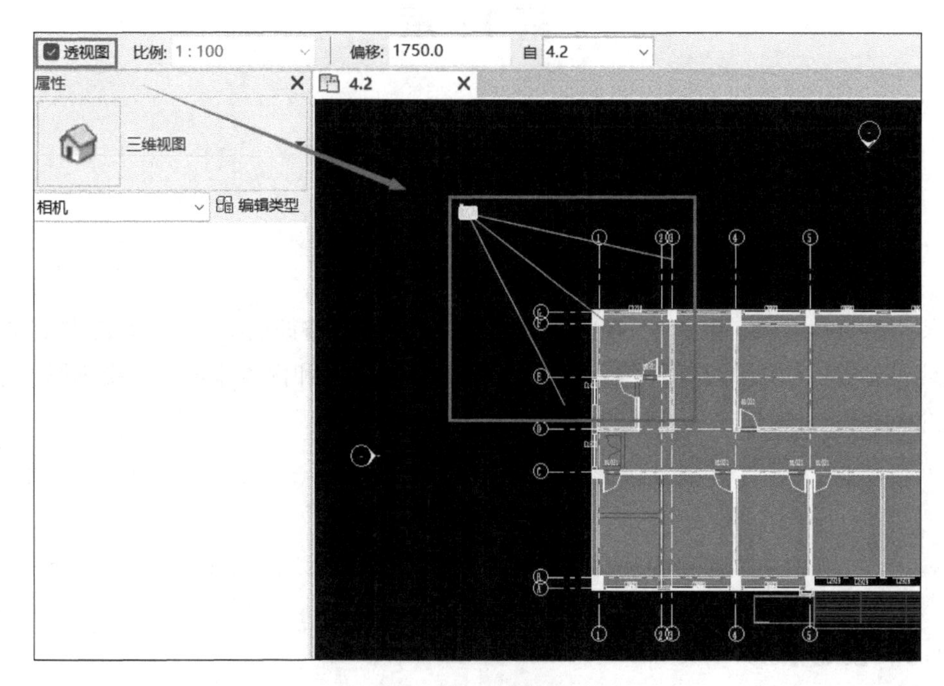

图 12-2 放置相机

图 12-3 透视视图

12.1.2　修改相机设置

选中相机，在“属性栏”中修改“范围”中的“远剪裁偏移”“相机”中的“视点高度”和“目标高度”等参数。也可在绘图区域内直接拖拽“视点”和“目标点”的水平位置来达成效果，如图 12-4 所示。

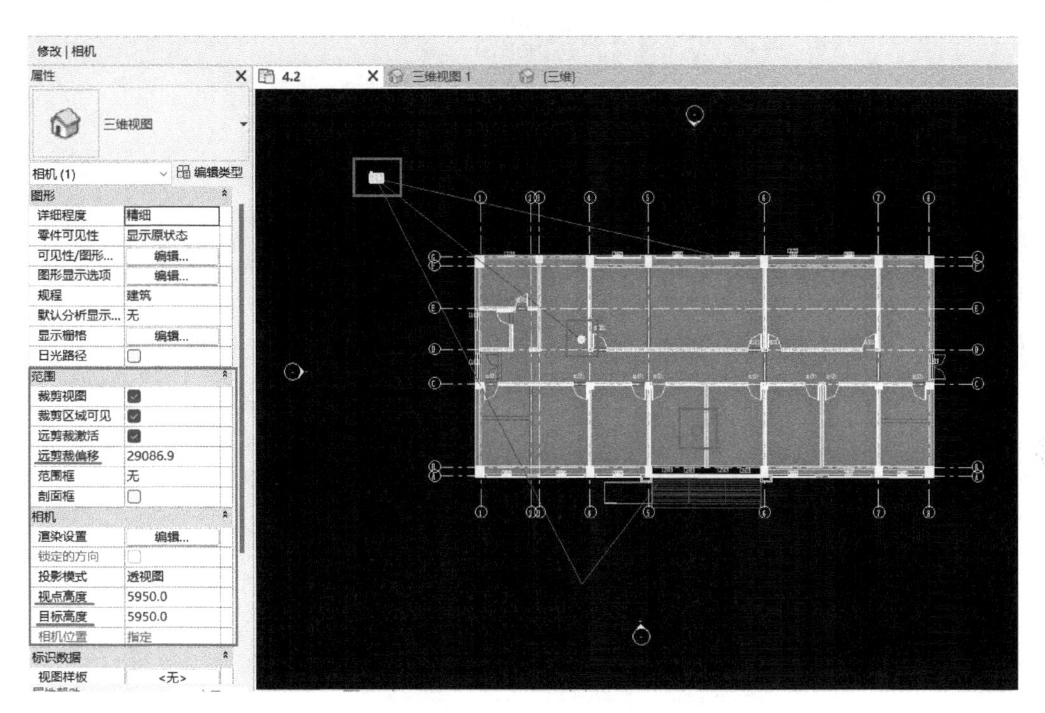

图 12-4　修改相机设置

12.2　渲染

(1) 打开建筑模型的三维视图，或打开使用相机功能创建的三维视图。用指定材质渲染外观，并给模型图元设置材质。将植物、交通工具等场地图元添加到建筑模型中。定义渲染设置：质量、照明、背景，如图 12-5～图 12-6 所示。

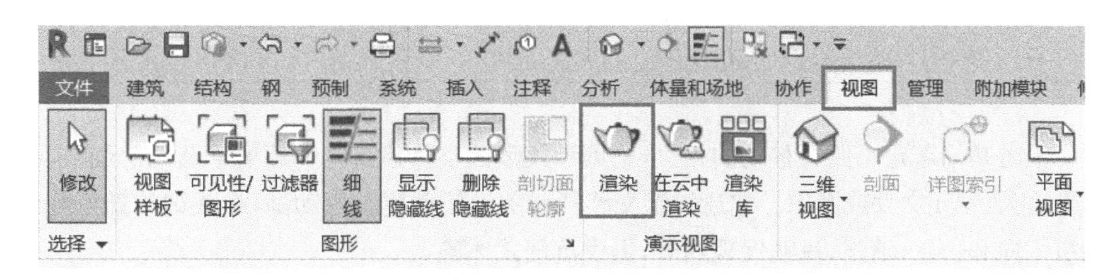

图 12-5　定义渲染设置

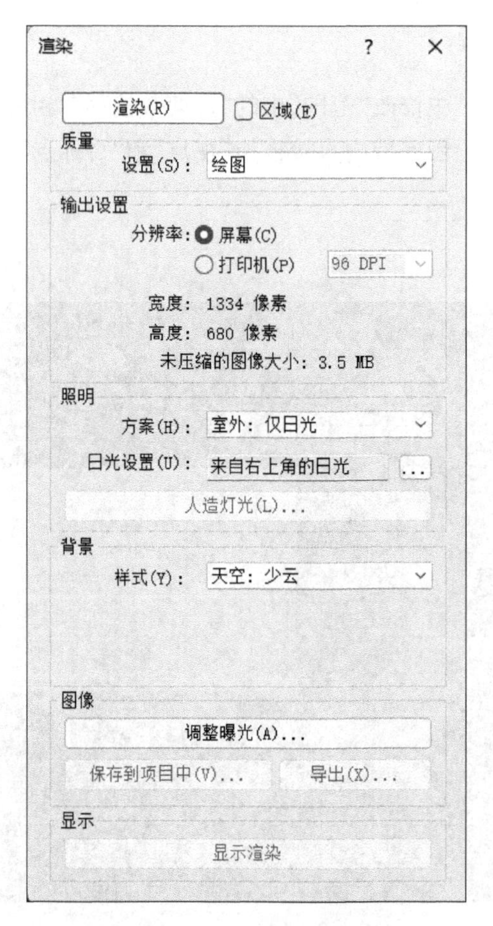

图 12－6　“渲染”操作对话框

（2）在“视图”选项卡下单击“渲染”按钮，系统开始完成图片的渲染。在完成三维视图的渲染后，首先，可以将该图片保存为项目视图，单击“渲染”操作对话框中的“保存到项目中”按钮即可；然后，在软件跳出的“保存到项目中”对话框中输入渲染图的名称，最后，单击“确定”按钮，如图 12－7 所示。

（3）将渲染图片导出至电脑中，可以单击“渲染”操作对话框中的“导出”按钮，然后选择保存路径，并修改文件名，最后单击保存，如图 12－8 所示。

12.3　漫游

漫游是沿着定义路径移动的相机，它展示模型的整体建筑室内外场景及局部细节，并可导出为 AVI 文件或图像。它通过定义路径和关键帧创建漫游动画，在关键帧处可修改相机方向和位置，清晰、流畅展现细节，提供沉浸式体验。

在默认情况下，漫游创建为一系列透视图，也可以创建为正交三维视图。

图 12 - 7　渲染模型

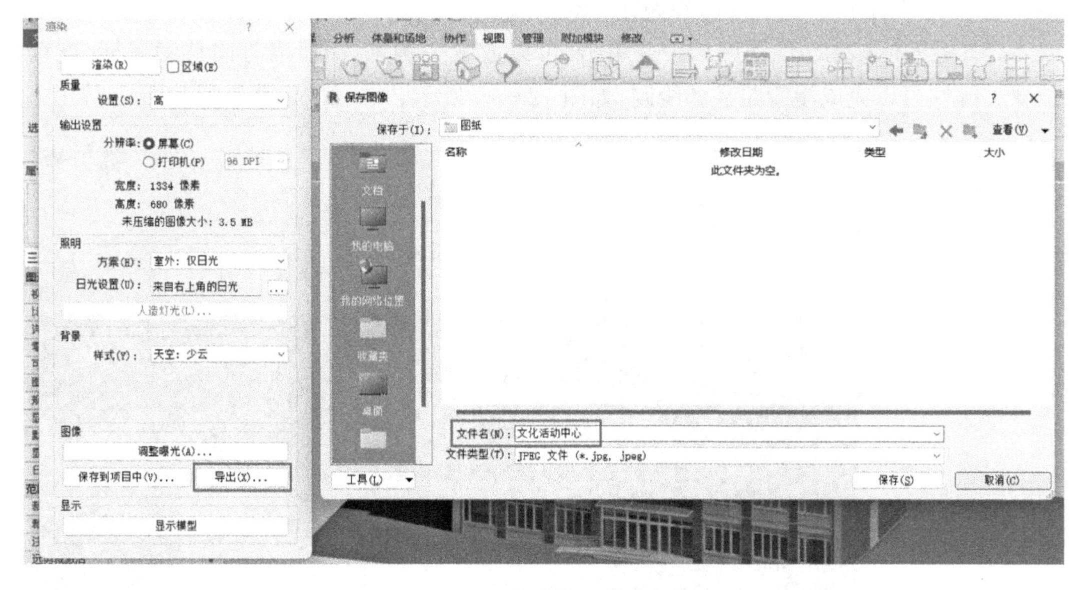

图 12 - 8　导出渲染图片进行保存

12.3.1　创建漫游路径

（1）打开要创建漫游路径的视图。通常在平面视图中创建漫游，也可以在其他视图（如：三维视图、立面视图及剖面视图）中创建漫游。

（2）在“视图”选项卡中的“创建”面板里单击“三维视图”下拉列表中的“漫游”按钮，

如图 12－9 所示。

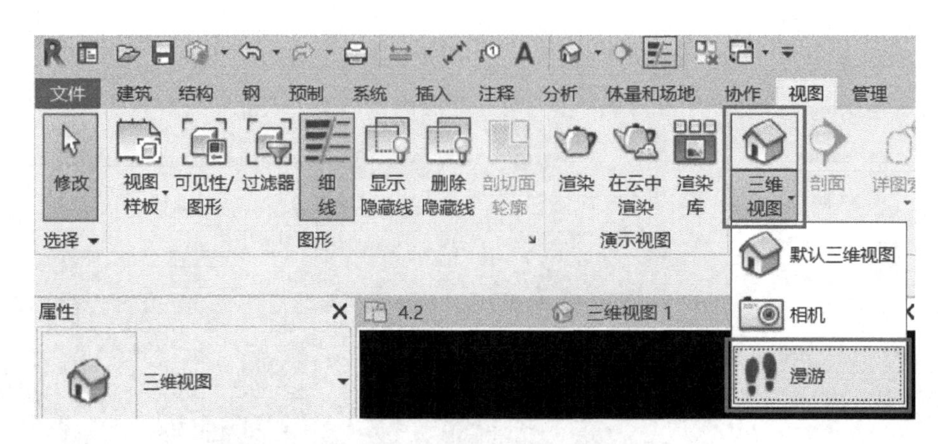

图 12－9 “漫游”按钮的界面

(3) 如果需要正交三维视图，可在选项栏上取消勾选“透视图”选项，将漫游作为正交三维视图创建。

(4) 当在平面视图中创建漫游时，可通过设置相机距所在楼层标高偏移量的操作，调整相机的拍摄高度。在“偏移”修改框内输入所需高度，并从“自”菜单栏中选择对应标高。这样，相机最终呈现的效果为沿楼梯梯段式上升。

(5) 将鼠标移动至绘图区域中并单击，可以放置关键帧，沿所需方向移动鼠标，连续放置关键帧可以完成漫游路径的绘制，如图 12－10 所示。

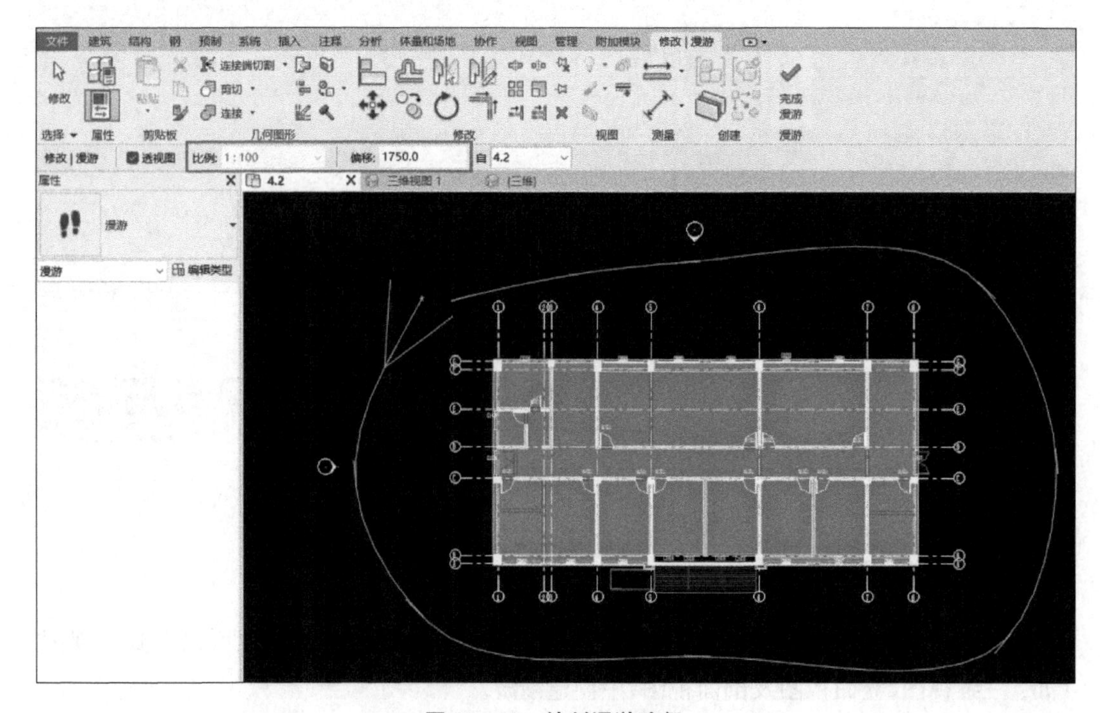

图 12－10 绘制漫游路径

(6) 要完成漫游路径的绘制操作，可以单击“完成漫游”按钮，或双击结束路径创建，或按 Esc 键，如图 12－11 所示。

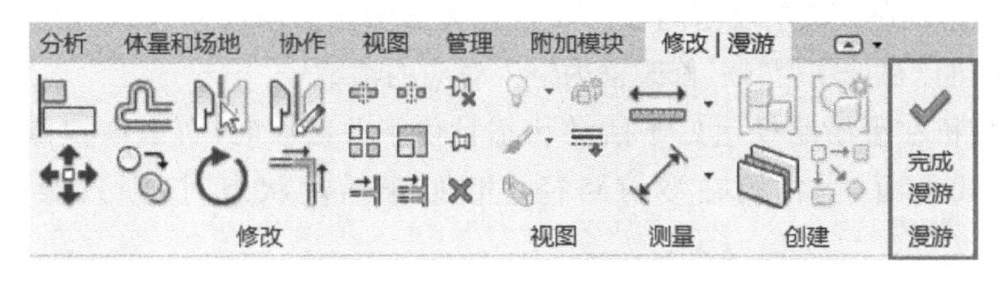

图 12－11　完成漫游绘制

12.3.2　编辑漫游

1. 编辑漫游路径

1) 使用“项目浏览器”编辑漫游路径

(1) 在项目浏览器中单击“漫游”前的“展开”按钮，选择需要编辑的漫游路径，在漫游视图名称上点击鼠标右键，然后单击“显示相机”按钮。

(2) 如要移动整个漫游路径，可将该路径直接拖拽至所需位置点，或者使用“移动”命令完成修改。

(3) 若要重新编辑路径，则在“修改”|“相机”选项卡中的“漫游”面板里单击“编辑漫游”按钮，可在“编辑漫游”选项卡中选择需要重新编辑的路径控制点，如图 12－12 所示。

注意：控制点的修改会直接影响相机拍摄的位置和方向。

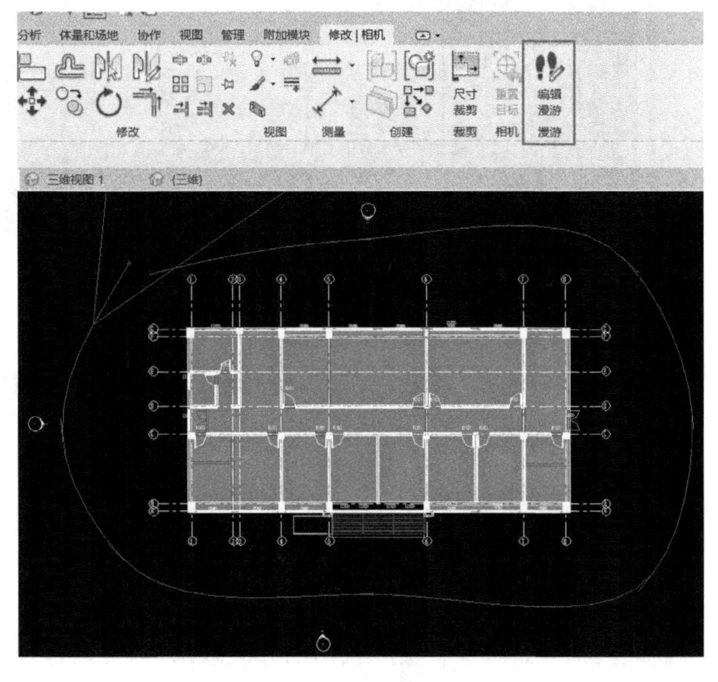

图 12－12　编辑漫游路径

2）将相机拖拽到新帧

（1）在选项栏“控制”菜单栏中选择“活动相机”功能。

（2）可以沿绘制完成的漫游路径将相机拖拽到所需的帧或关键帧，相机会捕捉对应的关键帧；也可以在选项栏“帧”修改框内键入对应的帧编号。

（3）当相机在漫游路径上处于活动状态且位于关键帧时，可以拖拽修改相机的目标点和远剪裁平面；当相机在漫游路径上仅处于活动状态时，则只能修改远剪裁平面。

3）修改漫游路径

在选项栏“控制”菜单栏中选择“路径”，关键帧就会变为路径上的一个控制点，然后可以将关键帧拖拽到所需位置，完成修改。此状态下“帧”文本框中的帧数值保持不变，如图 12-13 所示。

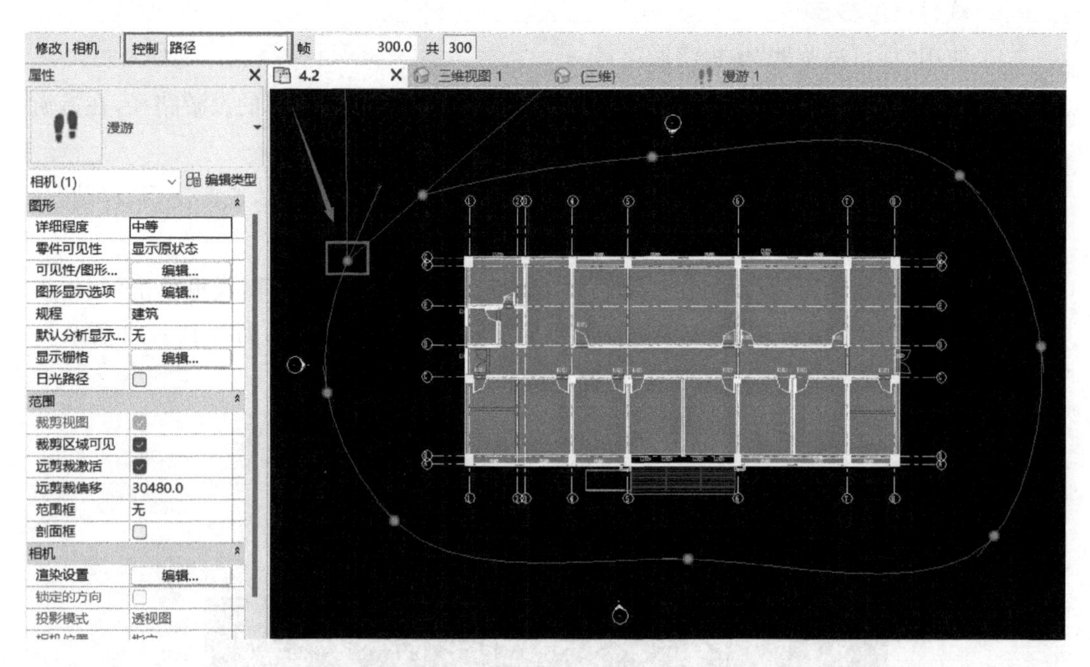

图 12-13 修改漫游路径

4）添加关键帧

在选项栏“控制”菜单栏中选择“添加关键帧”，然后沿已绘制的漫游路径单击鼠标，完成关键帧的添加，如图 12-14 所示。

5）删除关键帧

在选项栏“控制”菜单栏中选择“删除关键帧”，然后将鼠标放置在已绘制的漫游路径现有关键帧上，再单击，即可删除该关键帧，如图 12-15 所示。

6）编辑时显示漫游视图

在漫游路径编辑过程中，如需查看实际视图的修改效果，则可以打开漫游视图。在“编辑漫游”选项卡中的“漫游”面板里单击“打开漫游”按钮，如图 12-16 所示。

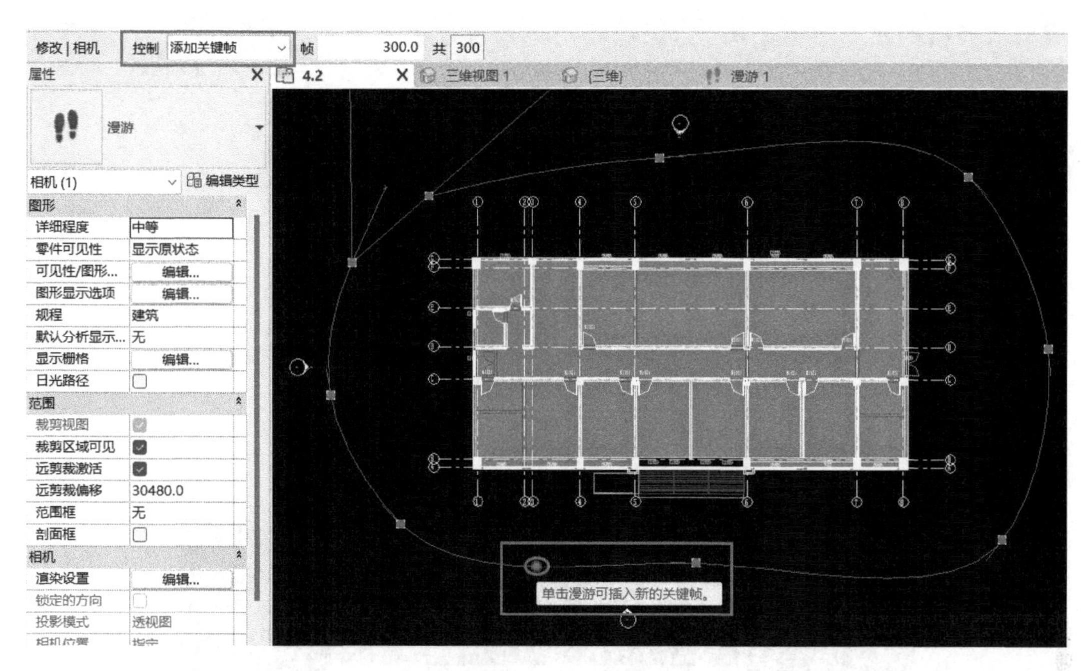

图 12－14　添加关键帧

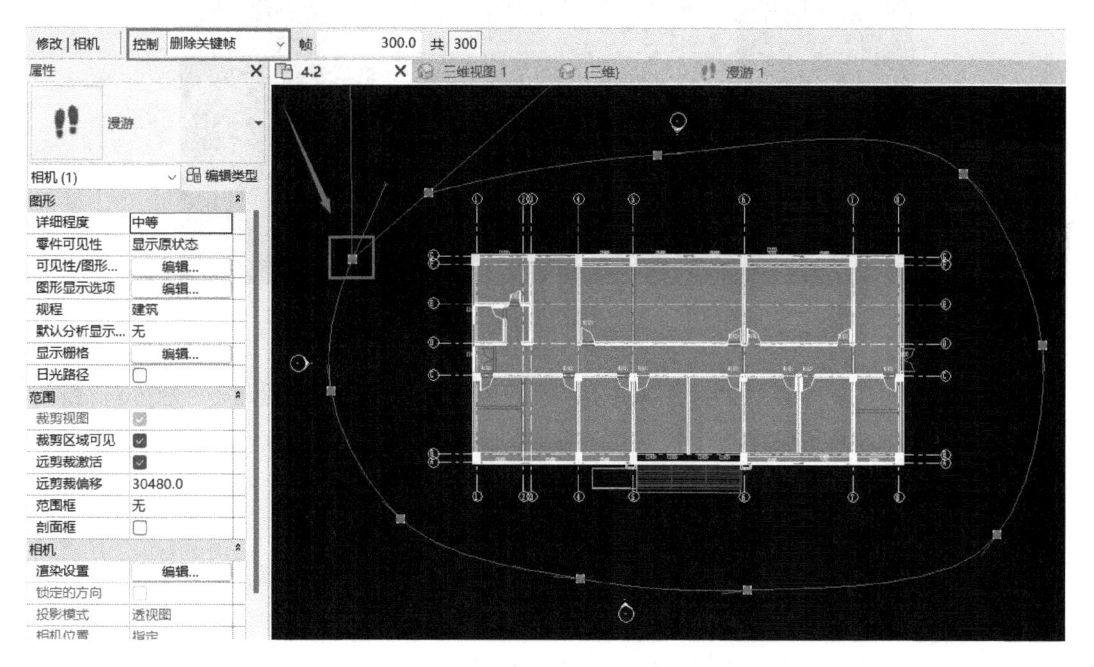

图 12－15　删除关键帧

2. 编辑漫游帧

(1) 打开漫游。在“修改”|“相机”选项卡中的“漫游”面板里单击“编辑漫游”按钮，如图 12－17 所示。

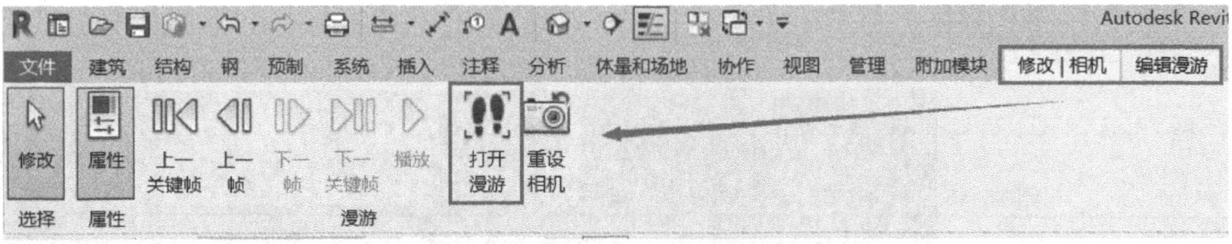

图 12-16 “打开漫游”图标

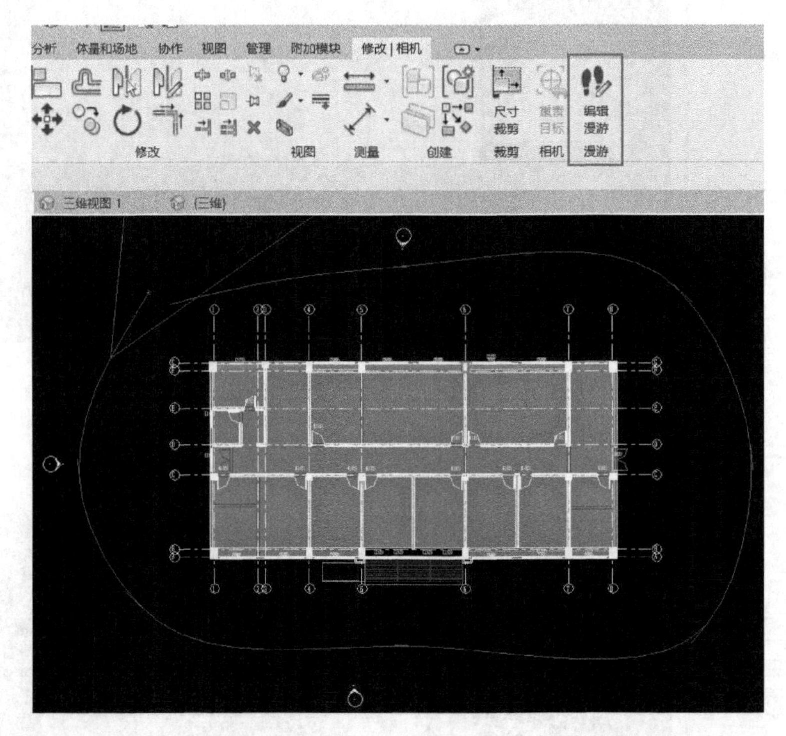

图 12-17 编辑漫游

（2）在属性栏中单击“其他”参数中的“漫游帧”按钮，会显示“漫游帧”修改对话框。在“漫游帧”对话框中共显示五个帧属性的参数，如图 12-18 所示。

“关键帧”参数：表示该漫游路径的关键帧总个数。

“帧”参数：表示关键帧的帧数量。

“加速器”参数：可以通过调整数字来改变特定关键帧处漫游的播放速度。

“速度”参数：表示相机沿漫游路径移动时，通过每个关键帧时的速度。

“已用时间”参数：表示从第一个关键帧开始到之后的每一个关键帧的已用时间。

（3）在一般情况下，相机沿整个漫游路径保持匀速移动。可以通过增加或减少帧总数、每秒帧数来改变相机的移动速度。即在“漫游帧”对话框中输入帧总数或每秒帧数所需的数值。

（4）如要修改关键帧的相关数值，可取消勾选“匀速”选择框，并在“加速器”列中修改

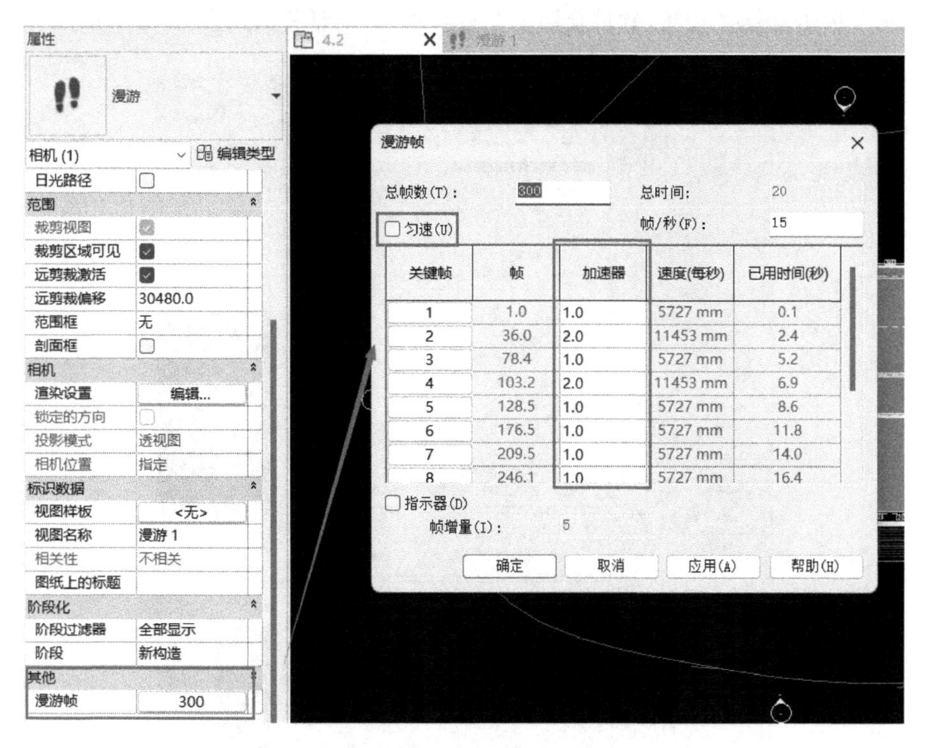

图 12 - 18　“漫游帧”设置

对应关键帧的输入值。“加速器”有效值为 0.1～10。

(5) 沿漫游路径分布相机：为了帮助理解沿漫游路径的帧分布情况，可勾选“指示器”选项，然后在“帧增量”修改框内输入所需值，软件将按照该增量值查看相机指示符。

(6) 重设目标点：可在关键帧上完成相机目标点位置的移动，例如，当需要的漫游效果为环顾两侧。如要将相机目标点沿该路径重新设置，则在“编辑漫游”选项卡中“漫游”面板里单击“重设相机”按钮，如图 12 - 19 所示。

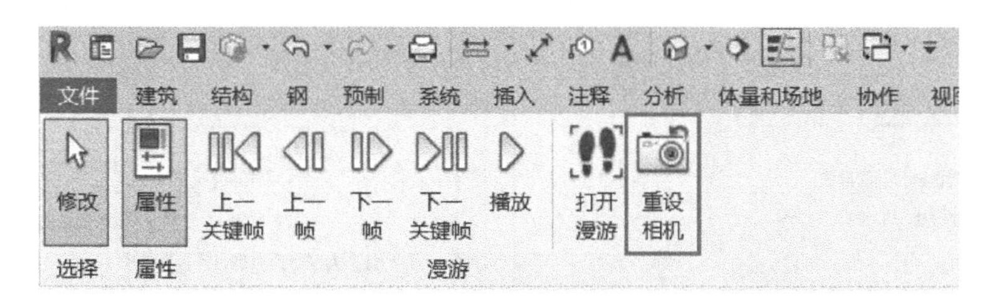

图 12 - 19　相机目标点重设

12.3.3　导出漫游动画

用户通过软件完成漫游动画的导出，文件格式可以为 AVI 或图像。在将漫游动画导出为图像文件时，漫游动画的每个帧都会单独保存为一个文件。

(1) 单击工具栏中的“文件”按钮，打开应用程序菜单栏，再选择“导出”选项下的“图像和动画”，单击“漫游”按钮，软件会跳出“长度/格式”对话框，如图 12 - 20 所示。

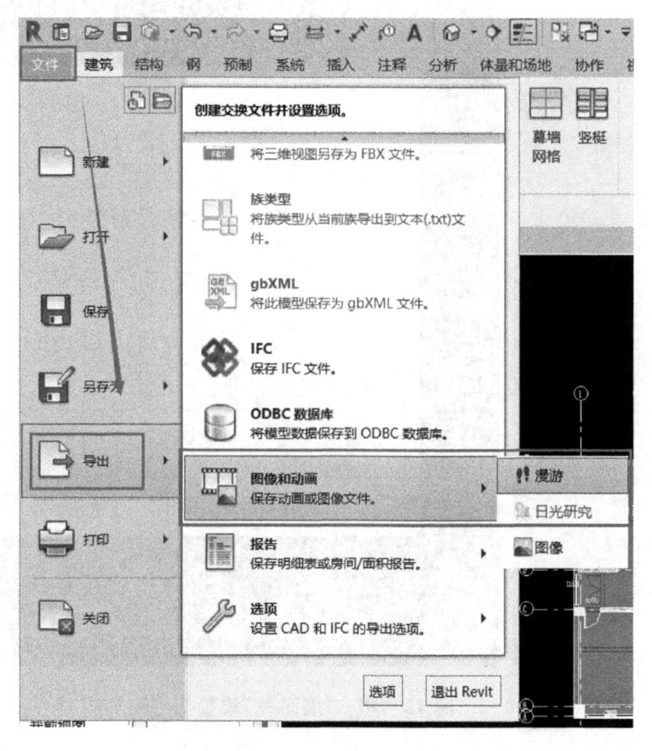

图 12 - 20　导出漫游动画

(2) 在“长度/格式”对话框中的“输出长度”选项区域，可修改以下几项参数(见图 12 - 21)：

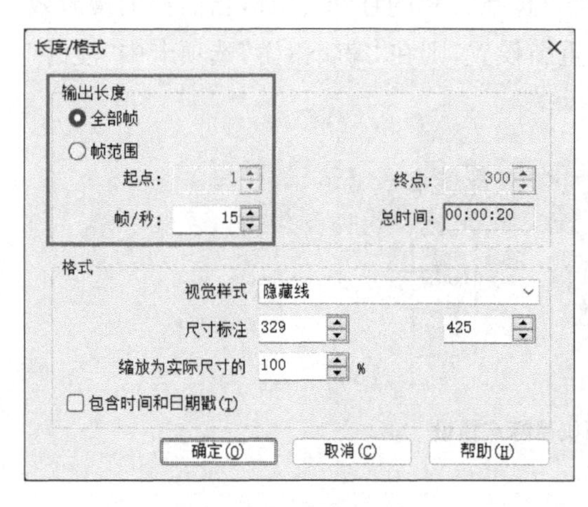

图 12 - 21　输出长度

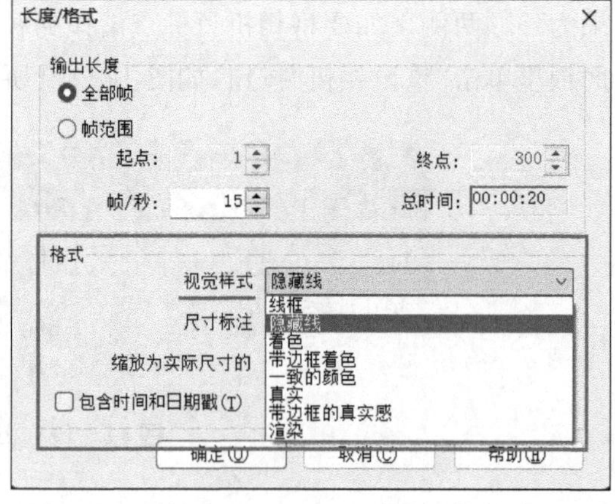

图 12 - 22　格式

① “全部帧”：将所有帧都显示在输出文件中。

② “帧范围”：仅导出特定范围内的帧。当使用此选项时，应在文本框内输入对应的帧范围值。

③ “帧/秒”：在改变每秒的帧数时，总时间也会同时自动更新。

(3) 在“长度/格式”对话框中的“格式”选项区域，可修改“视觉样式”“尺寸标注”和“缩放为实际尺寸的”设置为所需的相关参数值，如图 12-22 所示。

(4) 在“长度/格式”对话框中单击“确定”按钮，软件会跳出“导出漫游”对话框，可以使用软件给定的默认输出文件名称和路径，也可以修改文件名称或修改新的保存路径。

(5) 选择文件类型：AVI 或图像文件(JPEG、TIFF、BMP 或 PNG)。单击“保存”按钮，弹出“视频压缩”对话框。

(6) 在“视频压缩”对话框中，可以从“全帧(非压缩的)”下拉菜单中选择已安装在计算机中的压缩程序，如图 12-23 所示。

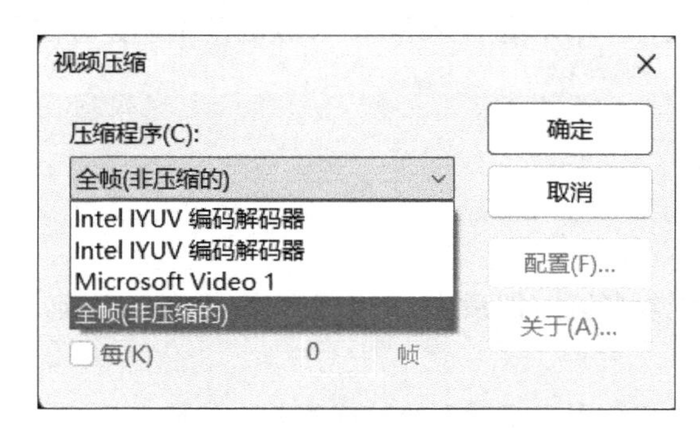

图 12-23　“视频压缩”设置对话框

第 13 章

族

Revit 中的所有图元都是基于族的。“族”不仅是一个模型，族中还包含了参数集和相关的图形表示的图元组合。本章重点介绍 Revit 族的基本创建方法及用途。

13.1 族的种类

Revit 中包括 3 种类型的族，即系统族、可载入族（标准构件族）和内建族。

1. 系统族

在项目中创建的大多数图元都是系统族或可载入的族。用户可以组合能够装载的族来创建嵌套和共享族。非标准图元或自定义图元是使用内建族创建的。系统族可以创建在建筑现场装配的基本图元，如墙、屋顶、楼板、风管、管道等。能够影响项目环境且包含标高、轴网、图纸和视口类型的系统设置的族也是系统族。系统族是在 Revit 中预定义的，不能将其从外部文件中载入项目中，也不能将其保存到项目之外的位置。

2. 可载入族

可载入族用于创建下列构件的族：

(1) 安装在建筑内和建筑周围的建筑构件，如窗、门、橱柜、装置、家具和植物等。

(2) 安装在建筑内和建筑周围的系统构件，如锅炉、热水器、空气处理设备和卫浴装置等。

(3) 常规自定义的一些注释图元，如符号和标题栏等。

由于可载入族具有高度可自定义的特征，因此它们在 Revit 中被频繁创建和修改。与系统族不同，可载入族是在外部的 RFA 文件中创建的，并可导入或载入项目中。对于包含许多类型的可载入族，可以创建和使用类型目录，这样可以仅将项目所需的类型载入，从而提高管理效率和项目性能。

3. 内建族

内建族是需要创建当前项目专有的独特构件时所创建的独特图元。用户可以创建内建几何图形，以便可参照其他项目几何图形，使其在所参照的几何图形发生变化时，进行相应大小调整和其他调整。在创建内建图元时，Revit 为该内建图元创建一个族，该族包含单个族类型。

创建内建图元涉及许多与创建可载入族相同的族编辑器工具。在创建族时，软件会提示选择一个与该族所要创建的图元类型相对应的族样板。该样板相当于一个构建块，其中包含在开始创建族时及 Revit 在项目中放置族时所需要的信息。大多数族样板都是根据其所要创建的图元族的类型进行命名的，但也有一些样板在族名称之后包含下列描述符之一：

(1) 基于墙的样板。

(2) 基于天花板的样板。

(3) 基于楼板的样板。

(4) 基于屋顶的样板。

(5) 基于线的样板。

(6) 基于面。

基于墙的样板、基于天花板的样板、基于楼板的样板和基于屋顶的样板均被称为基于主体的样板。基于主体的族只能在项目中存在其主体类型的图元时进行放置。

13.2 族创建

13.2.1 族文件的创建和编辑

使用族编辑器可以对现有族进行修改或创建新的族。打开族编辑器的方法取决于将要执行的操作，可以使用族编辑器来创建和编辑可载入族以及内建图元，选项卡和面板因所要编辑的族类型而异，不能使用族编辑器来编辑系统族。

1. 通过项目编辑现有族

(1) 在绘图区域中选择一个族实例，并在“修改〈图元〉”选项卡“模式”面板中单击“编辑族”按钮。

(2) 双击绘图区域中的族实例。

2. 在项目外部编辑可载入族

(1) 单击按钮打开应用程序菜单，执行“打开”|“族”命令。

(2) 系统弹出“打开”对话框，浏览到包含族的文件，然后单击“打开”按钮。

3. 用样板文件创建可载入族

(1) 单击按钮打开应用程序菜单，执行“新建”|“族”命令。

(2) 系统弹出“新族-选择样板文件”对话框，浏览并选择相应的样板文件，然后单击“打开”按钮。

4. 创建内建族

(1) 在功能区上，单击“内建模型”按钮。在“建筑”选项卡“构建”面板“构件”下拉列表中单击“内建模型”按钮；在“结构”选项卡“模型”面板“构件”下拉列表中单击“内建模型”按钮；在“系统”选项卡“模型”面板“构件”下拉列表中单击“内建模型”按钮。

(2) 系统弹出“族类别和族参数”对话框，选择相应的族类别，然后单击“确定”按钮。

(3) 在弹出的“名称”对话框中输入内建图元族的名称，然后单击“确定”按钮。

5. 编辑内建族

(1) 在图形中选择内建族。

(2) 在“修改〈图元〉”选项卡“模型”面板中单击“编辑内建图元”按钮。

13.2.2 创建族形体的基本方法

创建族形体的方法与体量的创建方法一样，包含拉伸、融合、旋转、放样及放样融合五种基本方法。它可以创建实心和空心形状，如图 13-1 所示。

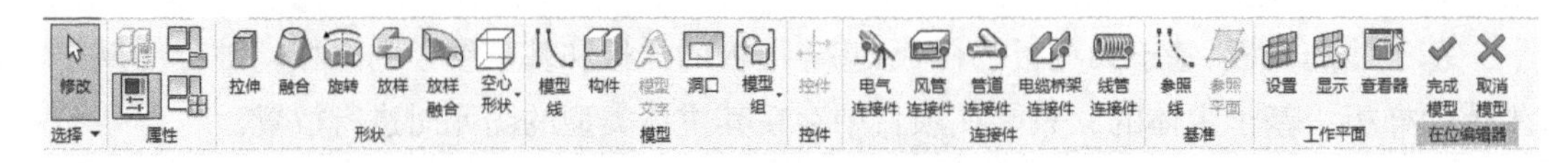

图 13-1 创建族形体面板

1. 拉伸

(1) 在族编辑器界面，从“创建”选项卡“形状”面板中执行“拉伸”命令。

(2) 在“修改”|“创建拉伸”选项卡“绘制”面板中选择一种绘制方式，在绘图区域绘制想要创建的拉伸轮廓。

(3) 在“属性”选项板中设置好拉伸的起点和终点。

(4) 在“修改“|”创建拉伸”选项卡“模式”面板中单击“完成编辑模式”按钮，完成拉伸的创建，如图 13-2 所示。

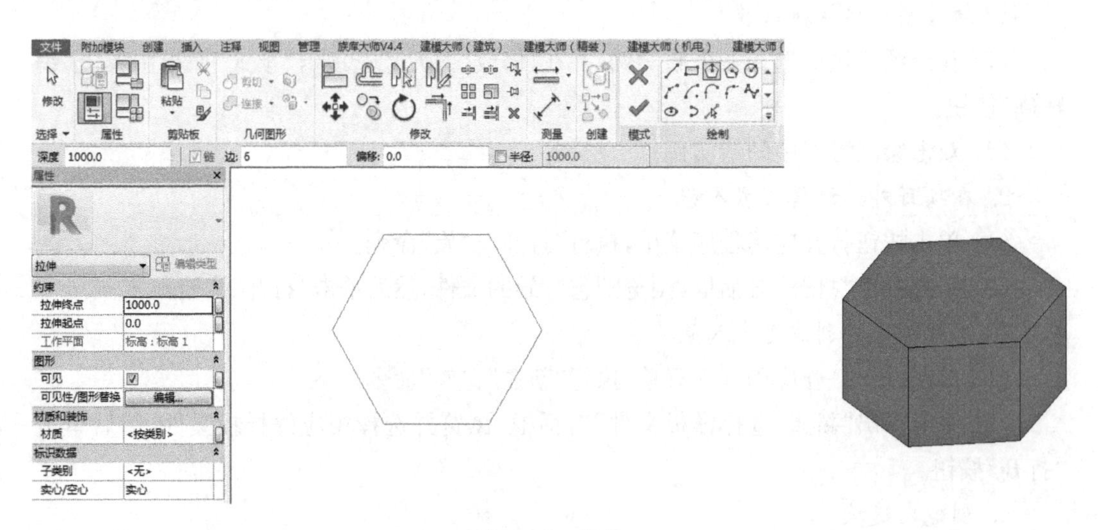

图 13-2 拉伸

2. 融合

(1) 在族编辑器界面的“创建”选项卡“形状”面板中执行“融合”命令。

(2) 在“修改”|“创建融合底部边界”选项卡的“绘制”面板中选择一种绘制方式，在绘图区域绘制想要创建的融合底部轮廓，如图 13 - 3 所示。

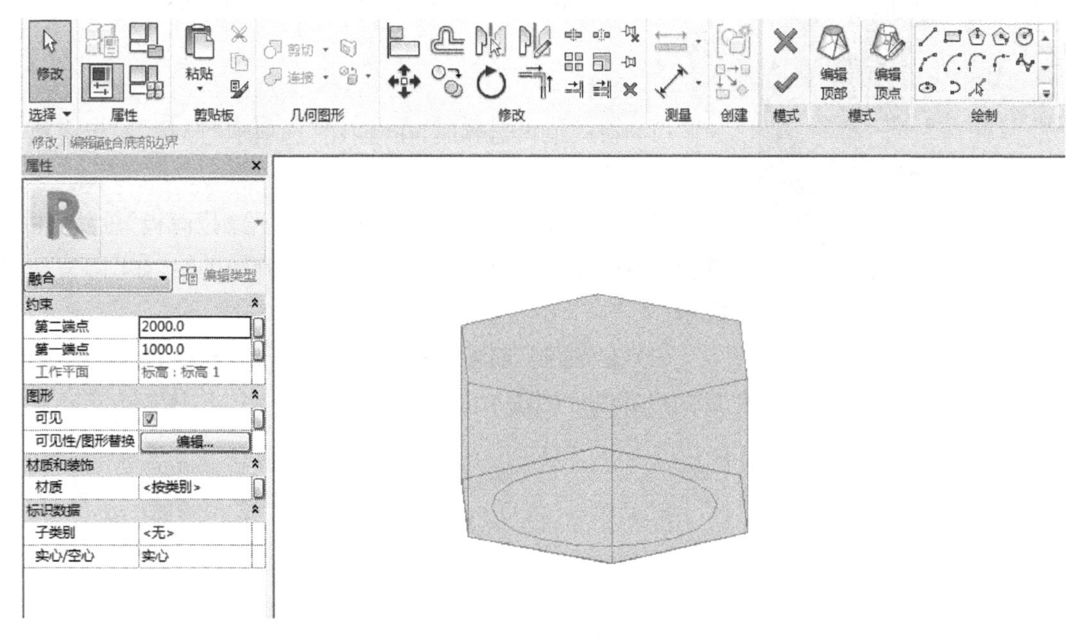

图 13 - 3　编辑底部轮廓

(3) 绘制完底部轮廓后，在“修改”|“创建融合底部边界”选项卡“模式”面板中执行“编辑顶部”命令，进行融合顶部轮廓的创建，如图 13 - 4 所示。

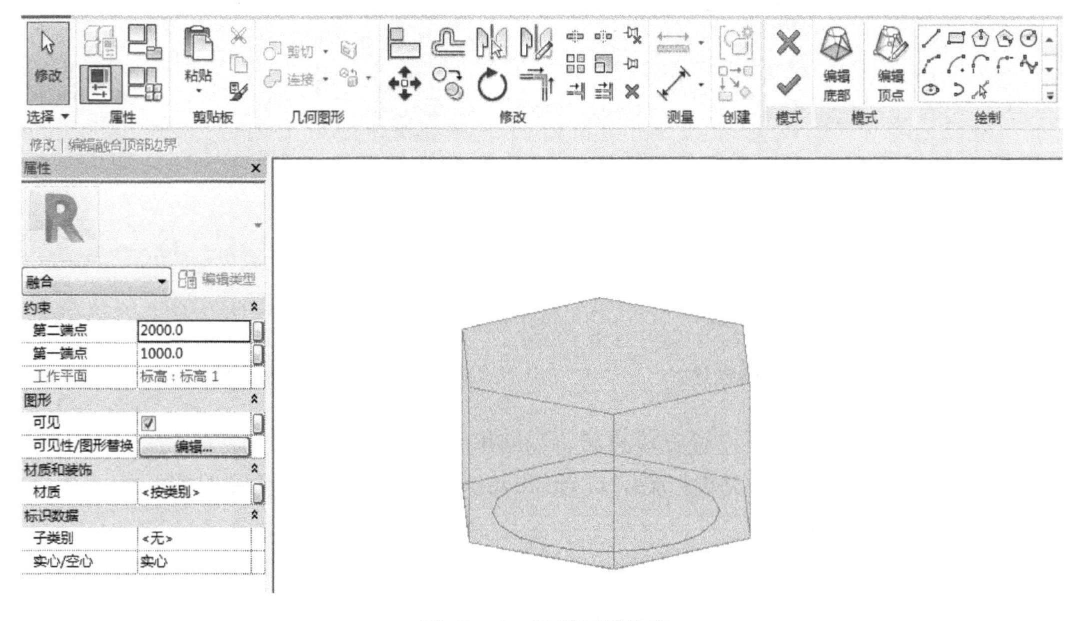

图 13 - 4　编辑顶部轮廓

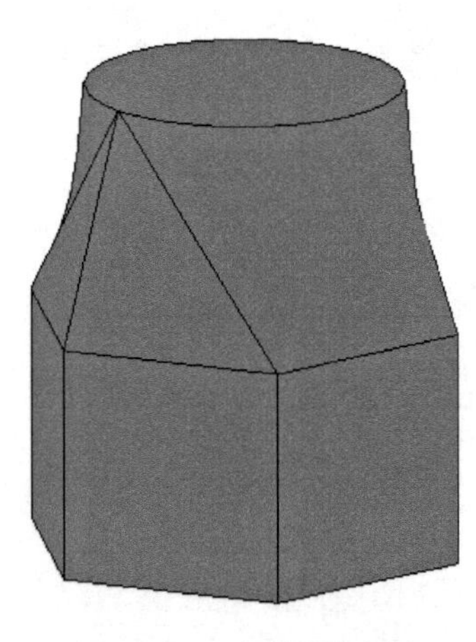

图 13－5　完成融合创建

(4) 在“属性”选项板中设置好融合的端点高度。

(5) 在“修改”|“编辑融合底部边界”选项卡“模式”面板中单击“完成编辑模式”按钮，完成融合的创建，如图 13－5 所示。

3. 旋转

(1) 在族编辑器界面，在“创建”选项卡“形状”面板中执行“旋转”命令。

(2) 在“修改”|“创建旋转”选项卡“绘制”面板“轴线”中选择“直线”绘制方式，在绘图区域绘制旋转轴线，如图 13－6 所示。

(3) 在“绘制”面板中执行“边界线”命令，选择一种绘制方式，在绘图区域绘制旋转轮廓的边界线。如图 13－7 所示。

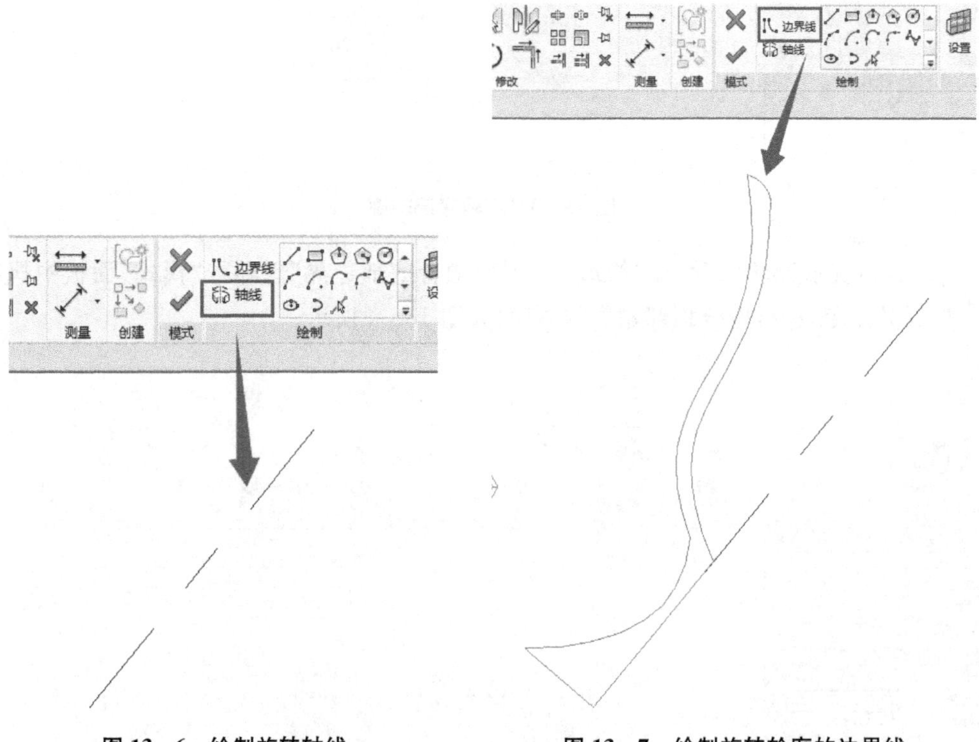

图 13－6　绘制旋转轴线　　**图 13－7　绘制旋转轮廓的边界线**

(4) 在“属性”选项板中设置旋转的起始和结束角度。

(5) 在“修改”|“创建旋转”选项卡“模式”面板中单击“完成编辑模式”按钮，完成旋转的创建，如图 13－8 所示。

4. 放样

(1) 在族编辑器界面，在“创建”选项卡“形状”面板中执行“放样”命令。

(2) 在“修改|放样”选项卡的“放样”面板中执行“绘制路径”命令。

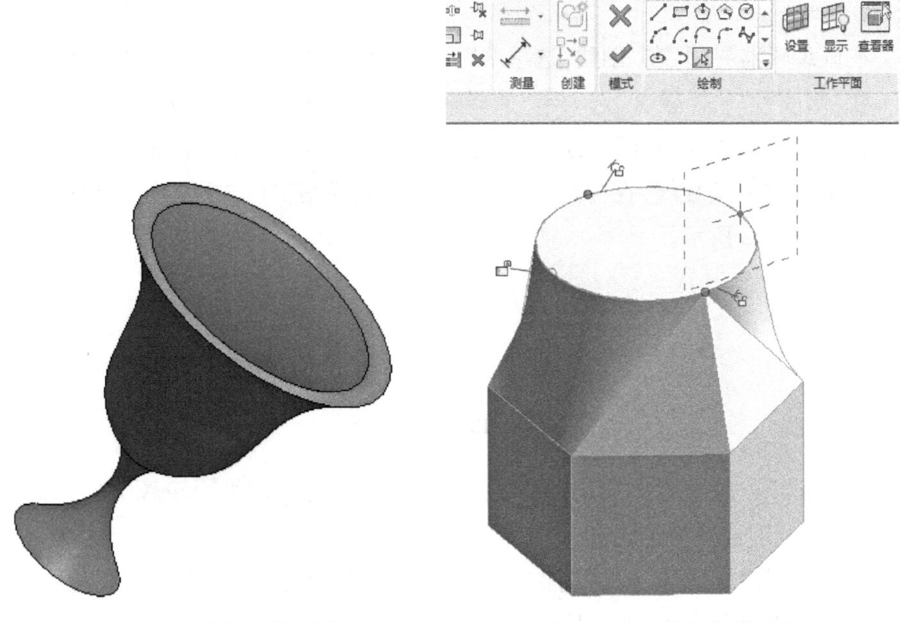

图 13－8 完成旋转的创建　　　　**图 13－9 绘制放样路径**

在“修改|放样>绘制路径”选项卡“绘制”面板中选择相应的绘制方式，在绘图区域绘制放样的路径线，完成路径绘制。

若执行“拾取路径”命令，拾取导入的线、图元轮廓线或绘制的模型线，完成路径绘制草图模式。如图 13－9 所示。

(3) 在“放样”面板中执行“编辑轮廓”命令，进入轮廓编辑草图模式。

(4) 在“修改|放样>编辑轮廓”选项卡“绘制”面板中选择相应的绘制方式，在绘图区域绘制旋转轮廓的边界线，完成轮廓编辑草图模式，如图 13－10 所示。

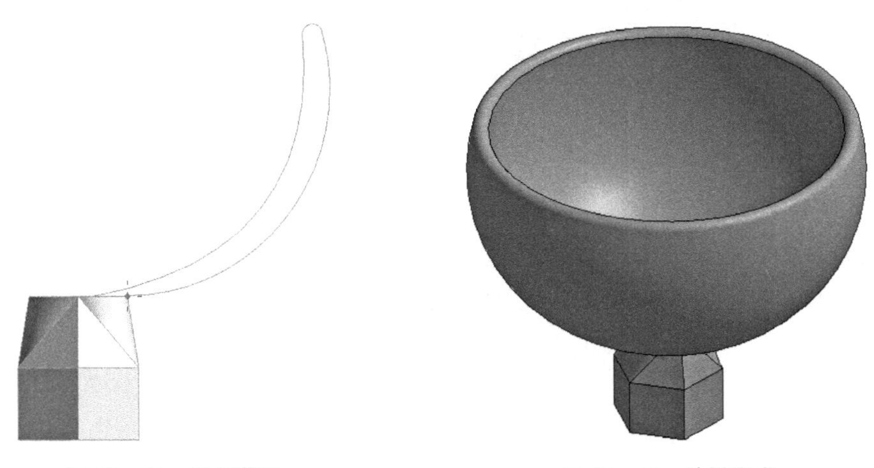

图 13－10 编辑草图　　　　**图 13－11 放样完成**

注意：绘制轮廓时，所在的视图可以是三维视图，或者打开查看器进行轮廓绘制。

(5) 在“模式”面板中单击“完成编辑模式”按钮，完成放样的创建，如图 13－11 所示。

5. 放样融合

(1) 在族编辑器界面,在"创建"选项卡"形状"面板中执行"放样"|"融合命令"。

(2) 在"修改"|"放样融合"选项卡"放样融合"面板中选择"绘制路径"。

(3) 在"修改"|"放样融合"|"绘制路径"选项卡"绘制"面板选择相应的绘制方式,在绘图区域绘制放样的路径线,在"模式"面板中单击"完成编辑模式"按钮,退出路径绘制草图模式,如图 13 - 12 所示。

图 13 - 12 绘制路径

(4) 在"修改"|"放样融合"选项卡"放样融合"面板中执行"编辑轮廓"命令,进入轮廓编辑草图模式,分别选择两个轮廓,进行轮廓编辑。

(5) 在"修改"|"放样融合"|"编辑轮廓"选项卡"绘制"面板中选择相应的绘制方式,在绘图区域绘制轮廓的边界线,如图 13 - 13 所示。

图 13 - 13 绘制轮廓的边界线

注意:绘制轮廓时,所在的视图可以是三维视图,或者打开查看器进行轮廓绘制。

(6) 在"模式"面板单击"完成编辑模式"按钮,完成放样融合的创建,如图 13 - 14 所示。

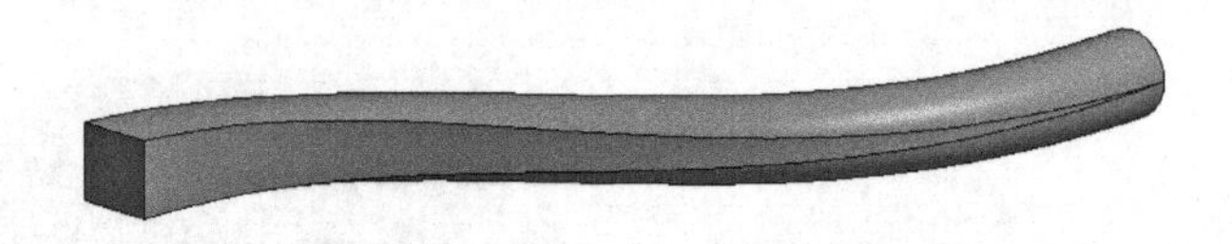

图 13 - 14 完成放样融合

6. 空心形状

空心形状的创建基本方法同实心形状的创建方式。空心形状用于剪切实心形状,得到想要的形体。空心形状的创建方法参考前面的实心形状的创建。

13.3 族应用

13.3.1 系统族与项目

系统族已预定义且保存在样板和项目中,而不是从外部文件中载入样板和项目中的。

用户可以复制并修改系统族中的类型，可以创建自定义系统族类型。要载入系统族类型，可以执行下列操作：

（1）将一个或多个选定类型从一个项目或样板中复制并粘贴到另一个项目或样板中。

（2）将选定系统族或族的所有系统族类型从一个项目中传递到另一个项目中。

如果在项目或样板之间只有几个系统族类型需要载入，则可以复制并粘贴这些系统族类型。其基本步骤为：选中要进行复制的系统族，在“修改〈图元〉”选项卡“剪贴板”面板中进行复制和粘贴。

如果要创建新的样板或项目，或者需要传递所有类型的系统族，则可以传递系统族类型。其基本步骤为：在“管理”选项卡的“设置”面板中选择“传递项目标准”命令，进行系统族在项目之间的传递。

13.3.2　可载入族与项目

与系统族不同，可载入族是在外部 RFA 文件中创建的，并可导入（载入）项目中。创建可载入族时，首先使用软件中提供的样板，该样板包含所要创建族的相关信息。先绘制族的几何图形，使用参数建立族构件之间的关系，创建其包含的变体或族类型，确定其在不同视图中的可见性和详细程度。

Revit 中包含一个内容库，可以用来访问软件提供的可载入族，也可以在其中保存创建的族。将可载入族载入项目的方法步骤如下：

（1）在“插入”选项卡“从库中载入”面板中执行“载入族”命令。

（2）系统弹出“载入族”对话框，在其中选择要载入的族文件即可，如图 13－15 所示。

图 13－15　载入族

修改雨棚参数，将雨棚放置于一层大门处的效果如图 13 - 16 所示。

图 13 - 16　布置雨棚

13.3.3　内建族与项目

在项目中，如果需要使用独特的几何图形，或这些几何图形需要与其他项目中的几何图形保持一种或多种关系则应创建内建图元。内建图元可以确保图形的独特性，并维护项目间几何图形关系的正确性。

族类别和族参数
族类别(C)
过滤器列表：建筑
停车场
卫浴装置
地形
场地
墙
天花板
家具
家具系统
屋顶
常规模型
机械设备
柱
栏杆扶手
族参数(P)

参数	值
可将钢筋附着到主体	☐
零件类型	标准
圆形连接件大小	使用直径
OmniClass 编号	

确定　取消

图 13 - 17　内建族的族类别对话框

用户可以在项目中创建多个内建图元，并且可以将同一内建图元的多个副本放置在项目中。但是，与系统族和可载入族不同，内建族无法通过复制其类型来创建多种类型。尽管可以在项目之间传递或复制内建图元，但应谨慎使用此功能，因为内建图元会增大文件大小并影响软件性能。

创建内建图元与创建可载入族使用相同的族编辑器工具。

在“建筑”“结构”或“系统”选项卡的“构件”下拉列表中执行“内建模型”命令，在弹出的“族类别和族参数”对话框中选择需要创建的“族类别”，如图 13 - 17 所示。然后进入族编辑器界面创建内建族模型。如图 13 - 18 所示，创建屋顶排水沟内建族。

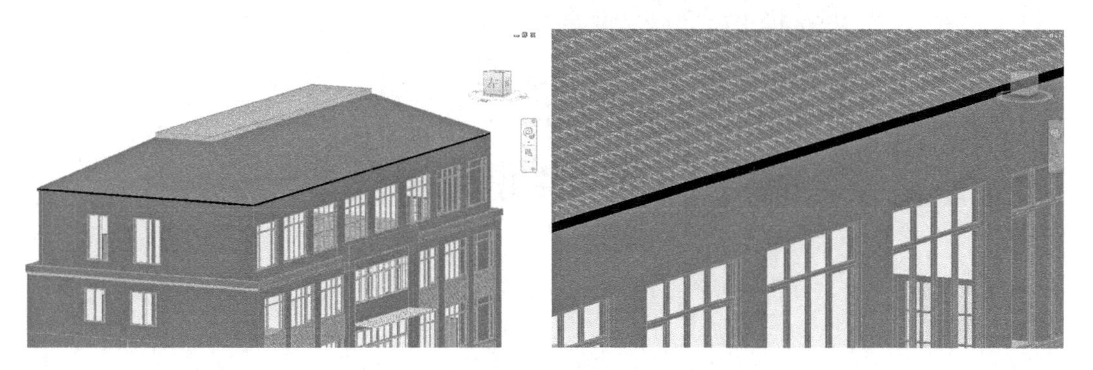

图 13－18　“放样”创建屋顶排水沟内建族

在完成内建族创建后，在“在位编辑器”面板中执行“完成模型”命令，即可完成内建族的创建，如图 13－19 所示。

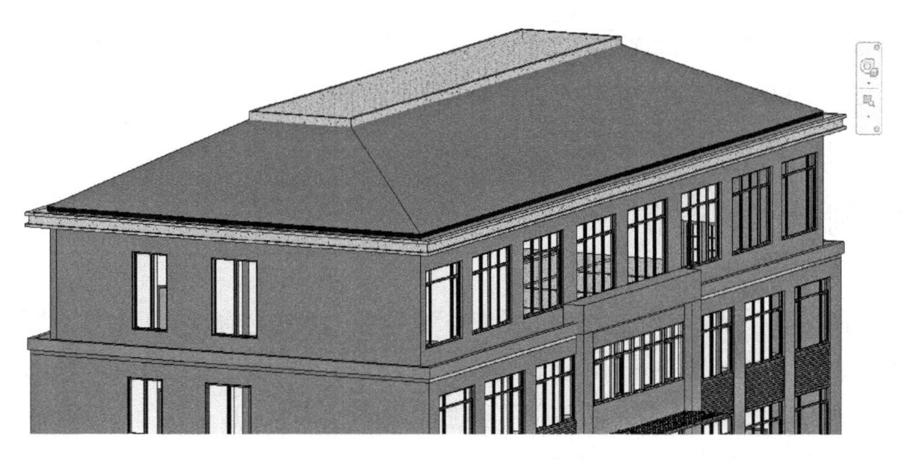

图 13－19　完成内建模型

若需要再次对已建好的内建族进行修改编辑，则选中内建族，在“修改〈图元〉”上下文选项卡“模型”面板中执行“在位编辑”命令，重新进入族编辑器界面进行修改编辑族。

第 14 章

创建门窗明细表和图纸

明细表是 Revit 软件的重要组成部分。通过定制明细表，可以从所创建的 Revit 模型(建筑信息模型)中获取项目应用中所需要的各类项目信息，并采用表格的形式直观地表达出来。另外，Revit 模型中所包含的项目信息还可以导出到其他数据库管理软件中。

在 Revit 中生成建筑构件明细表时，可以将每一构件作为单独的行列出来创建实例明细表，也可以列出相同类型构件的总数来创建类型明细表。

14.1 创建门明细表

在“视图”选项卡中的“创建”面板“明细表”的下拉列表中选择“明细表/数量”选项，系统会弹出“新建明细表”对话框(见图 14-1)。在对话框中选择要统计的构件类别，设置明细表名称，选择明细表的构成单元和应用阶段，单击“确定”按钮，系统弹出“明细表属性”对话框，如图 14-2 所示。

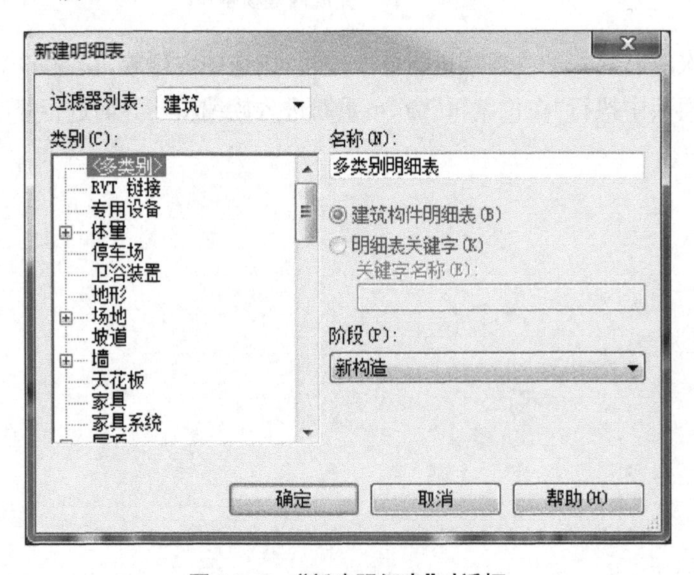

图 14-1 “新建明细表”对话框

图 14－2　“明细表属性”对话框

（1）“字段”选项卡：从“可用字段”列表中选择要统计的字段，单击“添加”按钮移动到“明细表字段”列表中，选择“上移”或“下移”调整字段顺序，如图 14－2 所示。

（2）“过滤器”选项卡：设置过滤器可以统计其中部分构件，若不设置过滤器，则会对全部构件进行统计，如图 14－3 所示。

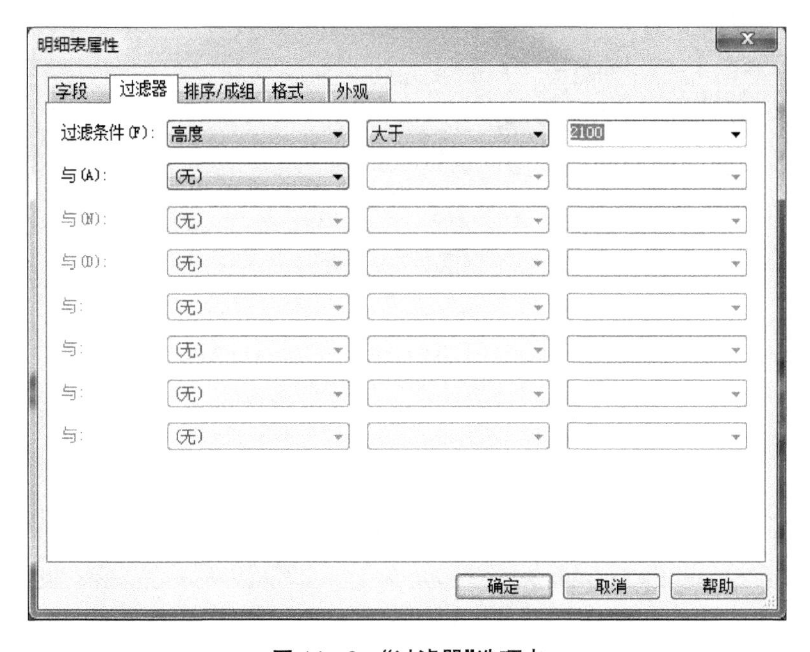

图 14－3　“过滤器”选项卡

（3）“排序/成组”选项卡：设置排序方式，选择“总计”“逐项列举每个实例”，如

图 14－4 所示。

图 14－4　“排序/成组”选项卡

(4)“格式”选项卡：设置字段在表格中的标题名称(字段和标题名称可以不同，如“类型”可修改为窗编号)、方向、对齐方式，需要时勾选“计算总数”选项，如图 14－5 所示。

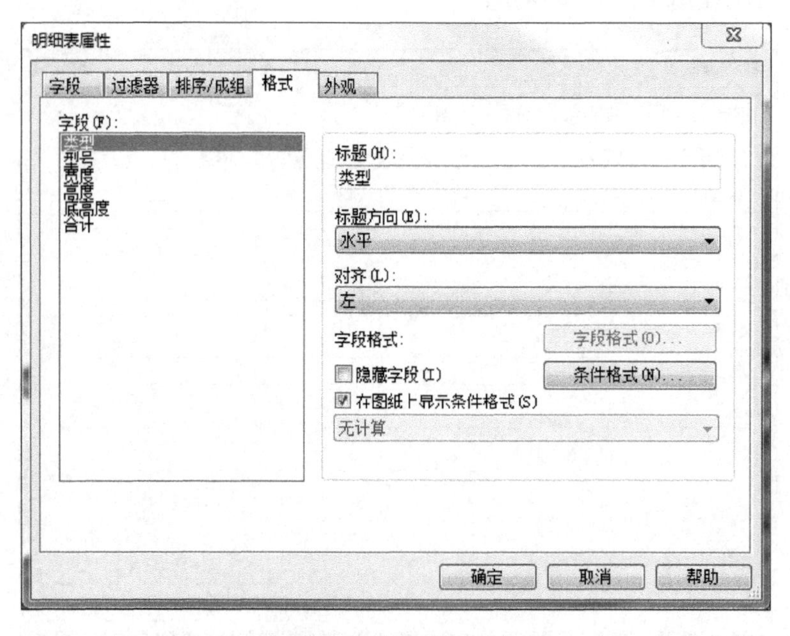

图 14－5　“格式”选项卡

(5)“外观”选项卡：设置表格线宽、标题和正文的文字字体与大小，单击“确定”按钮，如图 14－6 所示。

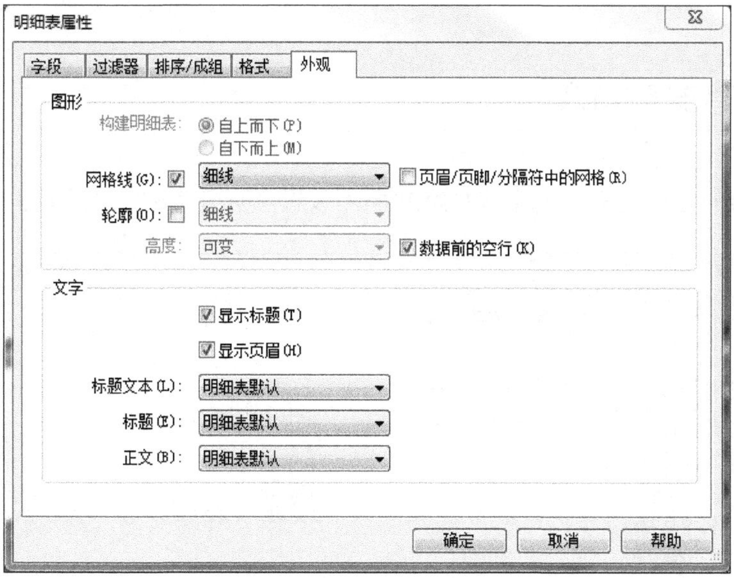

明细表属性

字段　过滤器　排序/成组　格式　外观

图形

构建明细表：◉ 自上而下(P)　○ 自下而上(M)

网格线(G)：☑ 细线　☐ 页眉/页脚/分隔符中的网格(R)

轮廓(O)：☐ 细线

高度：可变　☑ 数据前的空行(K)

文字

☑ 显示标题(T)

☑ 显示页眉(H)

标题文本(L)：明细表默认

标题(E)：明细表默认

正文(B)：明细表默认

确定　取消　帮助

图 14－6　“外观”选项卡

设置完成后单击“确定”，完成“门明细表”创建，如图 14－7 所示。

<门明细表>

A	B	C	D	E	F
类型	型号	宽度	高度	底高度	合计
FM乙1821		1800	2100	0	1
FM甲1021		1000	2100	0	1
LPM1835		1800	3500	0	1
LPM1835		1800	3500	0	1
M0921		900	2100	0	1
M0921		900	2100	0	1
M0921		900	2100	0	1
M0921		900	2100	0	1
M0921		900	2100	0	1
M0921		900	2100	0	1
M1021		1000	2100	0	1
M1021		1000	2100	0	1
M1021		1000	2100	0	1
M1021		1000	2100	0	1
M1021		1000	2100	0	1
M1021		1000	2100	0	1
M1021		1000	2100	0	1
M1021		1000	2100	0	1
M1021		1000	2100	0	1
M1021		1000	2100	0	1
M1021		1000	2100	0	1
M1021		1000	2100	0	1
M1021		1000	2100	0	1
M1021		1000	2100	0	1
M1021		1000	2100	0	1
M1021		1000	2100	0	1
M1021		1000	2100	0	1
M1021		1000	2100	0	1
M1021		1000	2100	0	1
M1021		1000	2100	0	1
M1021		1000	2100	0	1
M1021		1000	2100	0	1
M1021		1000	2100	0	1
M1521		1500	2100	0	1
M1821		1800	2100	0	1
M1821		1800	2100	0	1
大门		850	2325		1
大门		850	2325		1
大门		850	2325		1
大门		850	2325		1
总计：40					

图 14－7　门明细表

14.2 创建窗明细表

窗明细表的创建方式与 14.1 节的操作类似，设置窗明细表的“字段”如图 14－8 所示。

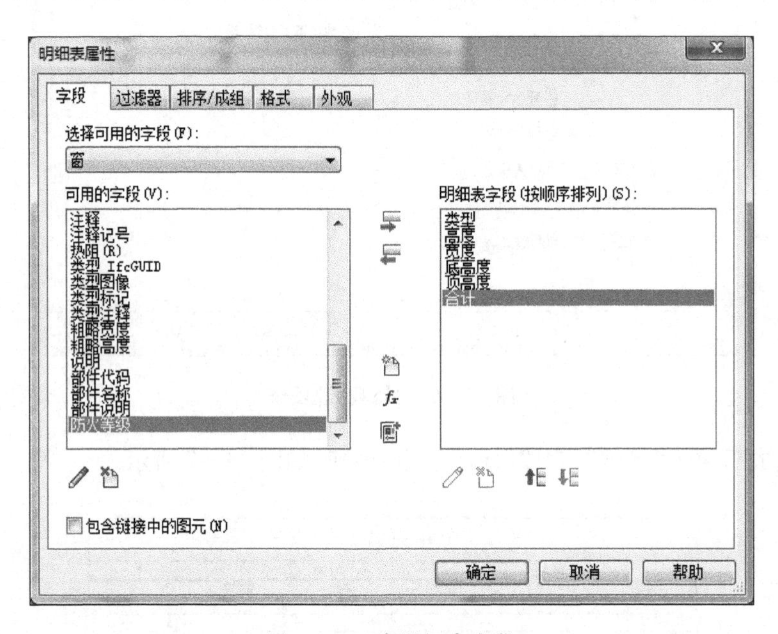

图 14－8　窗明细表字段

“过滤器”“格式”“外观”采用默认设置。“排序/成组”设置如图 14－9 所示。

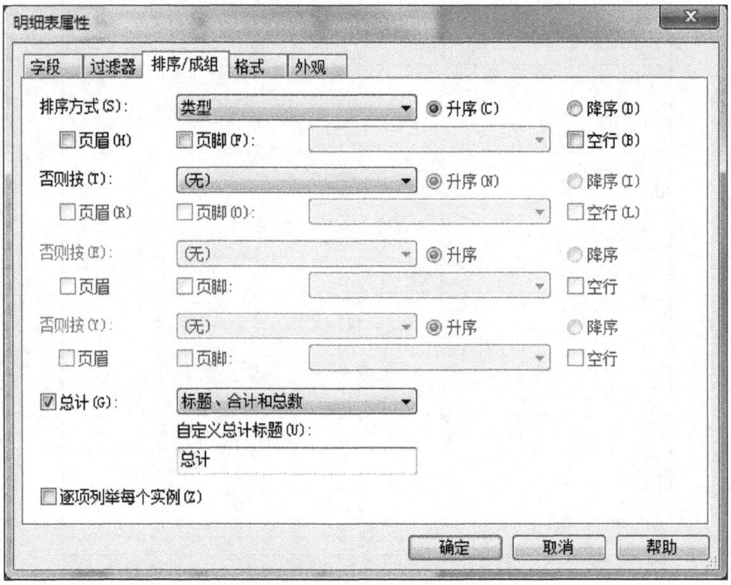

图 14－9　“排序/成组”设置

设置完成后，单击"确定"，完成"窗明细表"创建，如图 14－10 所示。

〈窗明细表〉

A	B	C	D	E	F
类型	高度	宽度	底高度	顶高度	合计
50 系列	1425	750			4
70 系列	1025				4
2990	800	2900	0	800	2
2990 2	1500	2900	-900	600	2
3200	800	3200	0	800	9
3200 2	1500	3200	-900	600	9
C1420	2000	1400	901	2901	1
C1426	2600	1400	900	3500	1
C1427	2700	1400	901	3601	1
C1820	2000	1800	901	2901	2
C1827	2700	1800	900	3600	2
C2423	2300	2400	3000	5300	2
C2427	2700	2400	900	3600	2
C2923	2300	2900	600	2900	2
C2927	2700	2900			4
C3220	2000	3200			2
C3223	2300	3200	600	2900	9
C3227	2700	3200			9
C3227'	2700	3200			12
总计：79					

图 14－10　"窗明细表"创建

14.3　创建图纸

创建图纸视图，并指定相应的标题栏。在"视图"选项卡"图纸组合"面板中执行"图纸"命令，在弹出的"新建图纸"对话框中选择标题栏，单击"确定"按钮，如图 14－11 所示。

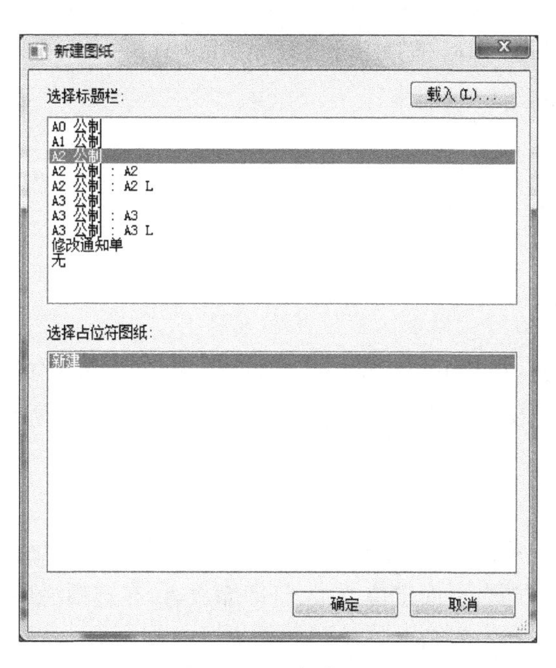

图 14－11　新建图纸

复制楼层平面视图“标高 1”,并重命名为“首层平面图”,隐藏“立面”“视图”,将“首层平面图”的视图布置在图纸视图中。

转到图纸视图,将“首层平面图”楼层平面视图从项目浏览器中拖入视图,如图 14-12 所示。

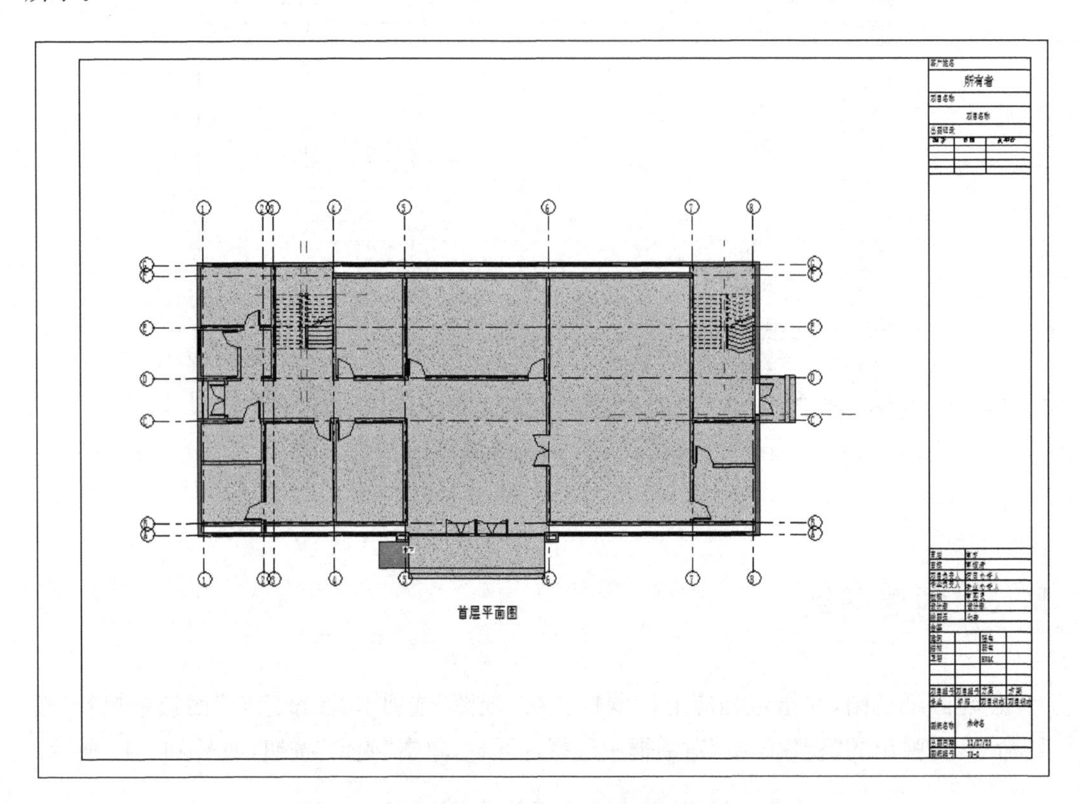

图 14-12　将“首层平面图”从项目浏览器中拖入视图

14.4 打印图纸

14.4.1 打印范围

单击应用程序按钮,在其下拉菜单中执行“打印”命令,在弹出的“打印”对话框中选择打印范围。勾选需要出图的图纸,单击“确定”按钮,如图 14-13 所示。

14.4.2 打印设置

在“打印”对话框中单击“设置”按钮,系统弹出“打印设置”对话框,在对话框中按需求可调整纸张尺寸、打印方向、页面定位方式、打印缩放等,在选项栏中可以进一步选择是否隐藏图纸边界,如图 14-14 所示。

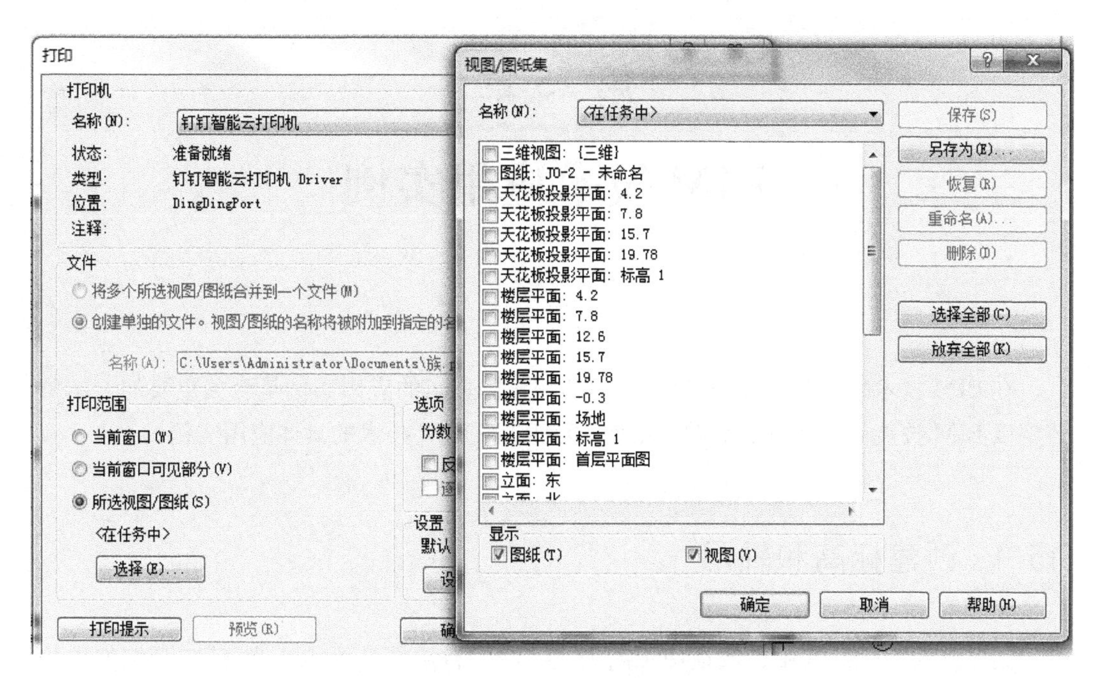

图 14－13　选择打印范围

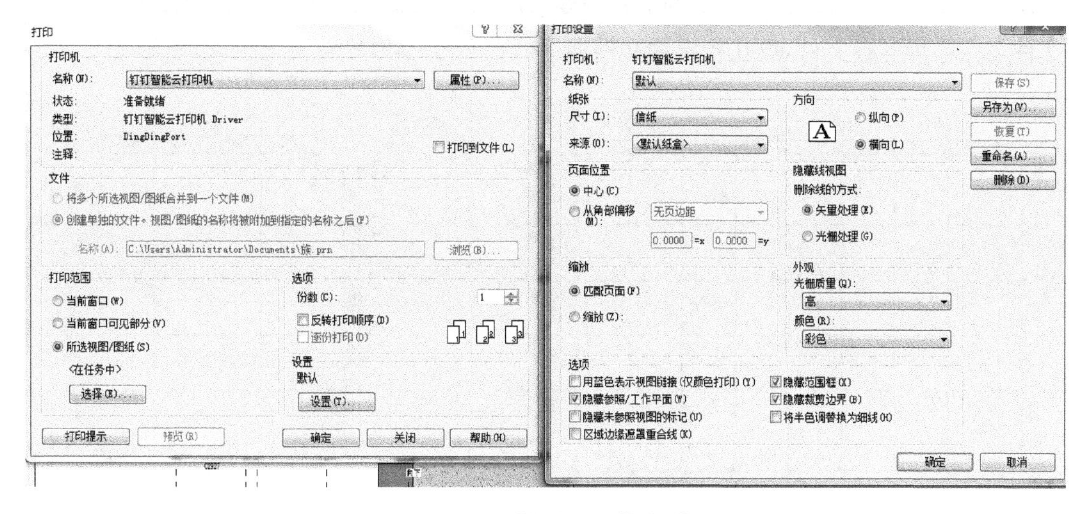

图 14－14　“打印设置”对话框

第 15 章

BIM 技术应用实例

在 BIM 技术的学习和应用过程中，理解和分析真实的应用实例是至关重要的。本章节将以 BIM 技能等级考试的真题为案例，详细讲解 BIM 技术的具体应用实例。

15.1 创建标高和轴网

某建筑共 50 层，其中首层地面标高为±0.000，首层层高为 6.0 米，第二至第四层层高为 4.8 米，第五层及以上层高均为 4.2 米。请按要求建立项目标高，并建立每个标高的楼层平面视图。请按照图 15-1 中的轴网要求绘制项目轴网。最后结果以“标高轴网”为文件名保存为样板文件，放在指定的文件夹中。

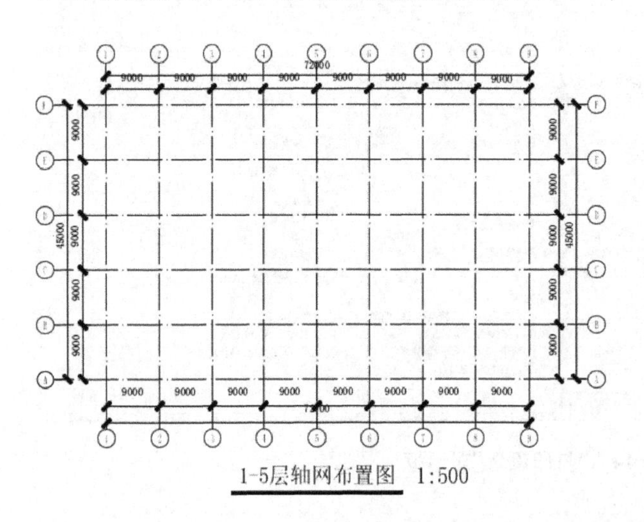

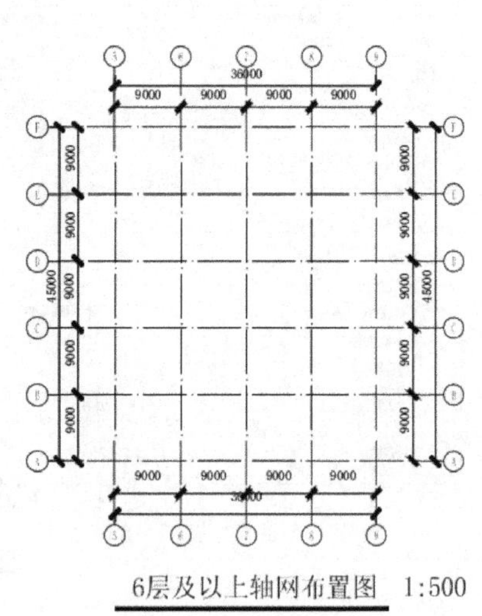

图 15-1 标高轴网

【解】 新建“项目”，选择建筑样板，单击“打开”(见图 15-2)。

(1) 在项目浏览器中，双击“立面”中的“南”进入南立面视图。根据首层层高 6.0 米的要求，更改高度至 6.0 米，层高名称修改为 F1 和 F2(见图 15-3)。然后复制，每层层高 4.8 米至 F5(见图 15-4)。

(2) 利用阵列命令(见图 15-5)，阵列至 F51。设置好后，进行操作(见图 15-6)。

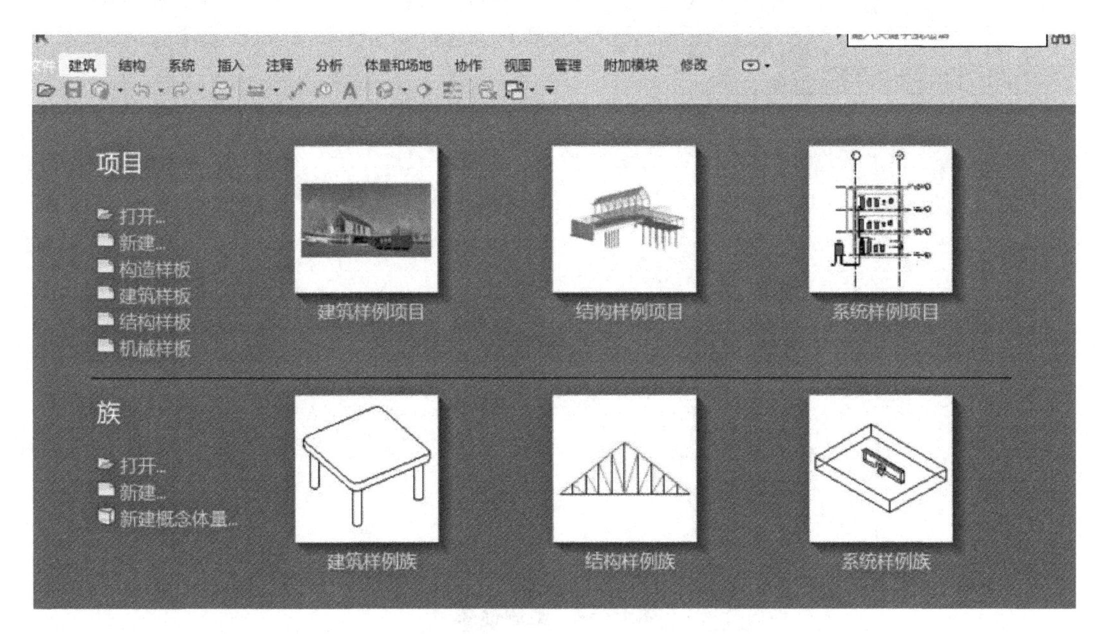

图 15－2　打开建筑样板

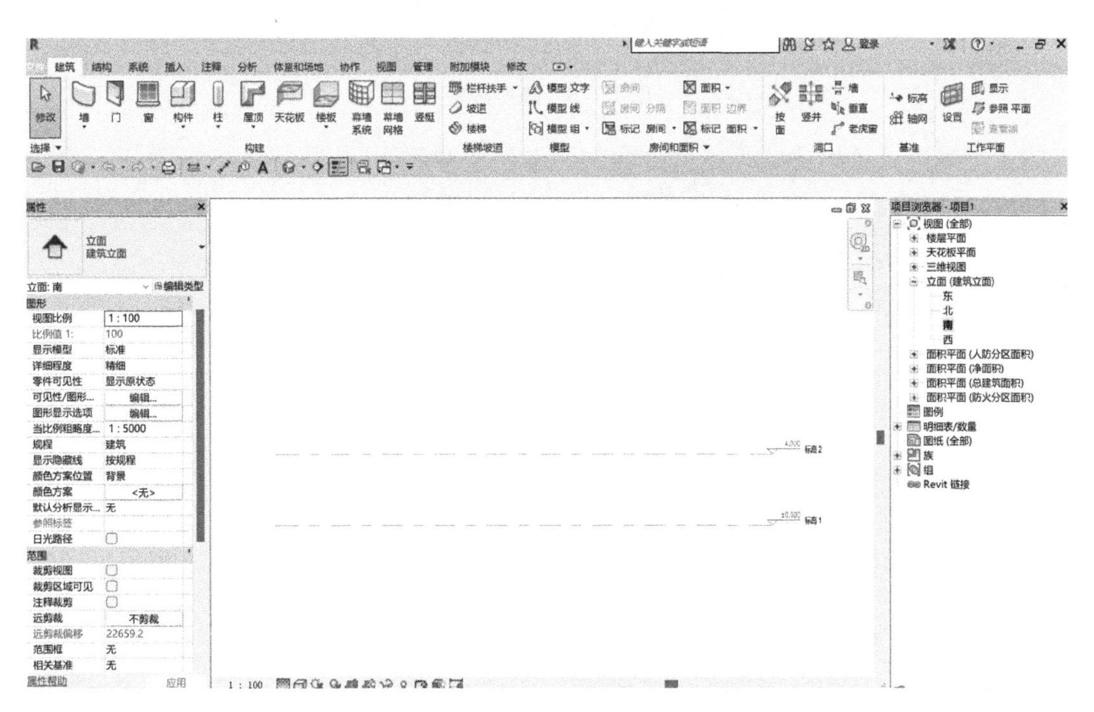

图 15－3　更改标高

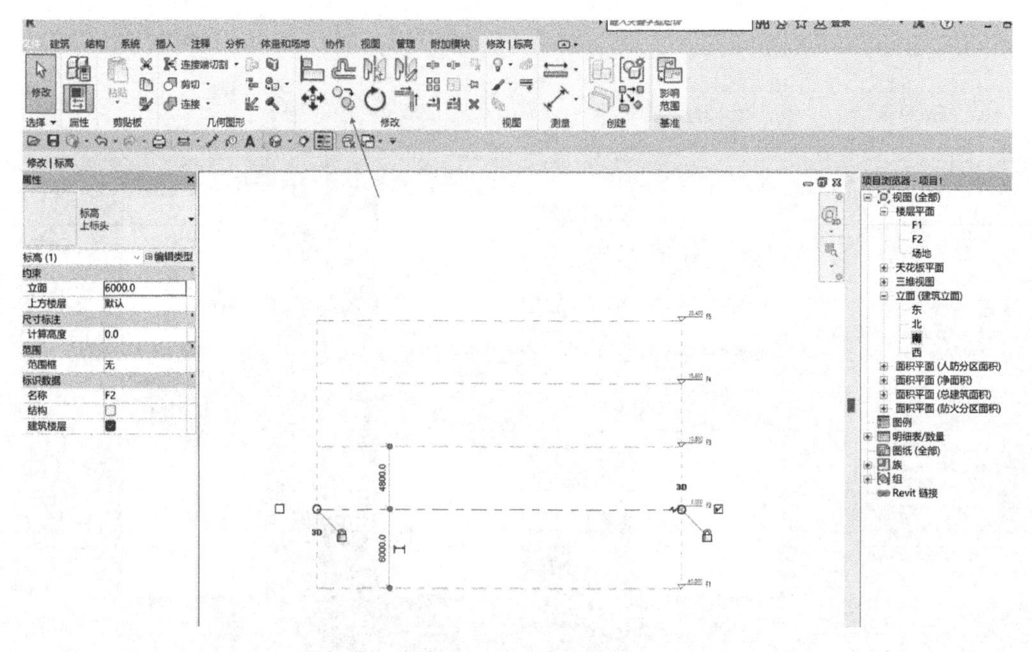

图 15-4 复制标高

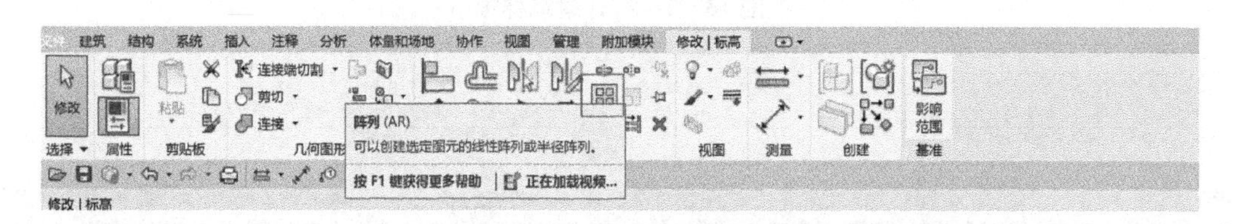

图 15-5 阵列命令

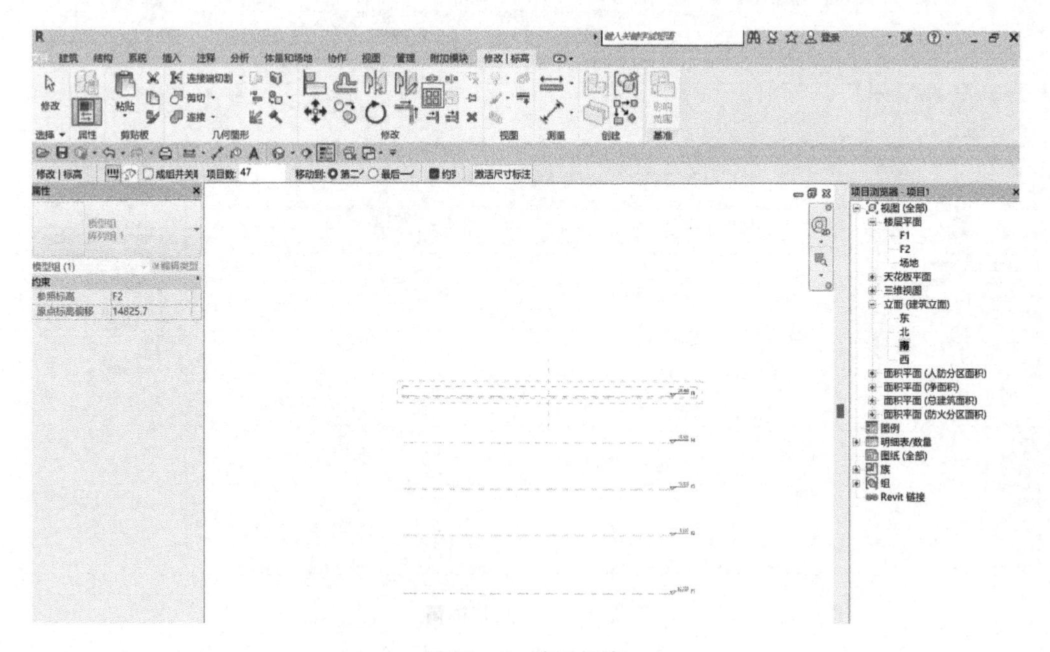

图 15-6 阵列标高

（3）在视图中生成视图，在项目浏览器中，楼层平面均显示出来（见图 15－7）。

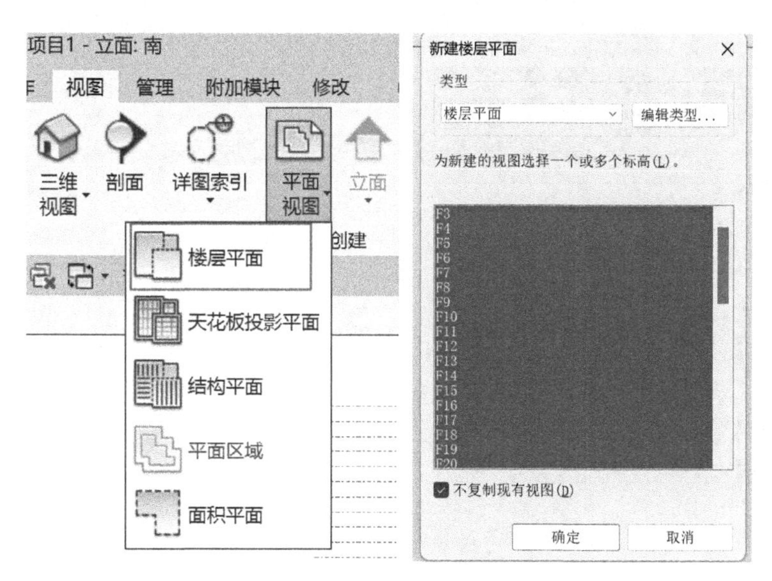

图 15－7　设置平面视图

（4）在首层进行轴网绘制，并进行属性修改（见图 15－8）。利用阵列命令，完成轴网绘制（见图 15－9）。

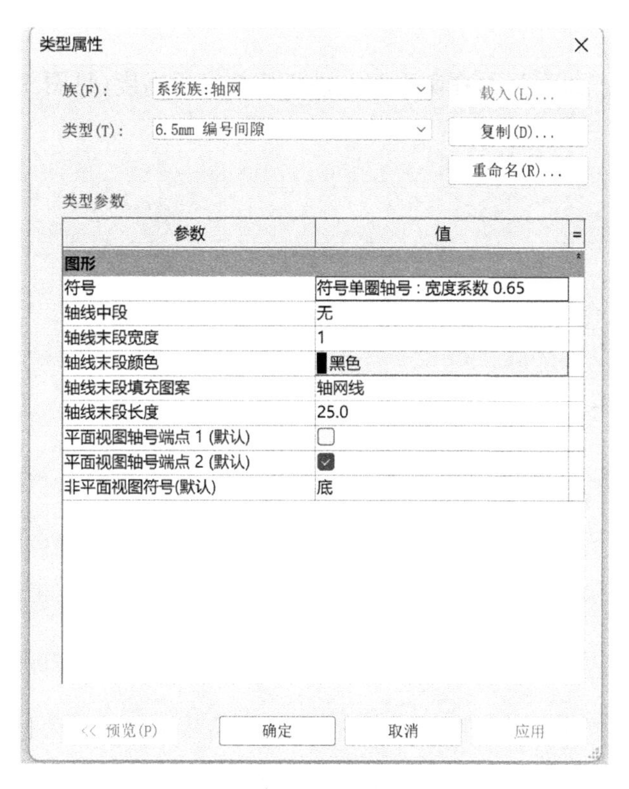

图 15－8　轴网属性设定

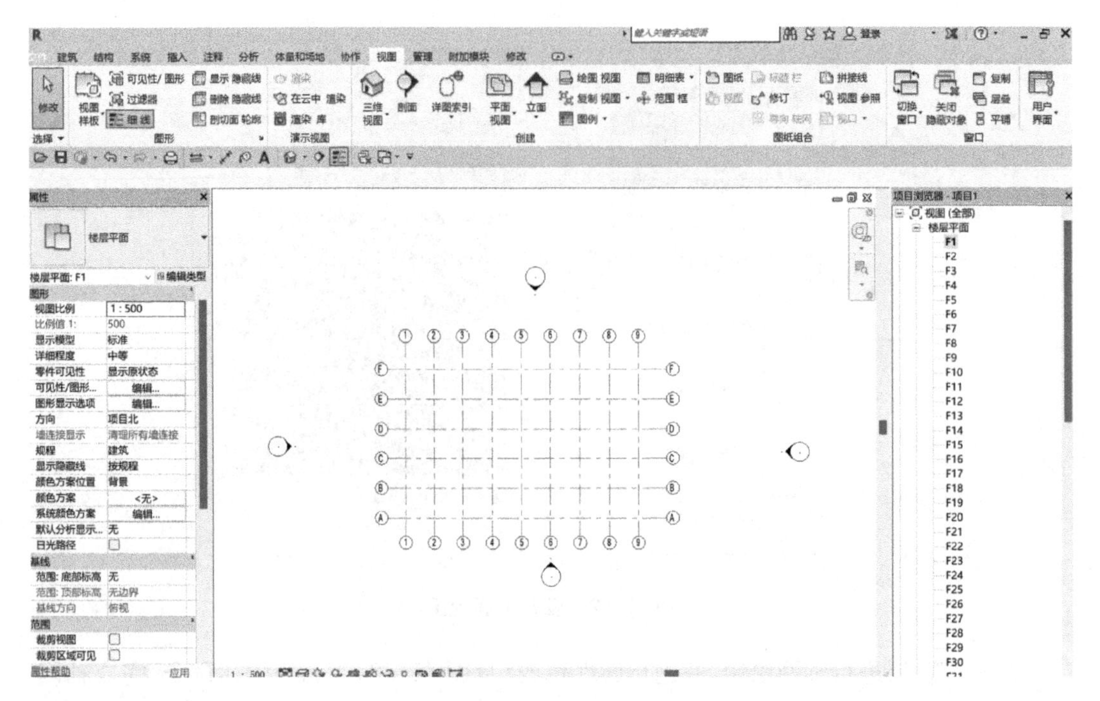

图 15 - 9　绘制轴网

(5) 六层及以上轴网显示，在南立面上进行调整显示高度(见图 15 - 10)。保存文件为“标高轴网”。

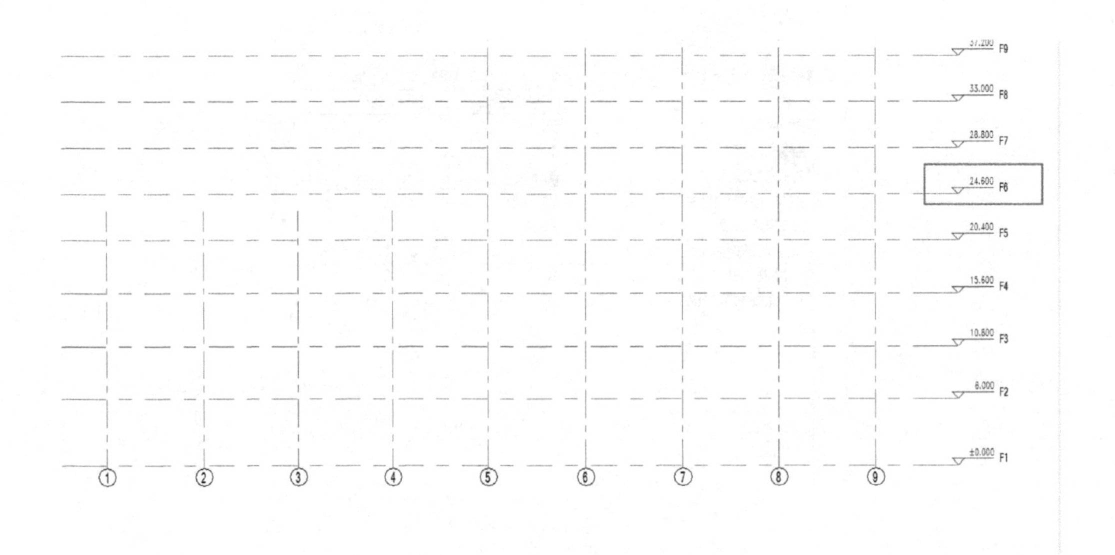

图 15 - 10　调整标高

15.2　创建墙体

如图 15 - 11 所示，新建项目文件，创建外墙类型，并将其命名为“外墙”。之后，以标高 1 到标高 2 为墙高，创建半径为 5 000 mm(以墙核心层内侧为基准)的圆形墙体。最终结果以“墙体”为文件名保存在指定的文件夹中。

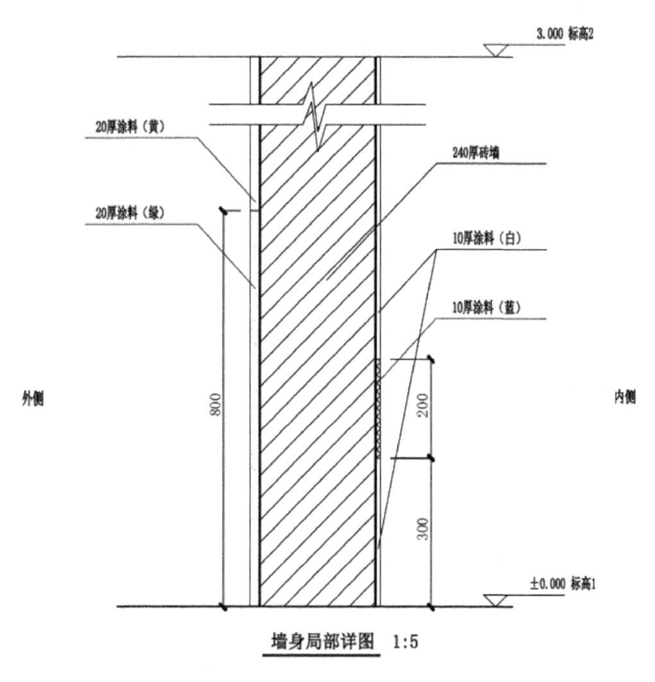

图 15 - 11　墙身局部详图

【解】 新建“项目”，选择建筑样板，单击“打开”。在建筑选项卡下选择“墙”(见图 15 - 12)。然后在墙体设置栏中，设置高度限制条件和定位线(见图 15 - 13)。

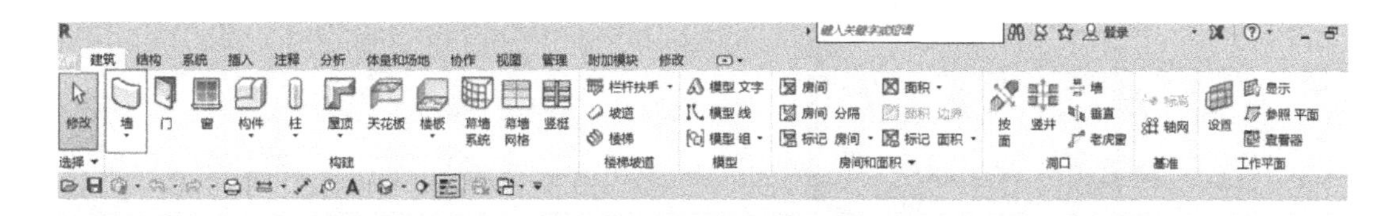

图 15 - 12　绘制墙体

(1) 打开“编辑类型”和“预览”。设置墙体内外侧的涂料材质，并设置不同涂料的厚度。(见图 15 - 14)。

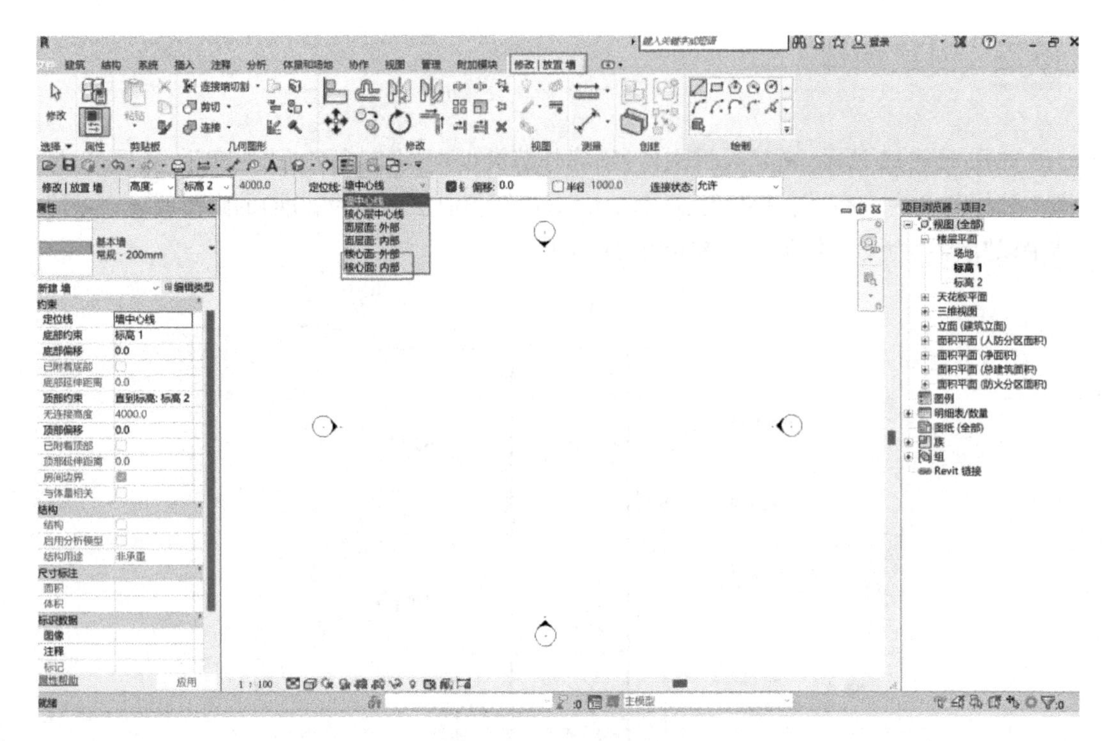

图 15 - 13　修改墙属性

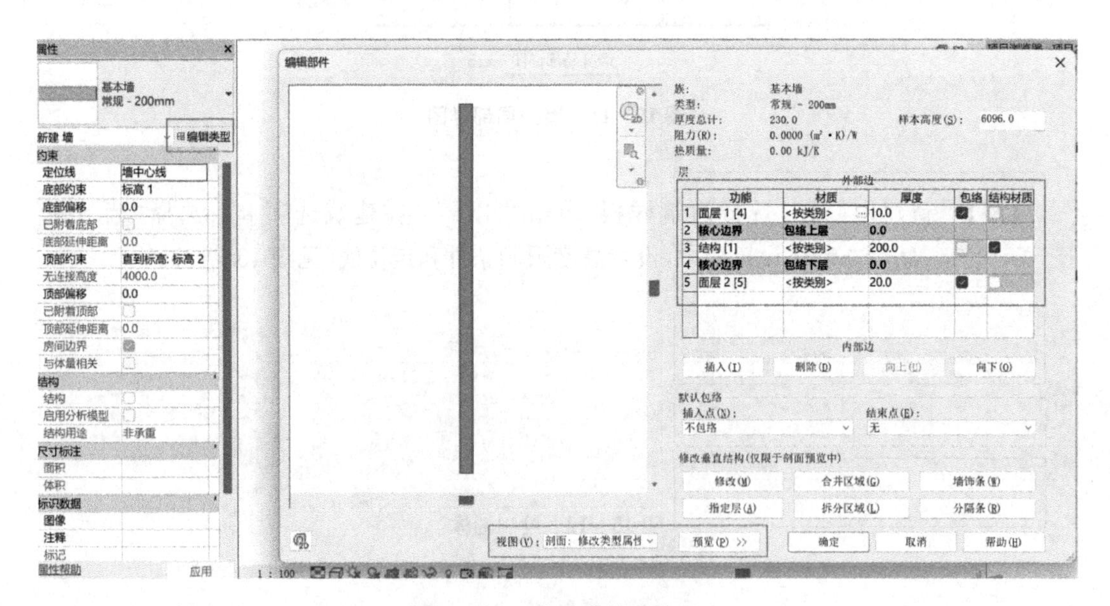

图 15 - 14　修改墙的装饰层

（2）修改层的属性的操作界面如图 15－15～图 15－16 所示。

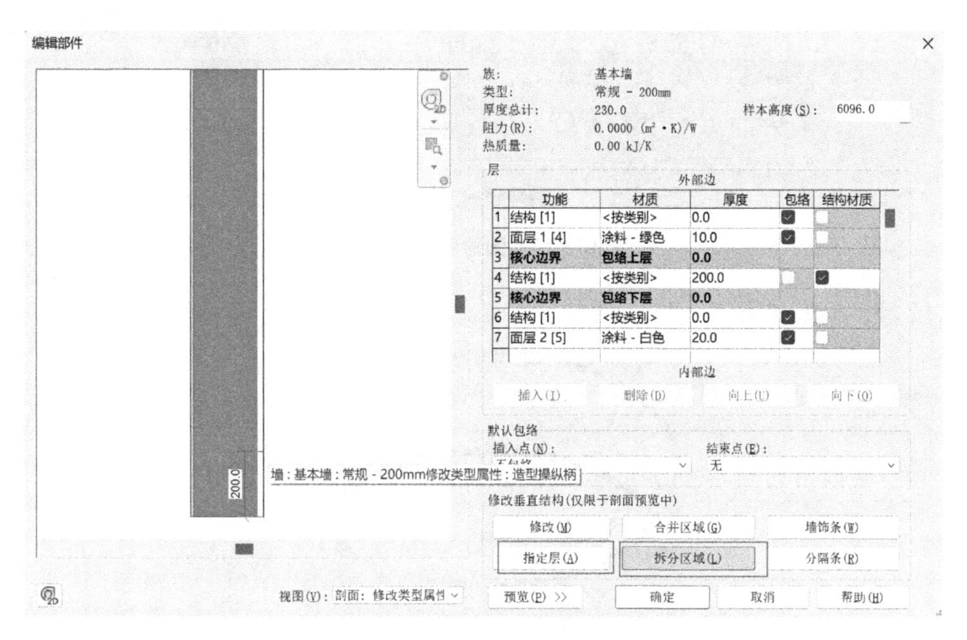

图 15－15　修改层的属性

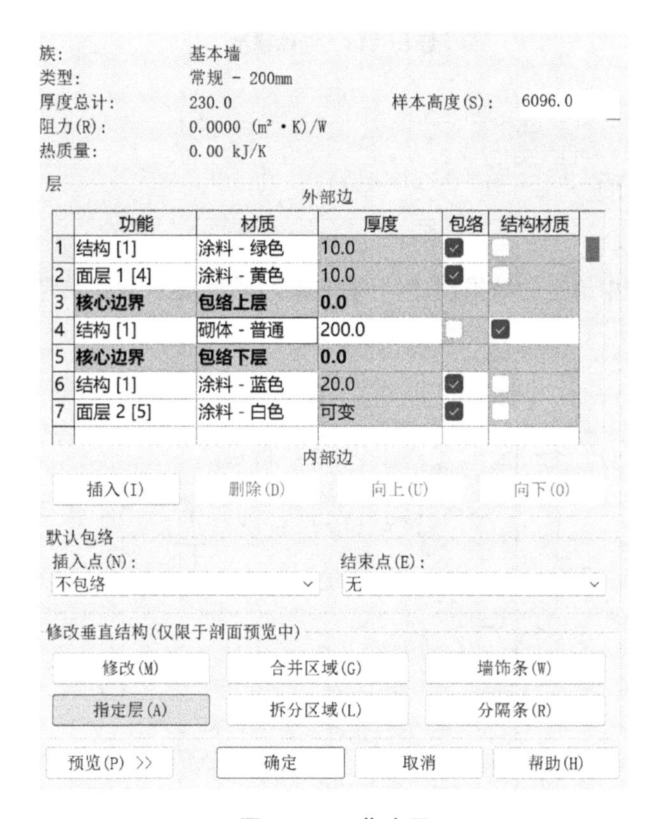

图 15－16　指定层

（3）用"圆"命令绘制墙体，如图 15－17 所示。

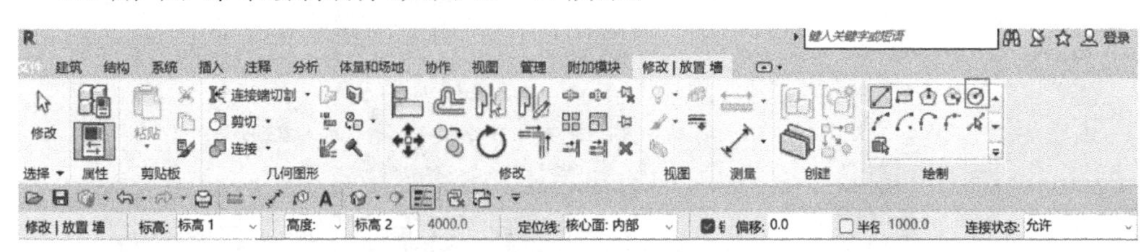

图 15－17　圆命令绘制墙体

（4）墙体模型如图 15－18 所示。

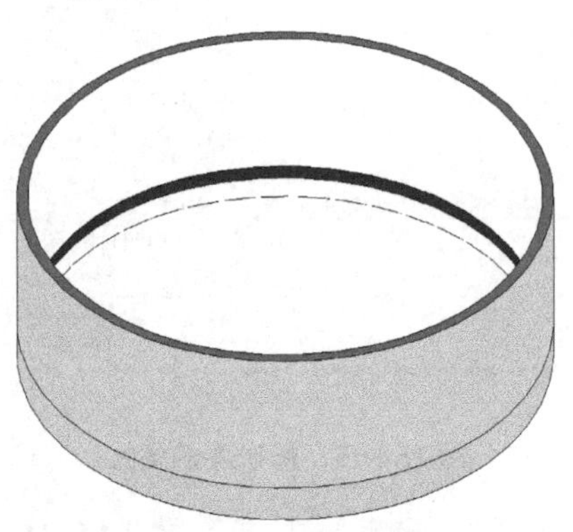

图 15－18　墙体模型

15.3　创建屋顶

根据图 15－19 中给定的数据创建轴网与屋顶，轴网显示方式参考图 15－19，屋顶底

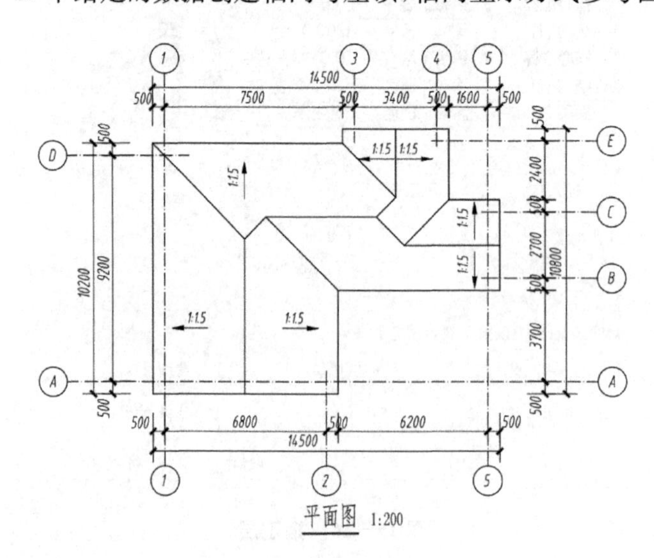

图 15－19　屋顶

标高为 6.3 m，厚度为 150 mm，坡度为 1∶1.5，材质不限。请将模型文件以“屋顶＋姓名”为文件名保存到指定的文件夹中。

【解】 新建“项目”，选择建筑样板，单击“打开”。首先根据图纸新建标高、轴网(见图 15-20)。

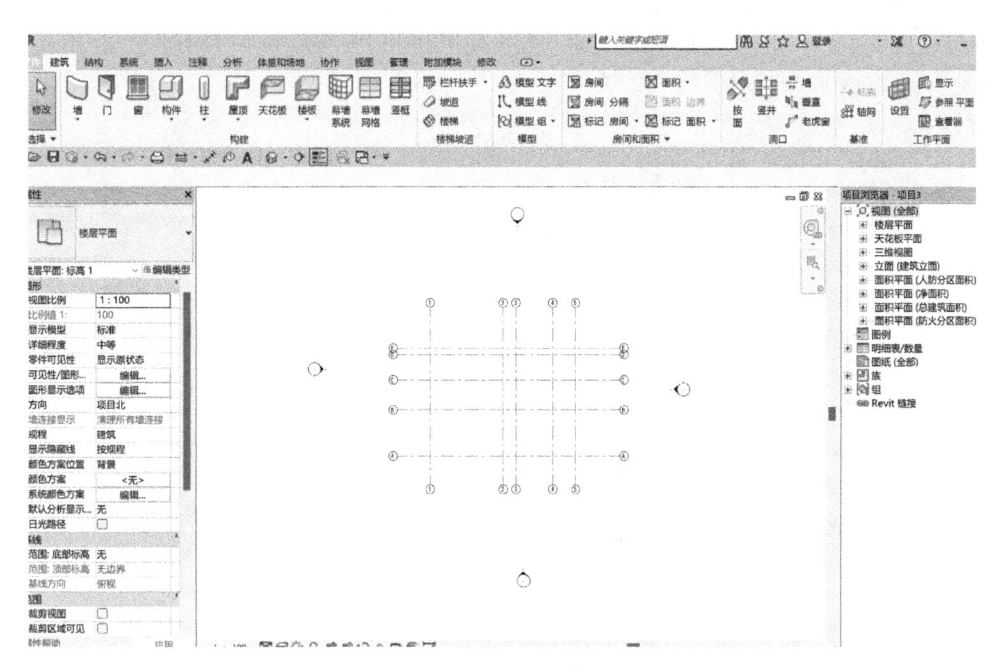

图 15-20　绘制轴网

(1) 在选项卡下选择“屋顶”中的“迹线屋顶”。(见图 15-21)。

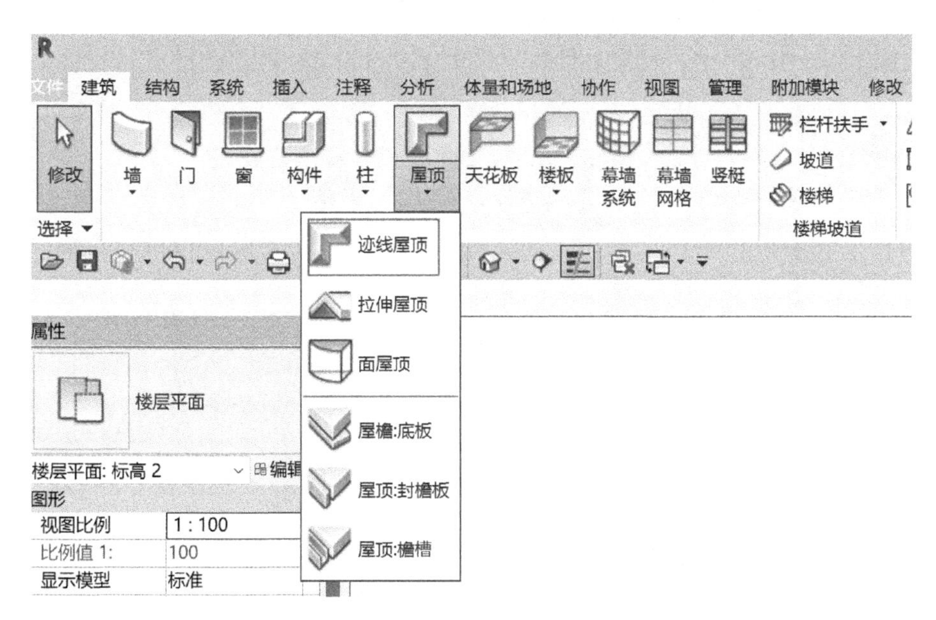

图 15-21　迹线屋顶

（2）屋面边线的创建如图 15－22 所示。

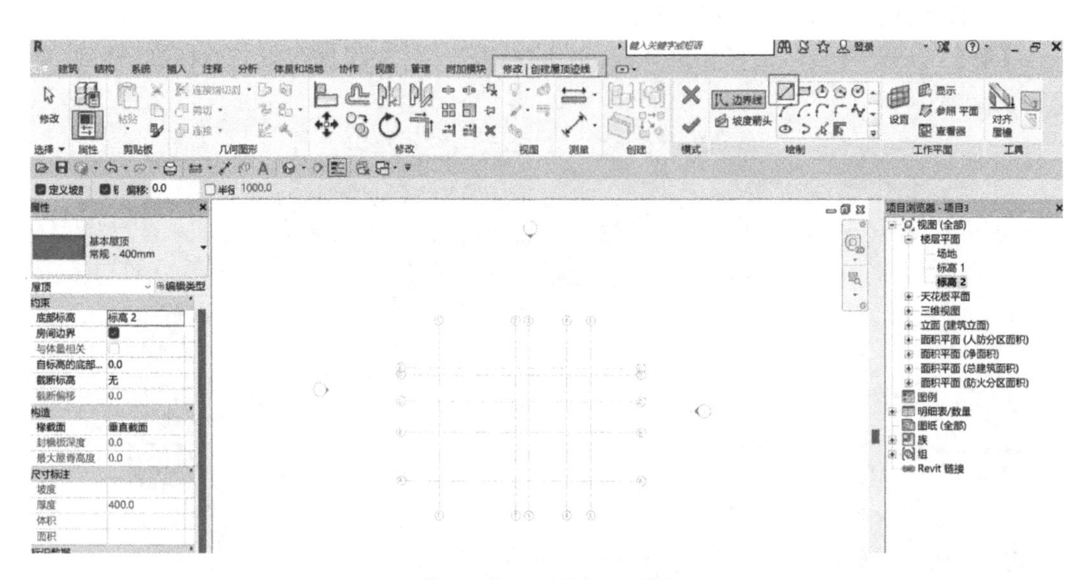

图 15－22　创建屋面边线

（3）边线的绘制如图 15－23 所示。

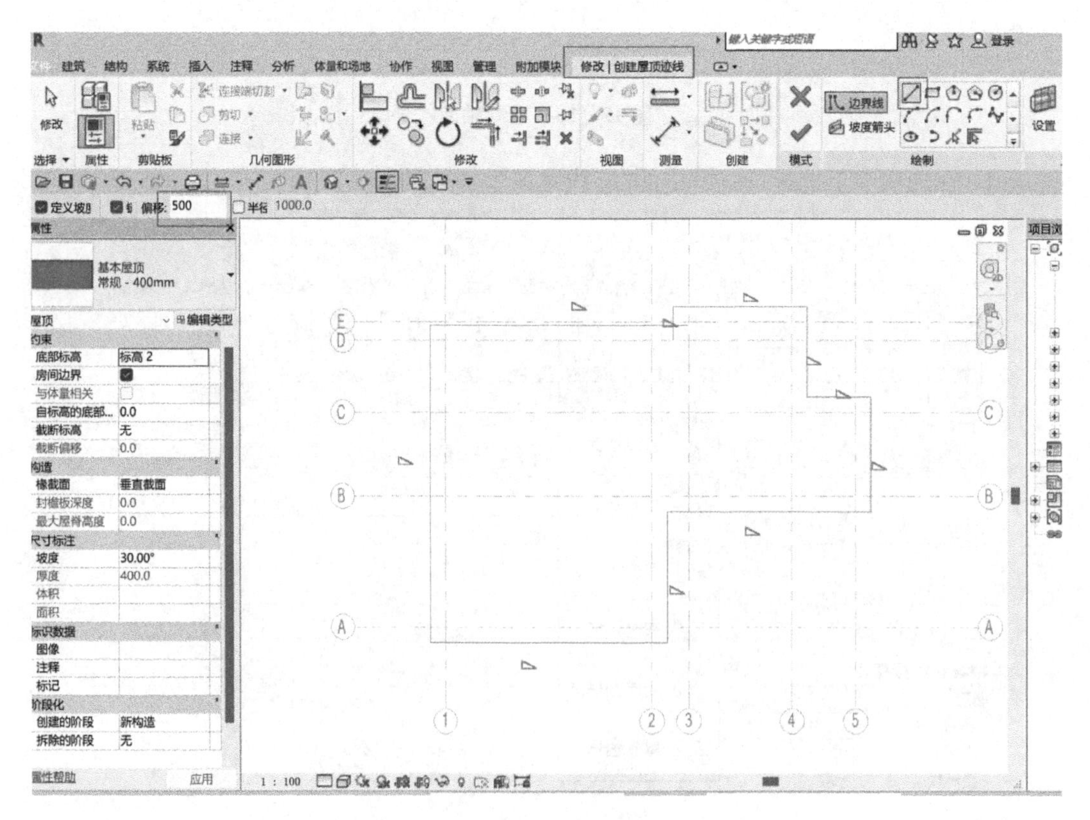

图 15－23　绘制边线

（4）坡度的修改如图 15－24 所示。

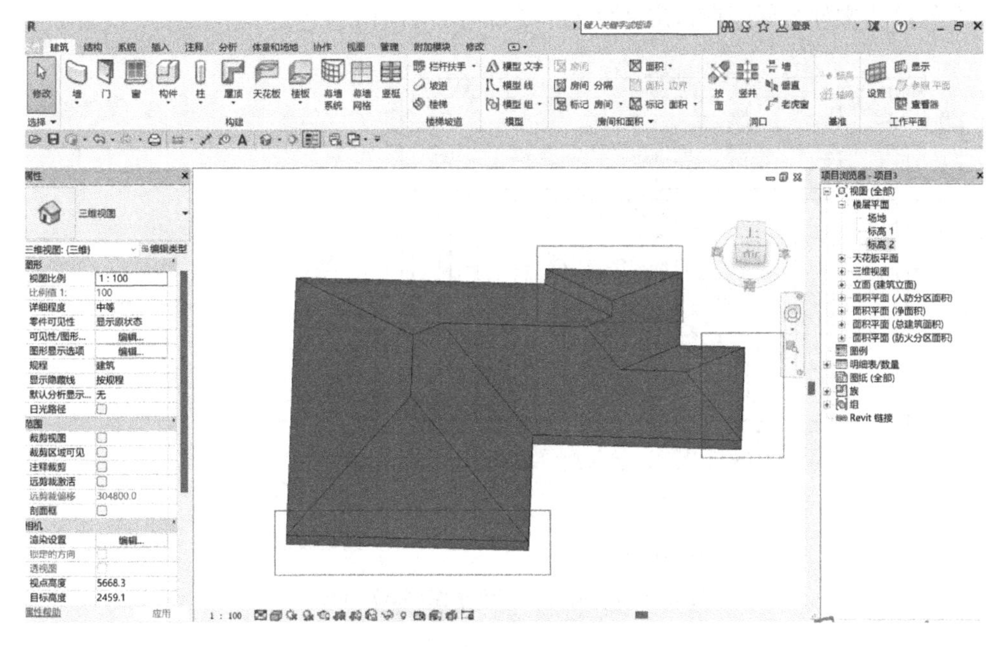

图 15－24　坡度修改

（5）修改屋顶厚度为 150 mm，最后模型如图 15－25 所示。

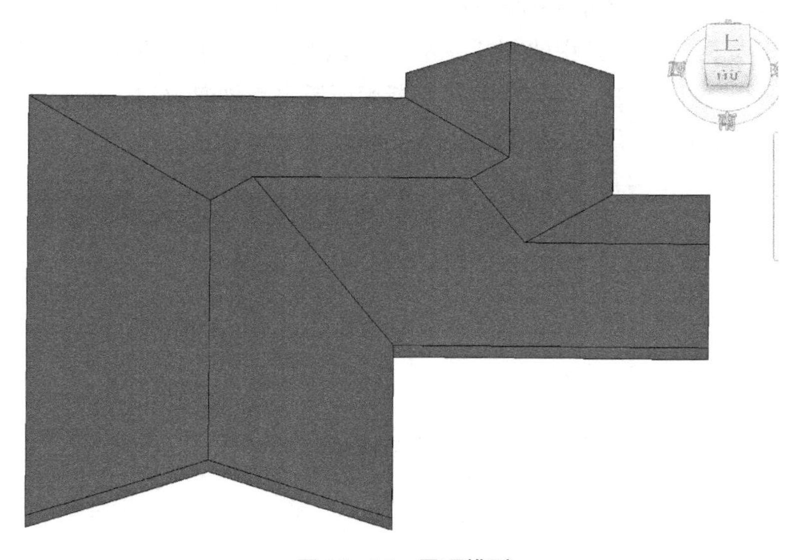

图 15－25　屋顶模型

15.4　创建楼梯与栏杆扶手

请按照图 15－26 所示尺寸要求新建并制作栏杆的构建集，截面尺寸除扶手外其余杆件均相同。在材质方面,扶手及其他杆件材质设为“木材”,挡板材质设为“玻璃”。最终结果以“栏杆”为文件名保存在指定文件夹中。

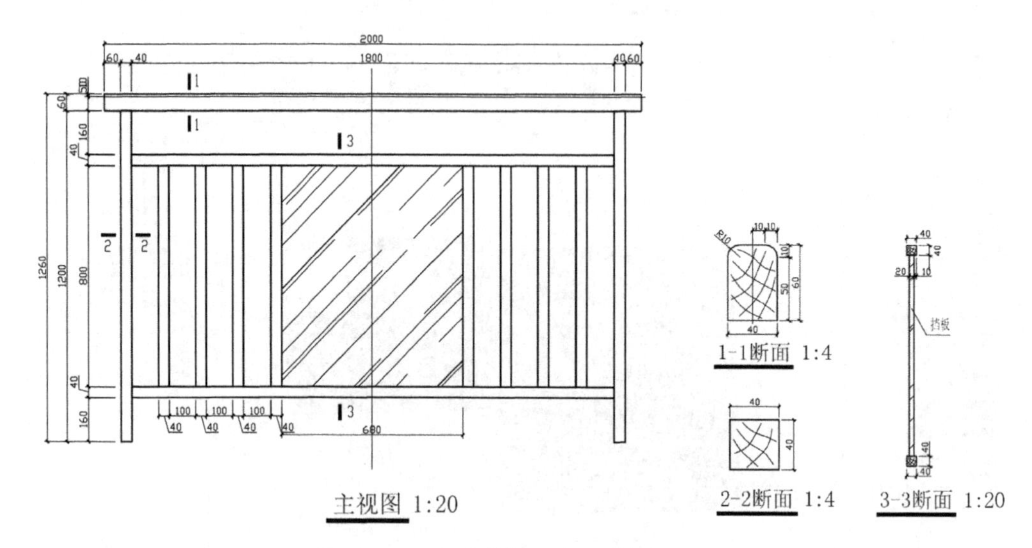

图 15-26 组合栏杆示意图(单位: mm)

【解】 新建“族”,选择“公制常规模型”样本文件,单击“打开”。

(1) 在项目浏览器中,双击“立面(立面 1)”中的“前”进入前立面视图。在前立面根据相关位置绘制参照平面,分别离中心轴左右各 1 000 mm、离参照标高 1 200 mm。

(2) 双击“立面(立面 1)”中的“左”进入左立面视图,在“创建”选项卡内“形状”面板中执行“拉伸”命令,按照图 15-26 中的 1-1 断面所示尺寸创建拉伸。单击“属性对话框”中“材质和装饰”下的“材质”后面的隐藏按钮,如图 15-27 所示。

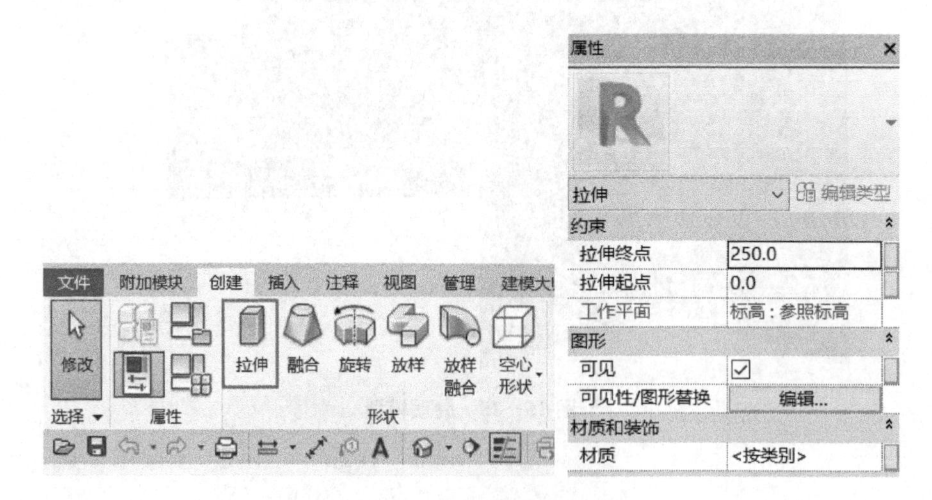

图 15-27 创建拉伸设置材质

(3) 搜索材质“木”,单击 Autodesk 材质库中“柚木”后的向上箭头,将“柚木”材质添加到该项目中,如图 15-28 所示。右击“复制”并重命名为“木材”,如图 15-29 所示。

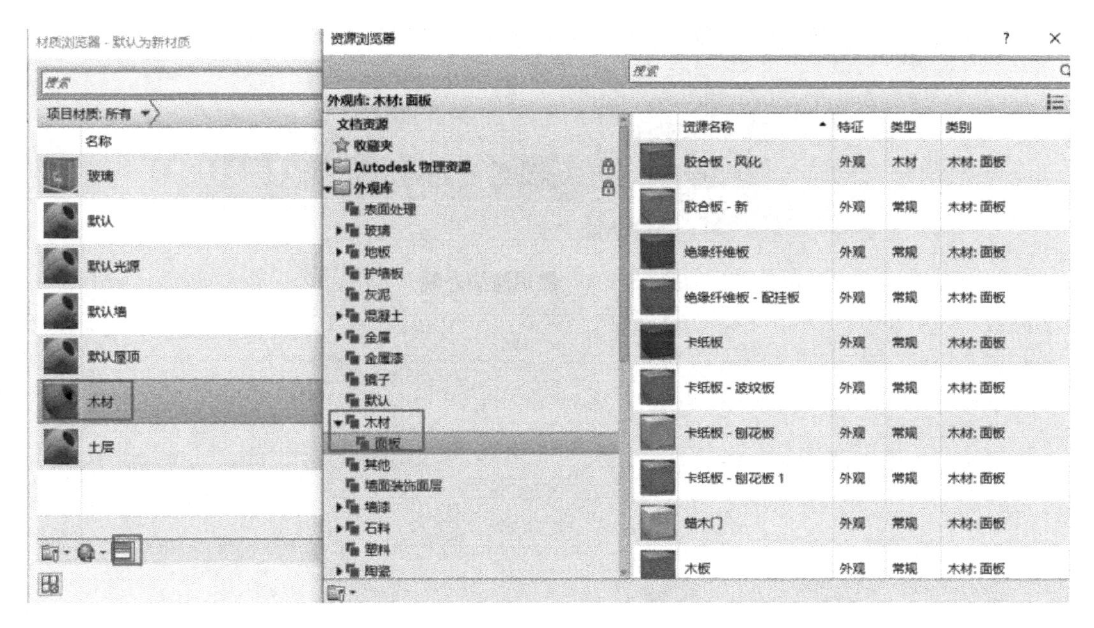

图 15-28　添加新建材质

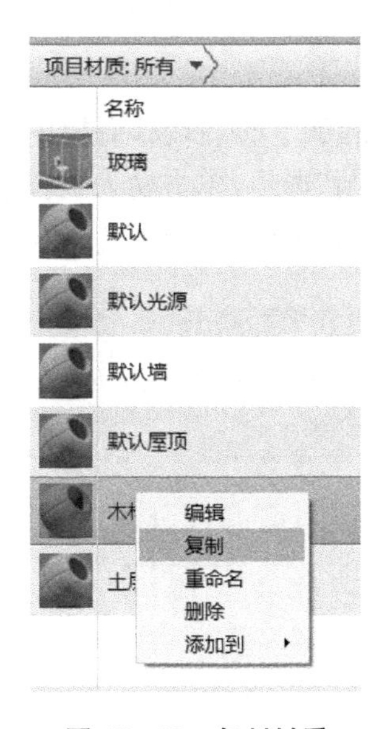

图 15-29　复制材质

图 15-30　复制材质资源

（4）单击“外观”选项卡中的“复制此资源”按钮，复制该资源，勾选“图形”选项卡中的“使用外观渲染”，如图 15-30、图 15-31 所示。

（5）在前立面视图中，刚创建的拉伸边界设置如图 15-32 所示。

在前立面视图中，按图 15-32 位置继续创建拉伸，“拉伸起点”设置为“0”，“拉伸终点”设置为“40”，“材质和装饰”中的“材质”设置为“木材”，“标识数据”中的“实心/空心”设置为“实心”。

图 15 - 31 使用渲染外观

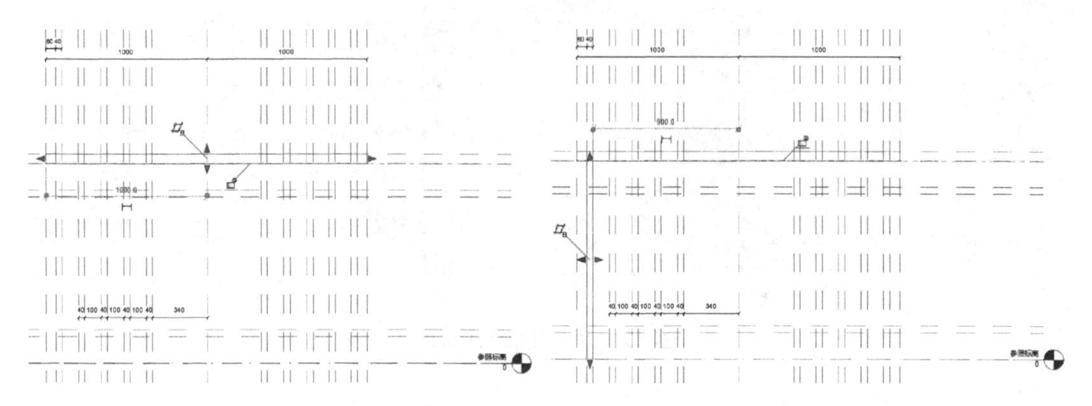

图 15 - 32 设置拉伸位置

(6) 选择绘制好的竖向栏杆,在“修改|拉伸”上下文选项卡的“修改”面板中执行“旋转”命令,拖拽选择中心到底部位置,勾选选项栏中的“复制”选项,单击输入选择起始线、输入选择结束线,并拉伸相关位置完成横向扶栏的绘制。如图 15 - 33 所示。

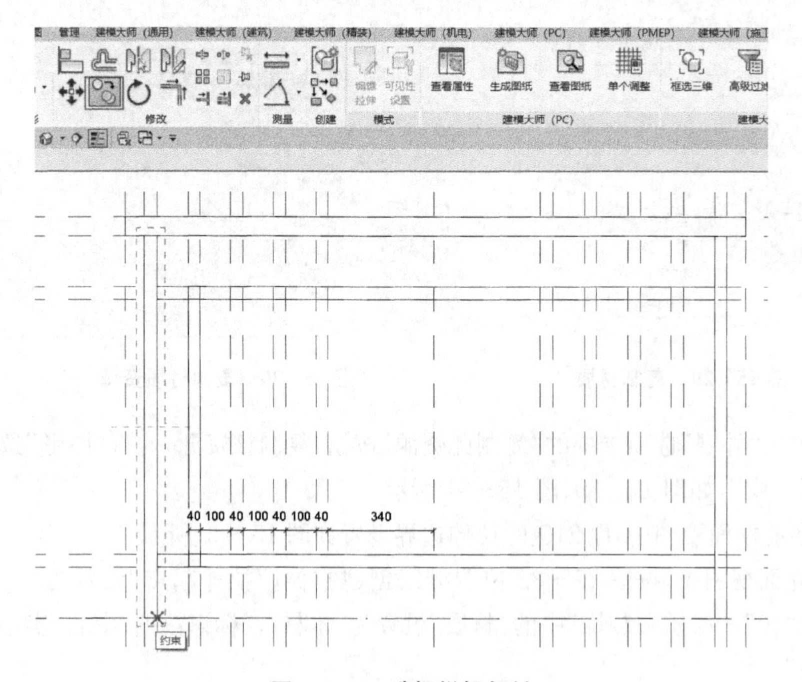

图 15 - 33 选择栏杆复制

(7) 通过复制、拉伸、镜像等工具完成剩余栏杆、扶栏的绘制,如图 15-34 所示。

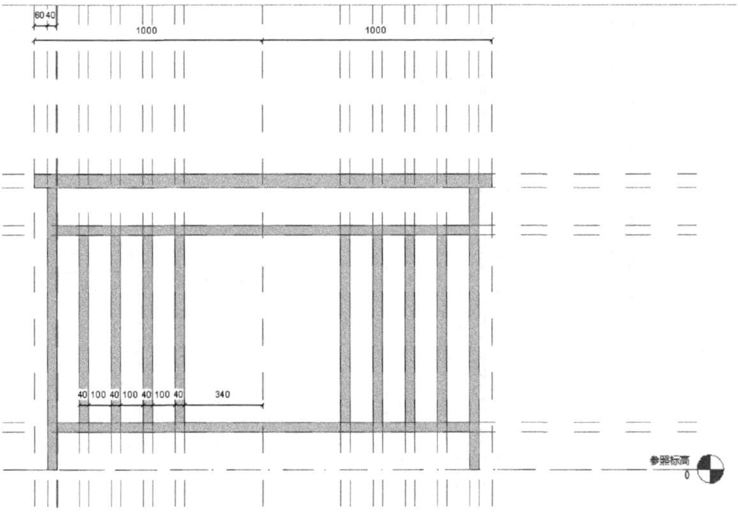

图 15-34 栏杆绘制

(8) 进入前立面视图,创建拉伸,“拉伸起点”设置为“10”、“拉伸终点”设置为“30”、“材质和装饰”中的“材质”设置为“玻璃”、勾选“使用渲染外观”,完成玻璃挡板的绘制。

组合栏杆完成的效果如图 15-35 所示,保存文件为“栏杆”。

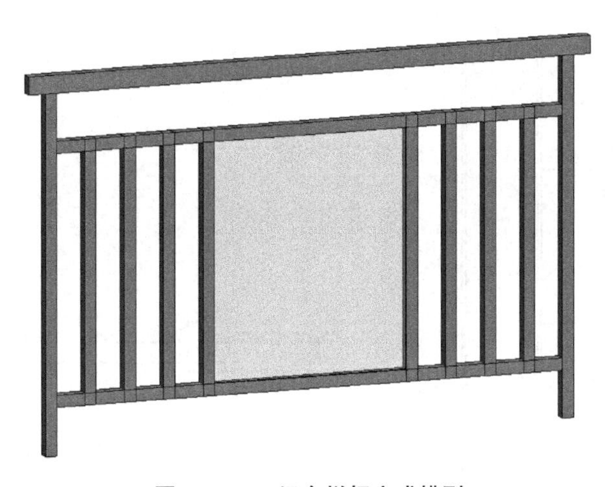

图 15-35 组合栏杆完成模型

15.5 创建柱体量模型

图 15-36 为某牛腿柱,请按图示尺寸要求建立该牛腿柱的体量模型,最终结果以“牛腿柱”为文件名称保存在指定文件夹。

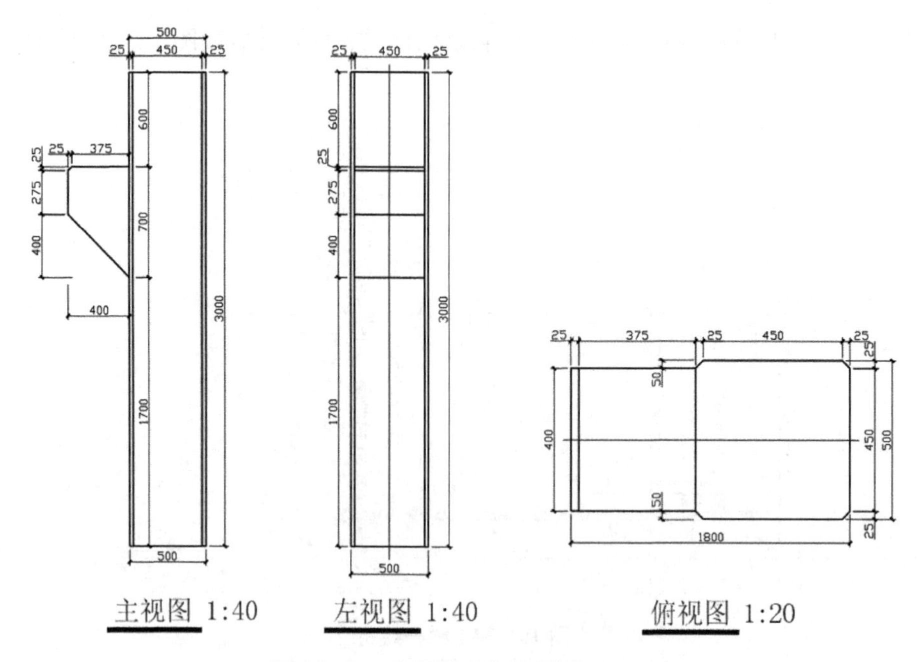

图 15 - 36 牛腿柱示意图(单位: mm)

【解】 本题通过分别拉伸牛腿主体及突出部分形成最终的牛腿柱,需要注意的是细部尺寸的准确性,以及相关绘图技巧,如图 15 - 37 所示。

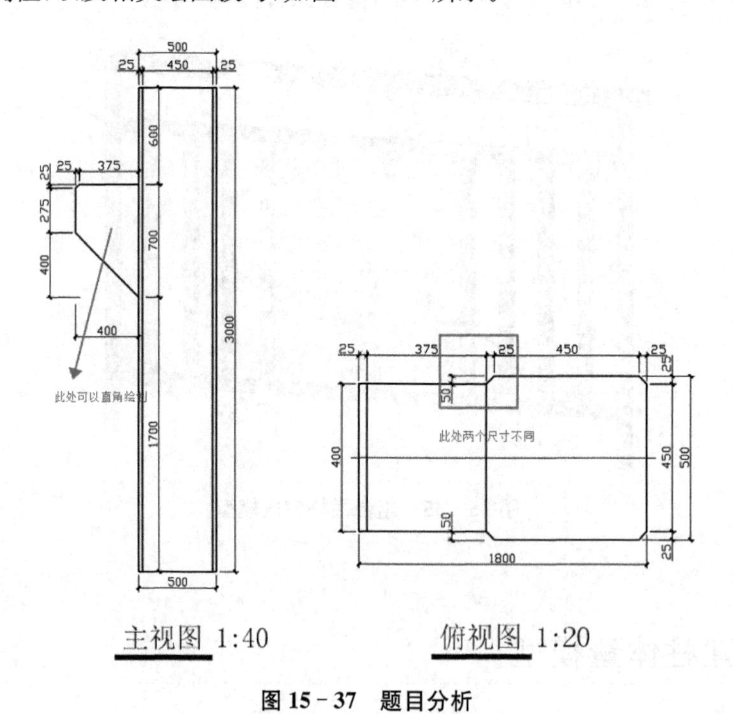

图 15 - 37 题目分析

(1) 选择绘制完成的轮廓,单击"创建形状"中的"实心形状",切换至"南立面"调整尺寸,绘制完成高 3 000 mm 的牛腿柱主体部分,如图 15 - 38 所示。

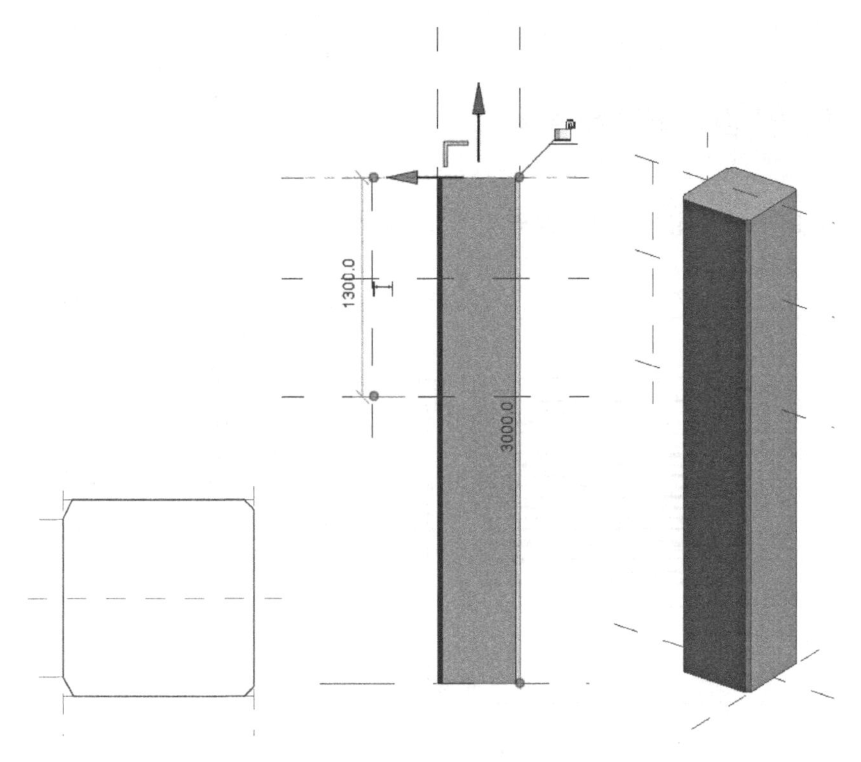

图 15－38　绘制牛腿柱主体部分

(2) 切换至“南立面”,根据题目相关尺寸绘制牛腿柱突出部分轮廓。

(3) 选择绘制完成的轮廓,单击“创建形状”中的“实心形状”,切换至三维视图,以角点为对齐点,以下表面为对齐基准,完成牛腿柱突出部分的绘制,如图 15－39 所示。

(4) 切换至三维视图,最终效果图如 15－39 所示,以“牛腿柱”为文件名进行保存。

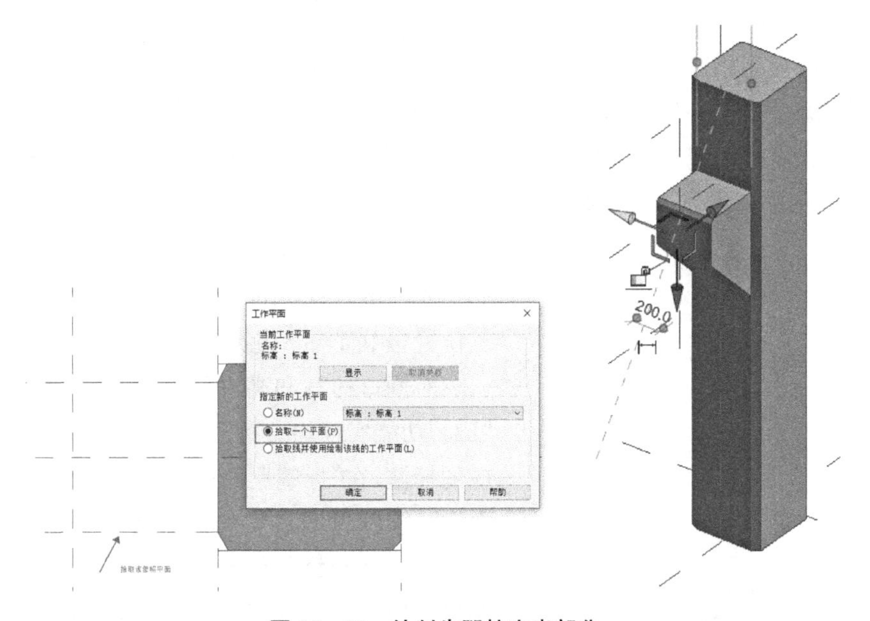

图 15－39　绘制牛腿柱突出部分

15.6 创建“百叶窗”构件集

根据图 15-40 给定的尺寸标注建立“百叶窗”构建集。

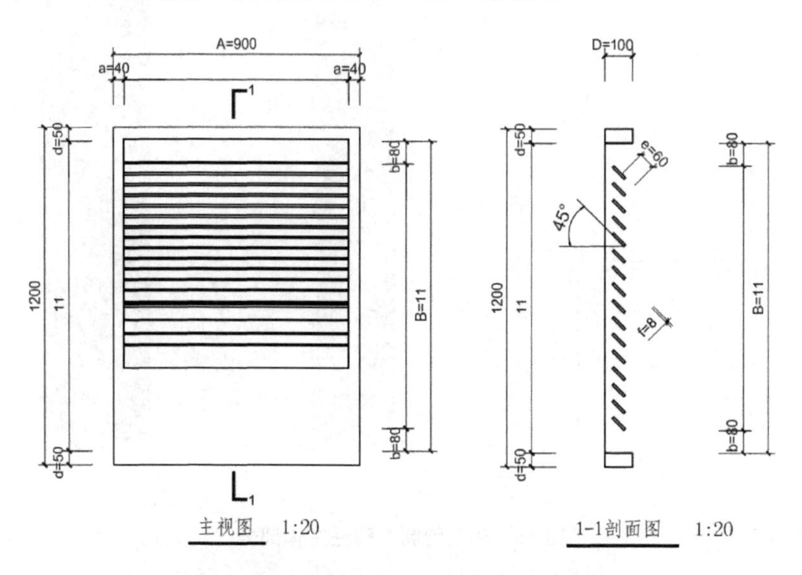

图 15-40 百叶窗族示意图(单位: mm)

(1) 按图中的尺寸建立模型。

(2) 所有参数采用图中参数名字命名,设置为类型参数,扇叶个数可以通过参数控制,并对窗框和百叶窗百叶赋予合适材质,请将模型文件以“百叶窗”为文件名保到考生文件夹中。

(3) 将完成的“百叶窗”载入项目中,插入任意墙面中示意。

【解】 新建“族”,选择“基于墙的公制常规模型”样本文件,单击“打开”按钮。

在项目浏览器中,双击“立面(立面 1)”中的“放置边”,进入相应视图。在“创建”选项卡内“属性”面板的“族类别和族参数”中修改族的类型为“窗”。在“创建”选项卡内单击“模型”面板中的“洞口”按钮,采用矩形方式绘制洞口,将其尺寸调整为 900 mm×1 100 mm,并调整洞口使其位置居中且与下边缘对齐,如图 15-41 所示。

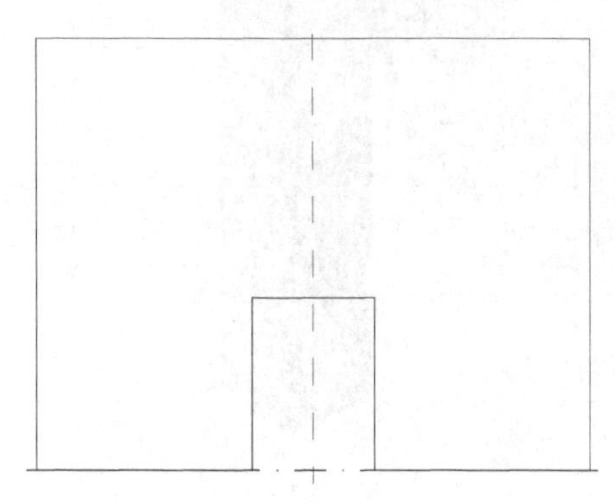

图 15-41 绘制洞口

对洞口的宽和高进行标注,其中宽度还需用“EQ”功能实现均分标注(见图 15-42)。选择相应的标注,在“标签尺寸标注”面板中单击“创建参数”按钮,创建洞口宽的类型参数名称为“A”,洞口高的类型参数名称为“B”。采用“对齐”命令将洞口下边缘与墙体下边缘对齐,并将洞口下边缘锁定，保证其不移动，单击“完成编辑模式”，完成洞口创建。

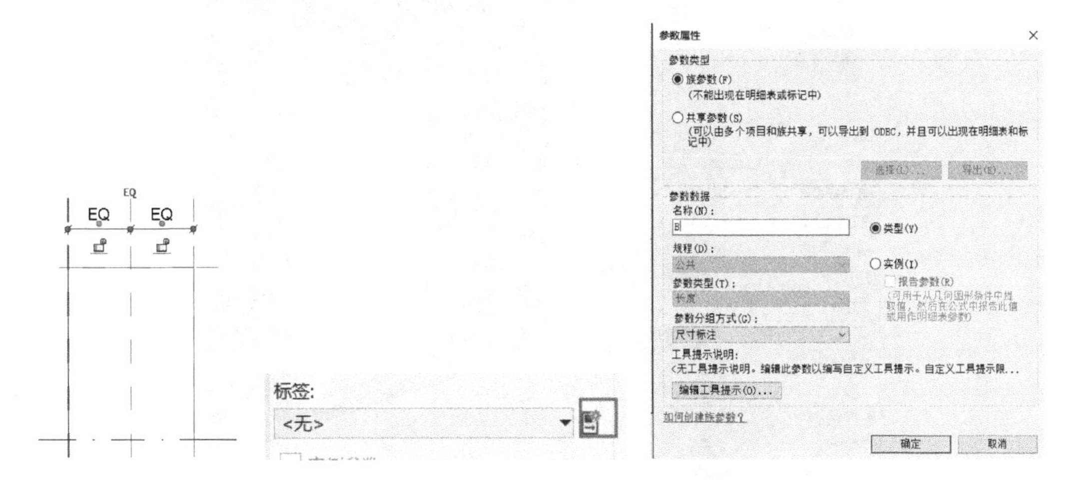

图 15-42 洞口标注尺寸、设置参数及锁定

进行窗框的创建，在“创建”选项卡内单击“形状”面板中的“拉伸”命令，通过矩形绘制窗框外边缘，通过带偏移量的矩形及尺寸调整绘制窗框内边缘。对窗框内外边缘、窗框宽度进行标注，其中宽度还需用“EQ”功能进行均分标注。选择相应的标注，在“标签尺寸标注”面板中单击“创建参数”按钮，创建类型参数：$A=900$、$B=1100$、$a=40$、$d=50$，如图 15-43 所示。采用“对齐”命令将窗框下边缘与墙体下边缘对齐，并将窗框下边缘锁定，保证其不移动。

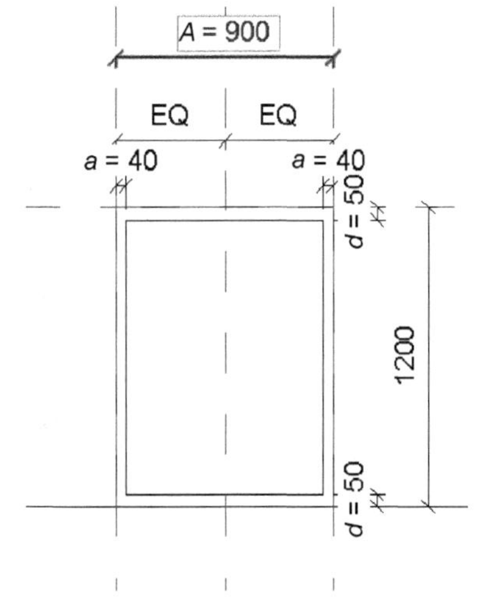

图 15-43 窗框标注尺寸、设置参数及锁定

按照题目要求在属性栏中将其材质修改成新建的“窗框”材质，外观赋予不锈钢的金属材质，并将拉伸起点设置为“50”，拉伸终点设置为“−50”。单击“完成编辑模式”，完成窗框创建，如图 15-44 所示。

切换至“左视图”，对窗框厚度进行标注，厚度还需用“EQ”功能进行均分标注。选择相应的标注，在“标签尺寸标注”面板中单击“创建参数”按钮，创建窗框厚度类型参数名称为“D”，如图 15-45 所示开始创建百叶，切换至“左视图”，在“创建”选项卡中单击“形状”面板内的“拉伸”命令，通过矩形、尺寸调整及旋转绘制百叶轮廓，将其中心移至与厚度中心线相交，切换至“放置边”视图，对百叶上边缘与窗框内边缘之间进行标注。选择相应的标注，在“标签尺寸标注”面板中单击“创建参数”按钮，创建类型参数：$b=80$、$e=60$、$f=8$。

按照题目要求在属性栏中将其材质修改成新建的“百叶”材质，外观赋予不锈钢的金属材质，并将拉伸起点设置为“410”，拉伸终点设置为“−410”。单击“完成编辑模式”，完成创建，如图 15-46 所示。

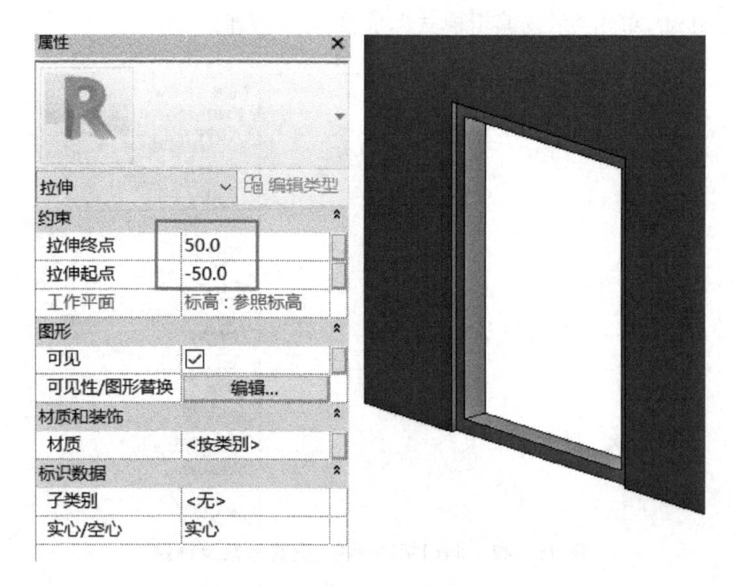

图 15－44　窗框材质及厚度设置

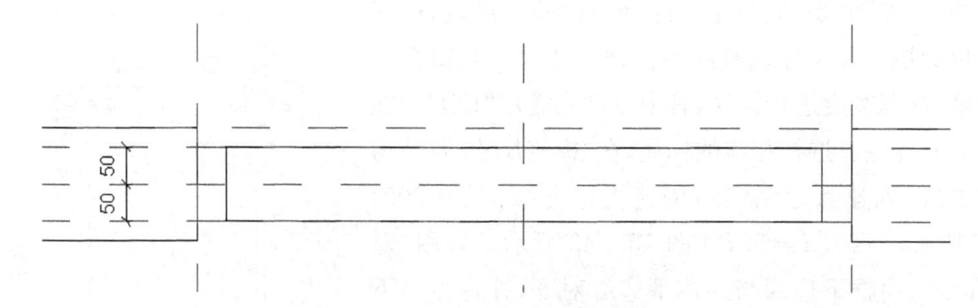

图 15－45　窗框厚度类型参数设置

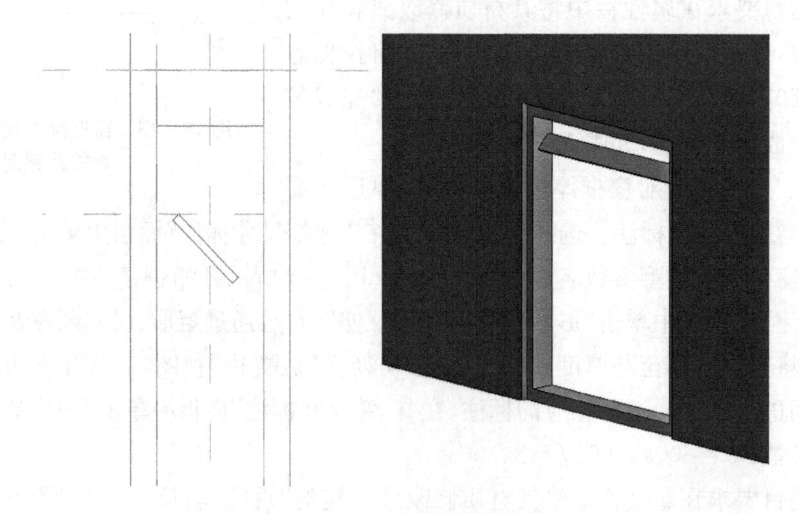

图 15－46　完成百叶模型建立

通过阵列绘制其他百叶，切换至“放置边”视图，在靠近窗框内边缘处绘制参照平面，并在其之间进行标注，选择相应的标注，在“标签尺寸标注”面板中选择 $b=80$，赋予其类型参数。选择绘制的百叶，使用阵列命令，项目数为 16，移动到选择“最后一个”，选取百叶中点拖拽至下端参照平面处，完成百叶整体模型的建立，如图 15－47 所示。

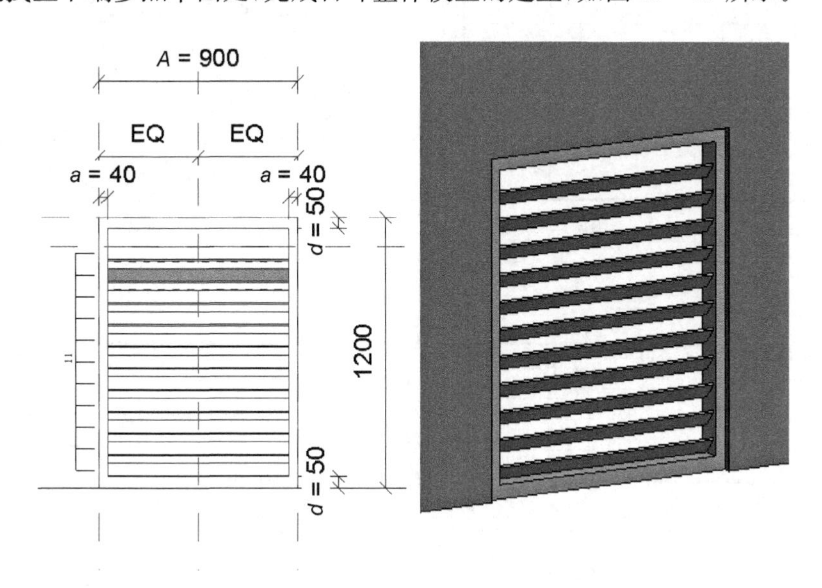

图 15－47　百叶整体模型的建立

采用“对齐”命令将百叶下边缘与参照平面对齐，并将百叶下边缘锁定，保证其不移动。接下来对百叶个数进行赋予类型参数，选择绘制完成的百叶，然后选择左侧阵列的标注，在选项栏上的“标签”处选择“添加参数”，将名称命名为“n”。在“创建”选项卡内的“属性”面板中选择“族类型”，在弹出的“族类型”对话框内对 n 赋予公式，即 $n=(B-2\cdot b)/59$，其中 59 表示相邻百叶的间距，由 960 除以 16 减去 1 得到，对洞口的类型参数“高度”赋予公式，即“高度$=B+2\cdot d$”。可以尝试通过对 B 值进行变化，检验百叶数是否变化。

15.7　创建体量模型

根据图 15－48 中的给定数值创建体量模型，包括幕墙、楼板和屋顶，其中幕墙网格为 1 500 mm×3 000 mm，屋顶厚度为 125 mm，楼板厚度为 150 mm，请将模型以“建筑形体”为文件名保存到指定的文件夹中。

【解】　本题主要考查的是利用内建模型中的实心和空心拉伸命令创建建筑体量，并通过不同区域赋予不同属性来构建建筑形体等内容，题目的分析过程如图 15－49 所示。

新建项目，因后期需创建面楼板，面楼板需在体量楼层上创建，而体量楼层是依据标高生成的，所以先切换至“南立面”创建标高，本题中标高－0.15 m 不需要创建，为楼板厚度，采用标高绘制工具进行绘制，标高创建完成后如图 15－50 所示。

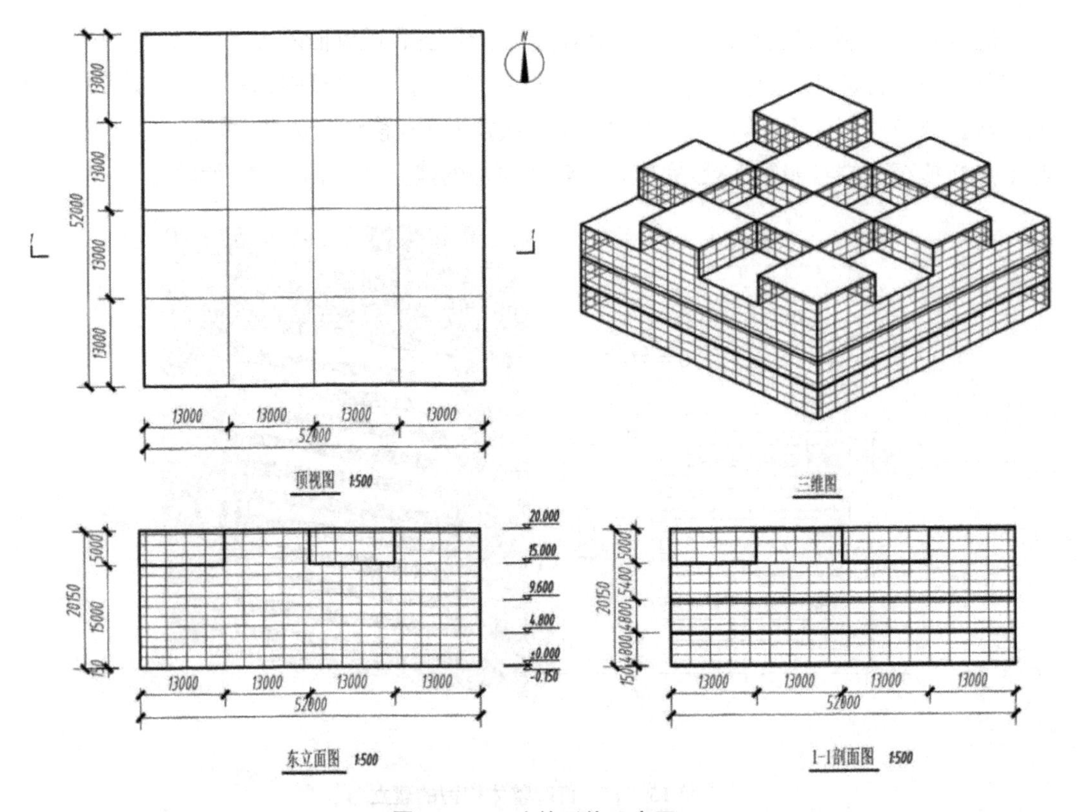

图 15-48　建筑形体示意图

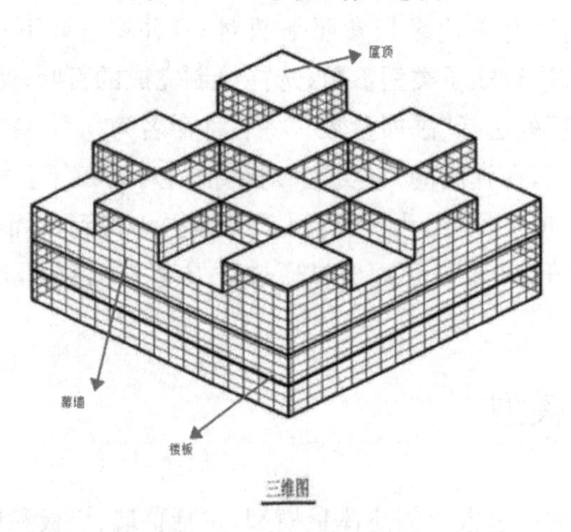

图 15-49　试题分析

标高绘制完成后，切换至“标高 1”，在“体量和场地”选项卡内的“概念体量”面板中选择“内建体量”命令，在弹出的“名称”中点击确定，进入内建体量编辑模式，如图 15-51 所示。

在“创建”选项卡内的“绘制”面板中，执行模型线中的“矩形”命令，在绘图区域绘制 52 000 mm×52 000 mm 的矩形，如图 15-52 所示。选择绘制的矩形，单击“创建形状”中的“实心形状”，切换至“南立面”进行调整，使其与标高 5 对齐，如图 15-53 所示。

单击“完成体量”完成主体体量的创建，切换至“标高 5”，选择“参照平面”工具，通过

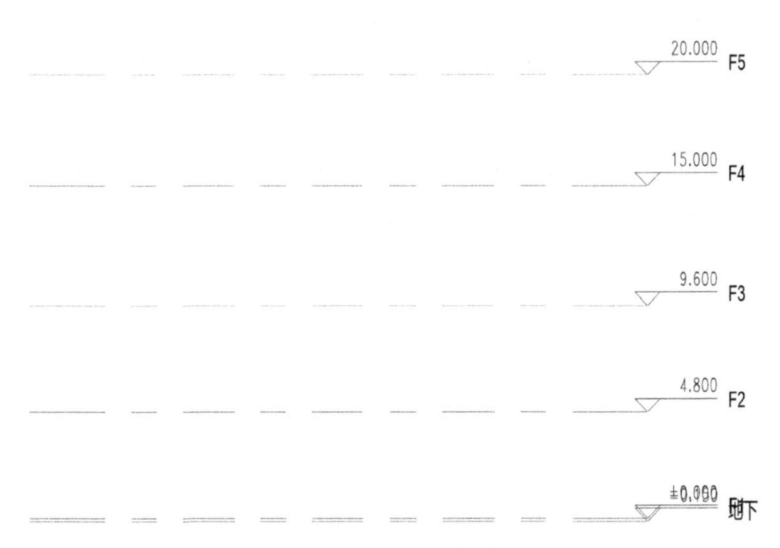

图 15－50　绘制标高

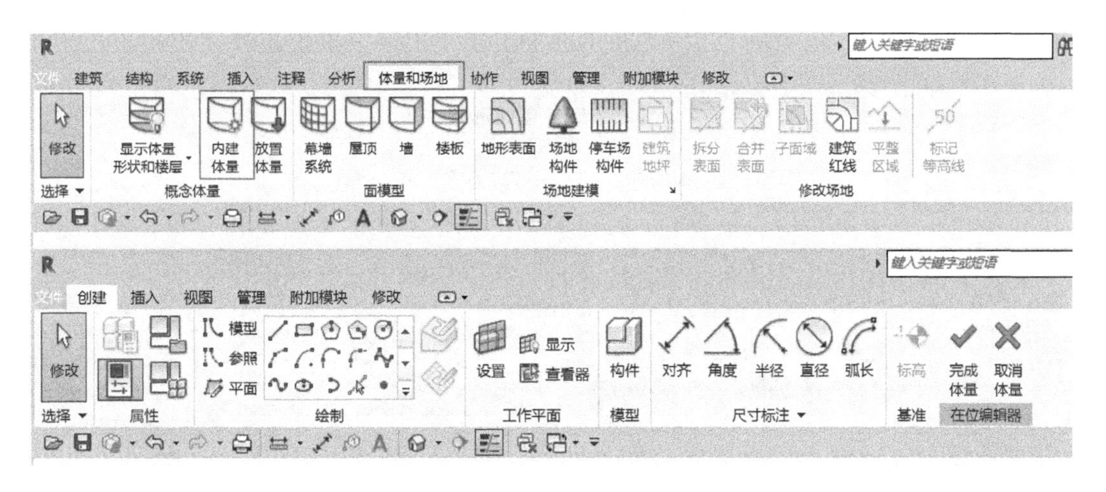

图 15－51　创建体量

“拾取线”命令绘制间隔为 13 000 mm 的参照平面，如图 15－54 所示。

选择创建完成的体量，单击“在位编辑”按钮，进入体量编辑模式，选择模型线中的“矩形”工具，在右下角绘制 13 000 mm×13 000 mm 的矩形，选择绘制的矩形，单击“创建形状”中的“空心形状”，切换至“东立面”进行调整，使其与“标高 4”对齐，如图 15－55 所示。

选择绘制的空心形状，切换至“标高 5”，选择“复制”工具，在选项栏中勾选“多个”，参照题目分析中的相关内容，对下凹部分进行空心形状的复制，如图 15－56 所示。

单击“完成体量”完成下凹部分体量的创建，选择创建的体量，选择“体量楼层”选项，在弹出的“体量楼层”对话框中勾选多个标高（此处可以用 shift 键在文字部分先多选，然后再勾选一个方框，即可形成多选），单击“确定”按钮，生成体量楼层，如图 15－57 所示。

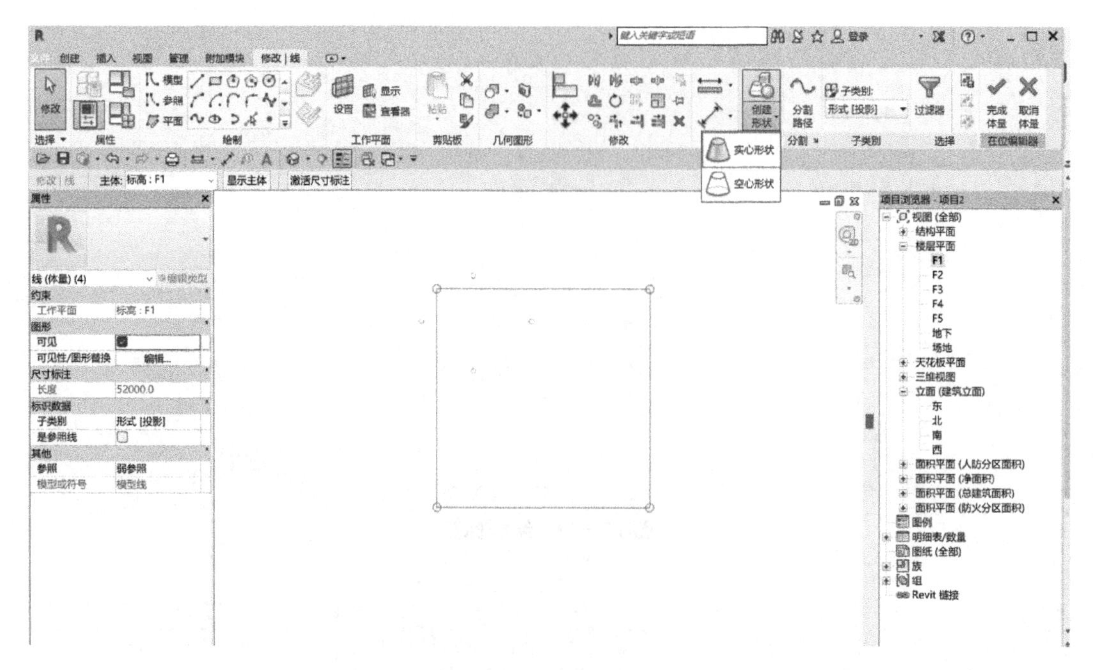

图 15－52　创建形状

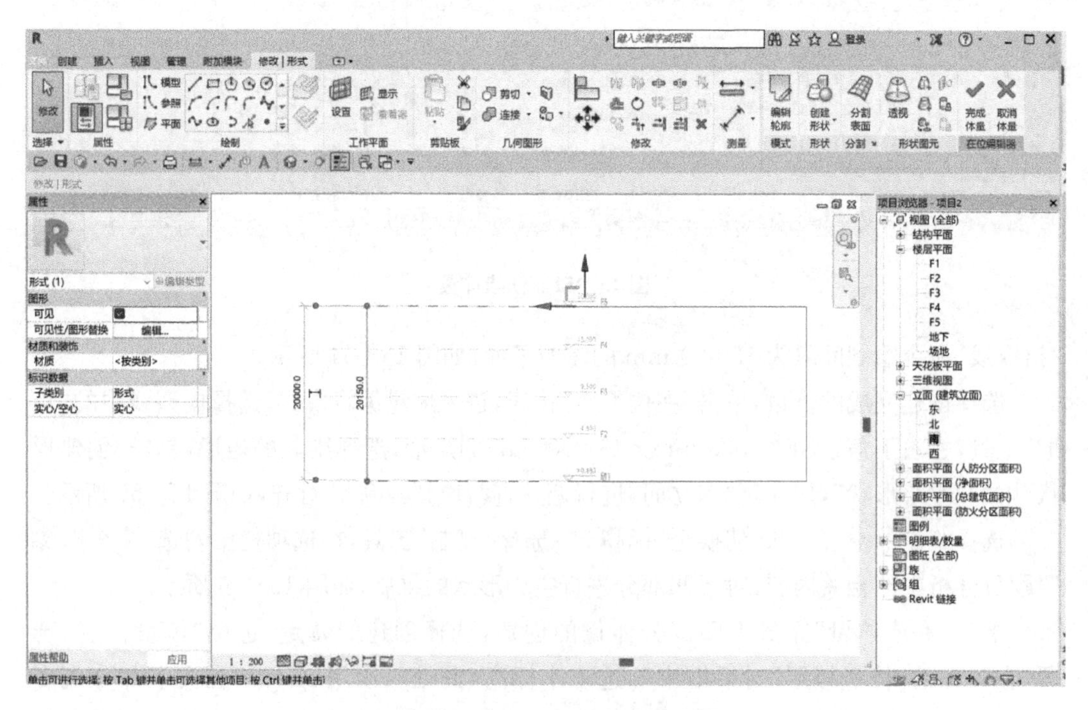

图 15－53　南立面调整高度

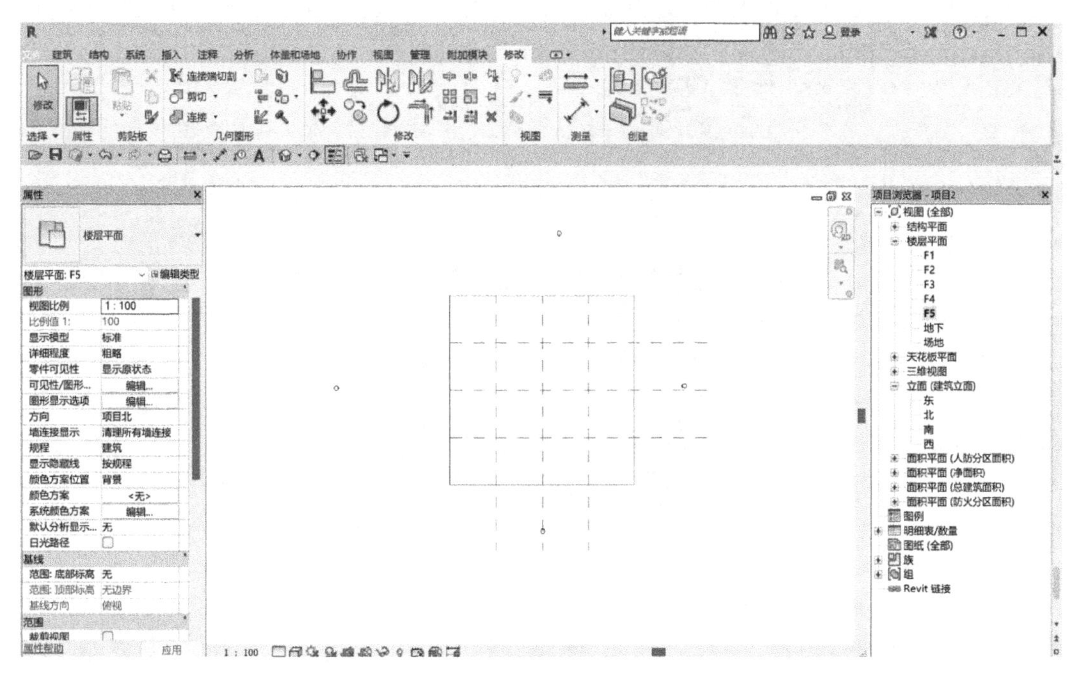

图 15－54　绘制参照平面

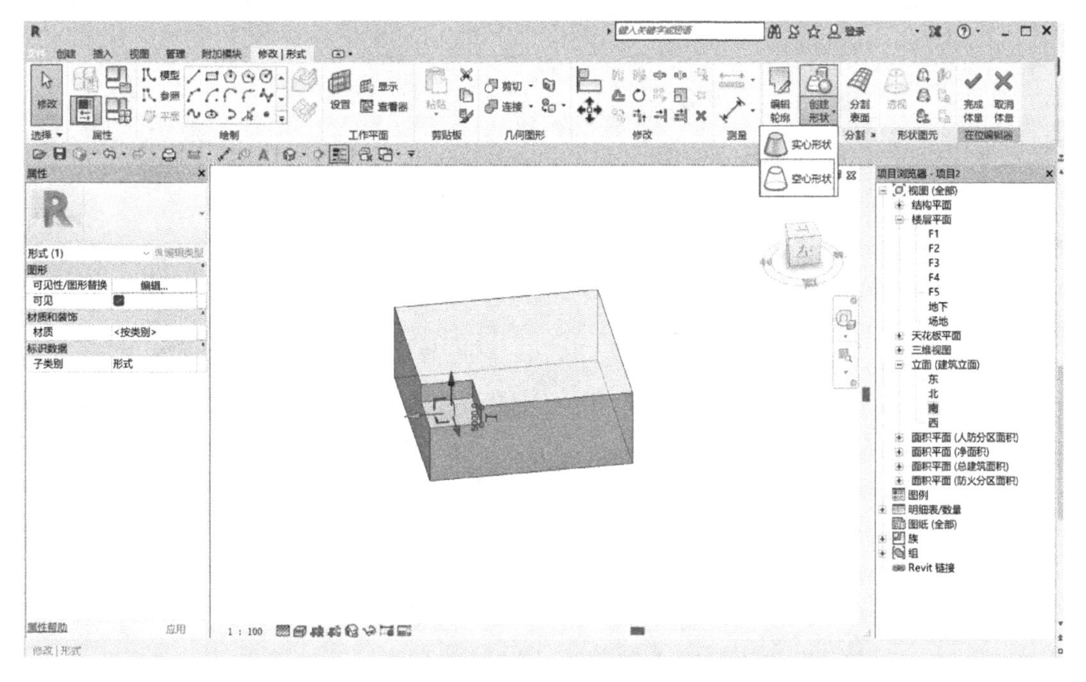

图 15－55　空心形状

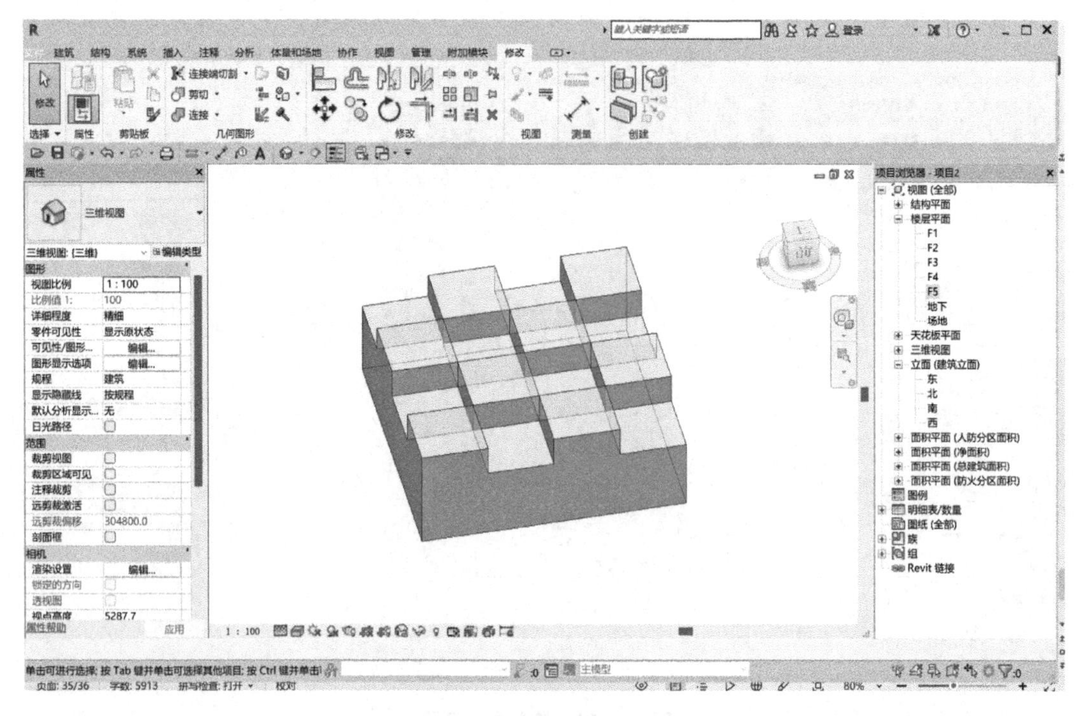

图 15－56　空心形状复制

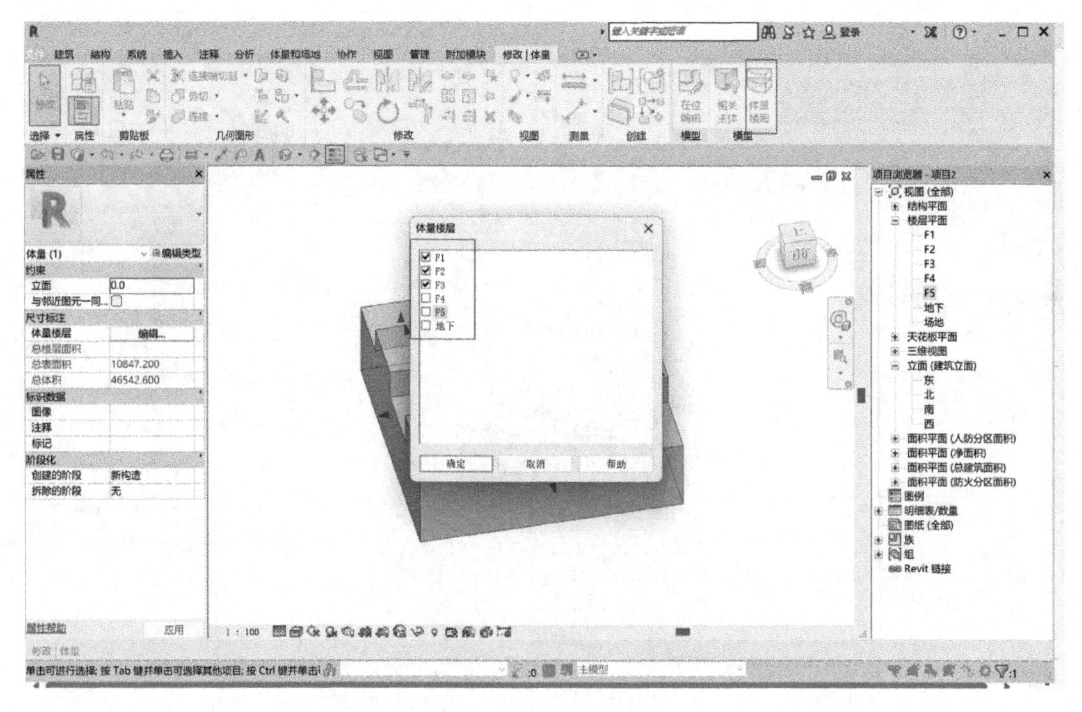

图 15－57　体量楼层

体量楼层创建完成后，按照题目要求创建面楼板。在“体量和场地”选项卡内的“面模型”面板中执行“面楼板”命令，在属性对话框中选择 150 mm 厚的常规楼板，用鼠标左键选择标高 1 至标高 3 上的三个体量楼层(若选择错误体量楼层，可再次单击错选的体量楼层，即可实现清除)，单击“创建楼板”即可完成面楼板的创建，如图 15－58 所示。

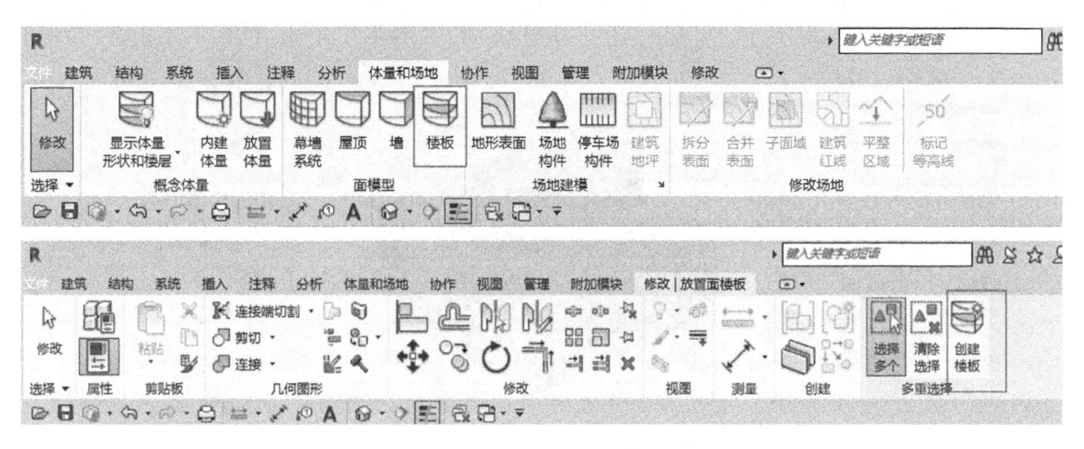

图 15－58　创建楼板

面楼板创建完成后，按照题目要求创建面幕墙系统。在“体量和场地”选项卡内的“面模型”面板中执行“面幕墙系统”命令，在属性对话框中选择“1 500×3 000 mm”的幕墙系统，用鼠标左键从右下到左上用选择框选择全部图元，切换视角，用鼠标左键将屋面部分清除(下凹 8 个，上凸 8 个)，如图 15－59 所示。

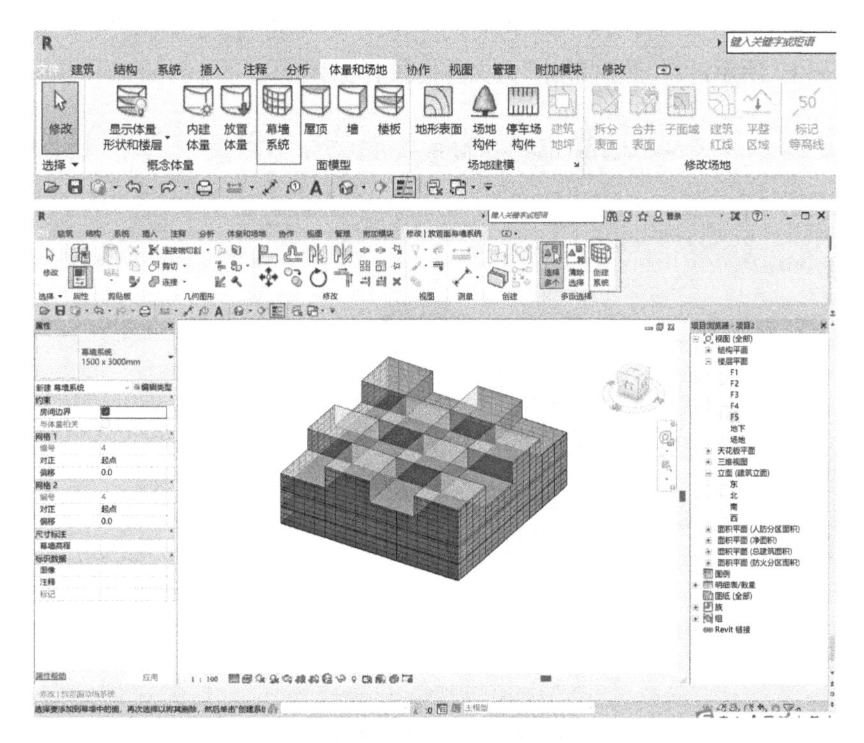

图 15－59　创建幕墙系统

单击“创建系统”，即可完成面幕墙系统的创建，系统此时会运行分析，稍后将显示创建完成面幕墙系统的体量模型，如图 15 - 60 所示。

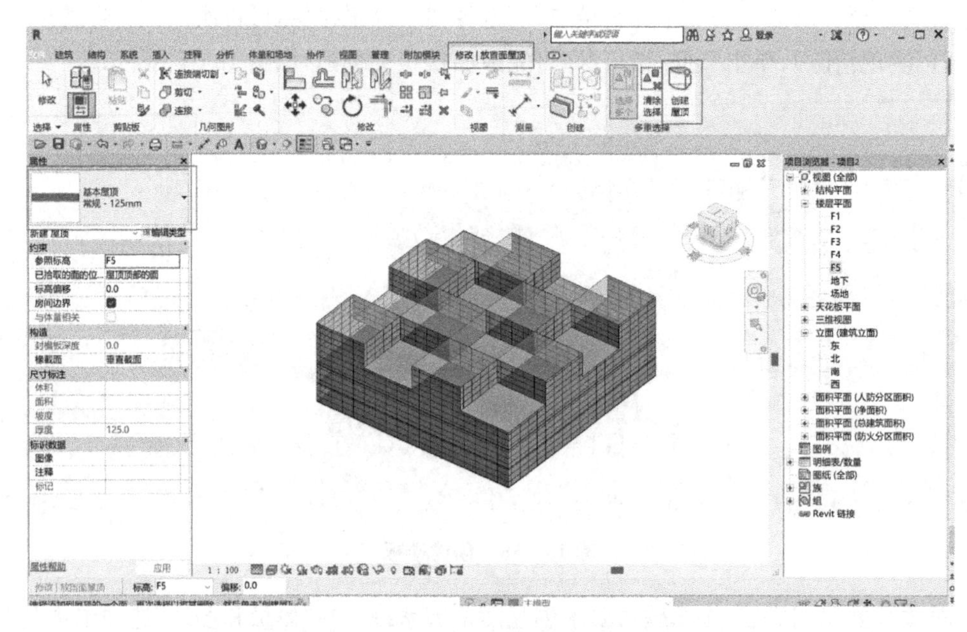

图 15 - 60　创建屋顶

面幕墙系统创建完成后，按照题目要求创建面屋顶。在“体量和场地”选项卡内的“面模型”面板中执行“面屋顶”命令，在属性对话框中选择 125 mm 厚的基本屋顶，用鼠标左键选择需要生成面屋顶的部分（下凹 8 个，上凸 8 个），单击“创建屋顶”完成面屋顶的创建，如图 15 - 61 所示。以“建筑形体”为文件名进行保存。

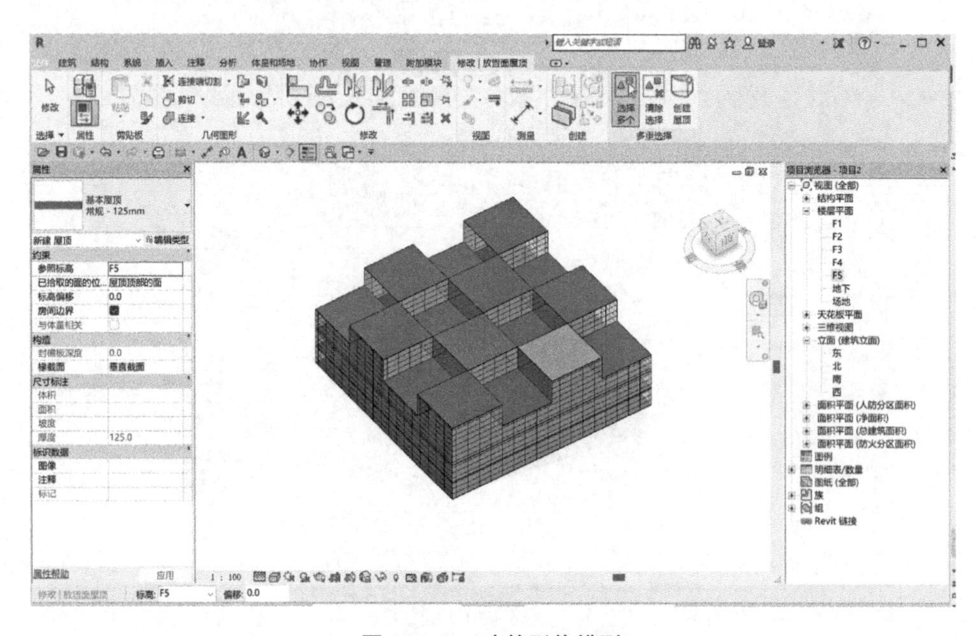

图 15 - 61　建筑形体模型

参 考 文 献

[1] 祖庆芝. 全国 BIM 技能等级考试一级试题解析[M]. 北京：中国建筑工业出版社，2020.

[2] 陈长流，寇巍巍. Revit 建模基础与实战教程[M]. 北京：中国建筑工业出版社，2018.

[3] 曾浩，王小梅，唐彩虹. BIM 建模与应用教程[M]. 北京：北京大学出版社，2018.

[4] 叶雯. 建筑信息模型[M]. 北京：高等教育出版社，2016.

[5] 中国图学学会. 第二届全国 BIM 学术会议论文集[M]. 北京：中国建筑工业出版社，2016.

[6] 中国图学学会. 第三届全国 BIM 学术会议论文集[M]. 北京：中国建筑工业出版社，2017.

[7] 胡仁喜，刘昌研. 基于 BIM 的 Rervit 建筑与结构设计实践一本通[M]. 北京：电子工业出版社，2019.